速通版

优路教育
www.niceloo.com

2016

全国二级建造师执业资格考试**速通宝典**

机电工程
管理与实务

（1纲2点3题速通宝典）

最新考纲·知识点+采分点·真题+模拟题+押题

优路教育全国二级建造师执业资格考试命题研究组◎编

U0229986

中国经济出版社
CHINA ECONOMIC PUBLISHING HOUSE

图书在版编目（CIP）数据

机电工程管理与实务1纲2点3题速通宝典／优路教育全国二级建造师执业资格考试命题研究组编. —3版.
北京：中国经济出版社，2015.12
（2016全国二级建造师执业资格考试速通宝典）
ISBN 978 - 7 - 5136 - 4021 - 3

Ⅰ. 机… Ⅱ.①优… Ⅲ.①机电工程—管理—建筑师—资格考试—自学参考资料 Ⅳ.①TH

中国版本图书馆 CIP 数据核字（2015）第263962号

责任编辑　葛　晶
责任审读　贺　静
责任印制　马小宾
封面设计　时代共美

出版发行　中国经济出版社
印　刷　者　北京艾普海德印刷有限公司
经　销　者　各地新华书店
开　　本　787mm×1092mm　1/16
印　　张　16.75
字　　数　395千字
版　　次　2015 年 12 月第 3 版
印　　次　2015 年 12 月第 1 次
定　　价　34.80 元
广告经营许可证　京西工商广字第8179号

中国经济出版社 网址 www.economyph.com 社址 北京市西城区百万庄北街3号 邮编 100037
本版图书如存在印装质量问题,请与本社发行中心联系调换(联系电话:010 - 68330607)

丛书序

　　本着为考生服务的宗旨，同时针对二建考生有一定现场经验却严重缺乏应试经验的实际情况，优路教育精心策划了这套《2016 全国二级建造师执业资格考试速通宝典》，丛书在 2015 年出版时获得了广大考生的好评。丛书处处体现了十六字备考方针："围绕考纲，凝练知识，学会抓分，深度备考。"也正因为如此，它在汗牛充栋的备考图书中独树一帜，极富含金量。在 2016 版新书出版前，丛书编委会根据最新考纲、教材的变化和命题趋势对书稿进行了精心修订。

　　修订后丛书具有以下特点：

　　一、名牌机构策划，专家团队主笔

　　本丛书由建造师培训领域卓越在线教育平台——环球优路教育在线精心策划而成，集机构名下左红军、王玲、戚振强、李建华等百位专家顾问和一线教师之多年教学经验，全心全意为考生服务，让尽可能多的考生顺利通过考试。

　　二、体例科学新颖，学习应试皆宜

　　本丛书以"1 纲 2 点 3 题"为体例："1 纲"为统一考纲，深度解构考纲含义；"2 点"为知识点和采分点，提炼知识点以夯实考生基础，强化采分点以增强考生应试得分能力；"3 题"为真题、模拟题及点睛押题，三题合一，展现命题规律和脉络。"1 纲 2 点 3 题"的体例，三位一体，以"纲"为要，以"知识点"为载体，以"采分"为目的，以"题"为展示，层层深入。同时，在深度把握题源的基础上，缩小应试时的记忆范围，让备考不再没有目的和方向，加快复习节奏，提高应试效率，"试"如破竹，完美"速"通。

　　三、定制复习规划，合理分解任务

　　本丛书的另一大亮点，即按照时间进度为考生朋友们制订了一个合理的复习规划，让考生知道什么时间应该做什么、如何复习，为在有效的时间里真正"速"通打下基础。

　　四、完美精品课程，随书超值附送

　　本丛书每个分册均有超值配套课程赠送服务，由环球优路教育在线提供专业服务和技术支持。平台提供的超值附送如下：

　　1.《建设工程法规及相关知识》配套课程为：基础班 8 讲高清网络课程（价值 320 元）

+2套考前押题试卷；

2.《建设工程施工管理》配套课程为：基础班8讲高清网络课程（价值320元）+2套考前押题试卷；

3.《建筑工程管理与实务》配套课程为：基础班8讲高清网络课程（价值320元）+2套考前押题试卷；

4.《机电工程管理与实务》配套课程为：基础班8讲高清网络课程（价值320元）+2套考前押题试卷；

5.《市政公用工程管理与实务》配套课程为：基础班8讲高清网络课程（价值320元）+2套考前押题试卷。

赠送内容使用方法：2016年1月20日后刮开封面上的账号和密码登录www.jiaoyu361.com（环球优路教育在线），按照"图书赠送课程学习流程"进行学习即可。环球优路教育在线技术支持及服务热线：400-015-1365。

本丛书撰写过程中参考了部分授课教师的讲义，由于篇幅所限，不一一列举，编委会在此一并表示诚挚的感谢！

本丛书编写时间有限，虽然几经斟酌和校对，但难免有不尽如人意之处，恳请广大考生对疏漏之处给予批评和指正。

环球优路在线

优路教育二级建造师考试命题研究组

2015 年 12 月

考前四阶段复习规划

一、第1~3周——全面掌握知识点

按照大纲要求，做好教材中基础知识的学习，这是复习的关键。基础知识学习是否到位，直接决定后期操练、冲刺乃至点题试卷的效果。要配合该丛书中的知识点总结，全面学习，不能急于求成。想用三天时间突击成功是不可能的，因为即使押题试卷押中率很高，但对教材不够熟悉，考试时翻书也根本找不到地方。

二、第4~6周——采分点串联突破

通过对教材和本丛书中知识点的学习，一一理解并掌握重要的知识点，同时将知识点贯通整个复习过程，对采分点进行重点学习。对于那些考点比较散，而且在历年考试中不经常出现的知识，进行必要的"秒杀"，分清主次。此时，建议利用思维导图式的学习方法，有助于快速掌握知识脉络和体系。

三、第7~9周——真题模拟训练

在对知识点和采分点有了基本认知的前提下，需要通过做题增强答题手感，获得解题思路，并提高解题速度。在做题过程中，需要把握好度，并做好以下三点：宜精不宜多，宜真不宜假，宜正不宜偏。

首先，做题不在于多，而在于精。现在题库和网络上的题很多，但真正有价值的并不多，如果做模拟题，建议直接找正规机构和正规出版社的辅导用书，切勿在网络上搜题进行试手。其次，做题先做真题。真题是最能反映考试重难点以及分值分布合理性的，所以在做模拟题之前先做近三年真题，把真题搞熟搞透，会事半功倍。最后，做题不宜过分追求难度和偏题。二级建造师考试中超纲题有时也会出现，但那只占极低的分值，应该将主要精力放在大纲规定的重难点上，对于那些千年不遇的"难偏怪"不用去钻，那样只会浪费学习时间，而且也起不到促进学习的效果。本丛书中的"3题"（真题、模拟题、押题）正好能满足考生此阶段的复习需要。

四、第10~12周——考前知识突破

此阶段要把握好时间，不能再大面积撒网，而应有重点的"捕鱼"，做好查漏补缺，对重要知识点进一步巩固。在最后这个阶段，二建三门课程的复习要串起来，特别是施工管理

和实务这两个科目。最后这半个月是冲刺的最佳时间，建议法规、管理、实务这三个科目复习时间分配比例为2:3:5。这个阶段学习要注重质，学会抓住主要矛盾，法规和管理两科在之前的基础上要加以适当记忆，专业实务要侧重于对案例分析知识点的理解和掌握，而且要学会放弃一些细枝末节的知识点。再次巩固高频采分点，果断放弃学习中的瓶颈，把大部分时间放在能够拿分的地方，比如《建筑工程管理与实务》中，如果网络计划还没有弄明白，那道8~12分的案例题就不要了，把时间放到质量、安全、合同涉及的案例知识点上，考试中也能取得不错的成绩，从而顺利过关。方法论是因人而异的，对于二级建造师考试的学习和备考，编委会建议以2016年考试大纲为根本，以教材为依据，以本丛书为复习方向，以真题为训练对象，坚持适时适度适用的原则，坚信2016年的考试，您一定能够轻松过关。

2016 年全国二级建造师执业资格考试 《机电工程管理与实务》 考情分析

一、知己知彼，一战则胜

1. 认知考试

近年来，随着全国建筑施工企业的增加，建造师的需求量也不断增加，从而使参加二级建造师考试的考生数量也在逐年增加。据不完全统计，2015 年全国二级建造师考生人数近200 万，也是人数较多的一个执业资格考试。从考试难度来讲，全国二级建造师考试是人社部各类相关执业资格考试中比较容易的一个考试，考试是统一大纲、统一教材，近年来也基本上是统一试卷，但不统一的是由各个省份自主划定合格标准。以北京为例，近几年来北京的合格标准在全国范围来看是较高的，所以平均通过率大概在 20% 。

2. 了解科目

全国二级建造师考试有三个科目：《建设工程施工管理》《建设工程法规及相关知识》《专业工程管理与实务》，从历年二级建造师考试的情况来看，最难的莫过于《专业工程管理与实务》，其次是《建设工程法规及相关知识》和《建设工程施工管理》。《机电工程管理与实务》满分是 120 分，其中 20 道单项选择题，每题 1 分；10 道多项选择题，每题 2 分；4 道案例分析题，每题 20 分。实务教材主要围绕"三大平台"进行编写，所以知识体系即技术平台、管理平台、法规平台，每年考试主要考查管理平台知识，一般法规平台以单项、多项选择题为主，技术和管理平台结合进行考查，重点考查案例分析内容。《机电工程管理与实务》每年会有进度、质量、安全、成本四个案例题，近两年来对技术内容考查越来越多，而且大分值也向技术部分内容倾斜。

二、知纲知材，轻松应考

1. 以大纲为依据，以教材为准绳

全国二级建造师执业资格考试大纲是确定考试内容和难度的唯一依据，2016 年是大纲新一次改版后的第三年，从本次大纲的调整和变化来看，基本上沿续了上一版大纲精髓，人社部指定的《机电工程管理与实务》考试教材也沿用了上一版教材的主体内容，对部分内容作了更新，基本考核点和重点并没有发生太大变化。

2. 以真题为蓝本，以习题为实战

在学习完教材和权威的辅导用书后，要检验学习效果，必须通过做大量的真题来反复验证。通过对历年真题的重难点和分值分布情况进行分析，掌握 2016 年《机电工程管理与实务》的考试重点，并加以高质量习题进行配合训练，做到知己知彼，一战则胜。

《机电工程管理与实务》历年各章节分值分布情况

章	内容	单项选择题	多项选择题	案例分析题
2A310000	机电工程技术	8~12分	8~14分	15~20分
2A320000	机电工程施工管理实务	1~4分	2~6分	50~60分
2A330000	建设工程法规及相关规定	2~6分	2分	2~4分

3. 以理解为根本，以记忆为辅助

在《机电工程管理与实务》考试中，大部分知识点不能仅凭借简单记忆。因为教材内容涉及面比较广，知识点较多，所以在复习备考过程中，不能局限于记忆，要对进度案例、合同案例以及成本案例里的计算加强理解，同时对于质量管理、安全管理、现场管理中的一些细节的理解，可以通过记忆加以完成。

三、答题技巧和方法探究

1. 单项选择题——四种方法，不留空题

单项选择题相对来说比较简单，每题1分，每题4个选项，其中只有1个是最符合题意的，其余3个是错误或干扰选项。它主要考查书本中的概念、原理、方法、规定等，如果考生掌握了这些知识就可以很快地选出最符合题意的答案，拿到这一分。如果没有掌握考查的知识点，就不能迅速、准确地选出答案。

单项选择题可采用"四法"来判断正误：

（1）排除法。排除肯定错误的选项，从而缩小范围，找到答案。

（2）逻辑推理法。即利用选项之间的逻辑关系、题干与选项之间的逻辑关系缩小选项范围。

（3）分析法。思考出题者的目的，与题干、选项相结合分析出答案。

（4）猜测法。不会的题猜写一个选项，千万不要空题。

2. 多项选择题——不多选，认准必选，保二争三

多项选择题每题2分，每题5个选项，每题至少有2个、最多有4个选项符合题意，至少有1个错误或干扰选项，错选则题目不得分；少选则所选的每个选项得0.5分。

多项选择题有一定的难度，做题时要把握好3个原则：

（1）心细，会做的题一定要看清楚是选"正确"的还是选"错误"的，是选"包含"还是选"不包含"，是选"属于"还是选"不属于"等，题干条件和题支的关键词一定要细心看。

（2）没有把握的答案坚决不选。

（3）每一题不留空，不会的题猜写一个选项，这样得到0.5分的概率比较大。

3. 案列分析题——熟练掌握实务标准题型，会学、会干、会答才是关键

在实务考试里，决定能否通过考试的关键是案例分析题，所以在平时学习和做题的过程中，要注意对教材重要知识点的理解，一些重要管理类知识要记牢，而且关键词要记忆清楚。案例分析题一共4道大题（80分），答题要切中要害。

目 录

机 电 工 程 管 理 与 实 务

第一部分

机电工程技术

第一章　机电常用材料及工程设备

第一节　机电工程常用材料

 大纲考点 1：金属材料的类型及应用

知识点一　黑色金属

黑色金属主要有生铁（$\omega_C > 2\%$）、铸铁（$\omega_C > 2\%$，$2.5\% \sim 3.5\%$）和钢（ω_C 不大于 2%）。

1. 钢按化学成分和性能划分

（1）碳素结构钢（低：$\omega_C \leqslant 0.25\%$；中：$\omega_C$ 在 $0.25\% \sim 0.6\%$；高：$\omega_C > 0.6\%$）。

又称普碳钢，常以热轧态供货。对应钢号：Q195、Q215、Q235、Q255、Q275。应用：机电工程常见的各种型钢、钢筋、钢丝、钢绞线、圆钢、高强螺栓及预应力锚具等。

（2）合金结构钢。

分为低合金结构钢、中合金结构钢、高合金结构钢。低合金结构钢最常用，对应钢号：Q345、Q390、Q420、Q460、Q500、Q550、Q620；适用于锅炉汽包、起重机械、压力容器、压力管道、船舶、车辆、桥梁、重轨、轻轨等制造。

例如，某 600MW 超临界电站锅炉汽包使用的就是 Q460 型钢；机电工程施工中使用的起重机就是 Q345 型钢制造的。

（3）特殊性能低合金高强度钢。

主要包括：耐候钢、耐海水腐蚀钢、表面处理钢材、汽车冲压钢板、石油及天然气管线钢、工程机械用钢与可焊接高强度钢、钢筋钢、低温用钢以及钢轨钢等。

2. 型材

主要有圆钢、方钢、扁钢、H 型钢、工字钢、T 型钢、角钢、槽钢、钢轨等。

例如，电站锅炉钢架的立柱通常采用宽翼缘 H 型钢（HK300b）。

3. 板材

（1）按厚度分为：厚板、中板和薄板。

（2）按轧制方式分为：热轧板和冷轧板两种，其中冷轧板只有薄板。

（3）按其材质分为：普通碳素钢板、低合金结构钢板、不锈钢板、镀锌钢薄板等。

例如，电站锅炉中的汽包就是用钢板焊制成的圆筒形容器。

4. 管材

普通无缝钢管、螺旋缝钢管、焊接钢管、无缝不锈钢管、高压无缝钢管等。

例如，锅炉水冷壁和省煤器使用的无缝钢管一般采用优质碳素钢管或低合金钢管，但过热器和再热器使用的无缝钢管根据不同壁温，通常采用 15CrMo 或 12Cr1MoV 等钢材。

5. 钢制品

机电安装工程中常用的钢制品主要有：焊材、管件、阀门等。

1. 热轧态供货。

2. 低合金结构钢主要适用于锅炉汽包、压力容器、压力管道、桥梁、重轨、轻轨等制造。

3. 黑色金属：生铁、铸铁和钢。

4. 无缝钢管一般采用碳素钢管或低合金钢管。

知识点 二 有色金属

1. 铝及铝合金

纯铝密度小、导电性好、磁化率极低，在电气工程、航空及宇航工业、一般机械和轻工业中广泛应用。铝合金热处理后强度提高。

2. 铜及铜合金

纯铜、铜合金的导电性、导热性及对大气和水的抗蚀性好。在纯铜中加入合金，使之具有较高的强度和硬度，且保持纯铜的优良特性。铜合金主要有黄铜、青铜、白铜。

3. 钛及钛合金

纯钛强度低，塑性好，钛合金有 α 钛合金、β 钛合金、$(\alpha + \beta)$ 钛合金。

4. 镁及镁合金

纯镁强度不高。镁合金可分为变形镁合金、铸造镁合金。

5. 镍及镍合金

纯镍耐腐蚀性和抗高温氧化性能好，可用于食品加工设备；有良好强度，导电性较高，可用于电子器件。镍合金耐高温、耐酸碱腐蚀，分为耐腐蚀镍合金（应用于化工、石油、船舶等领域，如阀门、泵、船舶紧固件、锅炉热交换器等）、耐高温镍合金（应用于航空发动机和运载火箭发动机涡轮盘、压气机盘）和功能镍合金。

几种合金的特性。

 大纲考点2：非金属材料的分类和应用

知识点 一 非金属材料的类型

1. 高分子材料

（1）塑料。

① 通用塑料（>75%）。

常用	特性及应用
聚乙烯（PE）	低压聚乙烯（压力小于5MPa）常用于制造容器、通用机械零件、管道和绝缘材料
聚丙烯（PP）	制造容器、贮罐、阀门等
聚氯乙烯（PVC）	硬质聚氯乙烯用于制造化工耐蚀的结构材料及管道、电绝缘材料等；软质聚氯乙烯用于制造电线电缆的套管、密封件等
聚苯乙烯（PS）	制造仪表透明罩板、外壳等

② 工程塑料。

常用	特性及应用
ABS塑料	机器零件、各种仪表的外壳、设备衬里
聚酰胺（PA）	制造机械、化工、电器零件，如齿轮、轴承、油管、密封圈等
聚碳酸酯（PC）	机械行业中的轴承、齿轮、蜗轮、蜗杆等传动零件；电气行业中高绝缘的垫圈、垫片、电容器等

例如，水管主要采用聚氯乙烯制作；燃气管采用中、高密度聚乙烯制作；热水管目前均用耐热性高的氯化聚氯乙烯或聚1-丁烯制造；泡沫塑料热导率极低，相对密度小，特别适于用作屋顶和外墙隔热保温材料，在冷库中用得更多。

（2）橡胶。

橡胶按来源分为天然橡胶和合成橡胶；按性能和用途分为通用橡胶和特种橡胶。

（3）涂料。

按是否有颜色分为清漆和色漆；按涂膜的特殊功能分为绝缘漆、防锈漆、防腐蚀漆等。

2. 无机非金属材料

（1）普通（传统）：以硅酸盐为主要成分。例如，碳化硅、氧化铝陶瓷、硼酸盐、硫化物玻璃，镁质、铬镁质耐火材料和碳素材料等。

（2）特种（新型）：氧化物、氮化物、碳化物、硼化物、硫化物、硅化物以及各种无机非金属化合物经特殊的先进工艺制成的材料。

知识点二　非金属材料的使用范围

1. 砌筑材料

耐火黏土砖、普通用高铝砖、轻质耐火砖、耐火水泥、硅藻土质隔热材料、轻质黏土砖、石棉绒（优质）、石棉水泥板、矿渣棉、蛭石和浮石等，一般用于各类型炉窑砌筑工程等，如各种类型的锅炉炉墙砌筑、冶炼炉砌筑、窑炉砌筑等。

2. 绝热材料

膨胀珍珠岩类、离心玻璃棉类、超细玻璃棉类、微孔硅酸壳、矿棉类、岩棉类、泡沫塑料类等，常用于保温、保冷的各类容器、管道、通风空调管道等绝热工程。

3. 防腐蚀材料及制品

（1）陶瓷制品：主要用于防腐蚀工程。

（2）油漆及涂料：广泛用于设备管道工程。

（3）塑料制品：用于建筑管道、电线导管、化工耐腐蚀零件、热交换器等。

（4）橡胶制品：用于密封件、衬板、衬里等。

（5）玻璃钢及其制品：用于石油化工耐腐蚀耐压容器及管道等。

4. 非金属风管

（1）酚醛复合风管适用于低、中压空调系统及潮湿环境，但对高压及洁净空调、酸碱性环境和防排烟系统不适用。

（2）聚氨酯复合风管适用于低、中、高压洁净空调系统及潮湿环境，但对酸碱性环境和防排烟系统不适用。

（3）玻璃纤维复合风管适用于中压以下的空调系统，但对洁净空调、酸碱性环境和防排烟系统以及相对湿度90%以上的系统不适用。

（4）硬聚氯乙烯风管适用于洁净室含酸碱的排风系统。

5. 塑料及复合材料水管

（1）聚乙烯塑料管：无毒，可用于输送生活用水。

（2）涂塑钢管。

①环氧树脂涂塑钢管：给排水、海水、温水、油、气体等介质输送。②聚氯乙烯（PVC）涂塑钢管：排水、海水、油、气体等介质输送。

（3）ABS 工程塑料管：耐腐蚀、耐温及耐冲击性能均优于聚氯乙烯管。

（4）聚丙烯管（PP 管）：用于流体输送。

（5）硬聚氯乙烯排水管及管件：用于建筑工程排水，在耐化学性和耐热性能满足工艺要求的条件下，也可用于工业排水系统。

1. 防腐蚀材料及制品。

2. 非金属风管应用条件。

3. 塑料及复合材料水管应用条件。

 大纲考点3：电气材料的分类和应用

知识点一 电线电缆

1. 仪表电缆

（1）仪表用电缆：YVV、YVVP，适用于仪表、仪器及其他电气设备中的信号传输及控制线路。

（2）阻燃性仪表电缆：ZRC－YVVP、ZRC－YYJVP、ZRC－YEVP。用于固定敷设于室内、隧道内、管道中或户外托架，敷设时温度不低于0℃。

（3）仪表用控制电缆：KJYVP、KJYVPR、KJYVP2。交流额定电压 450/750V 及以下；计算机测控装置。

2. 绝缘导线

在裸导线表面裹以不同种类的绝缘材料构成。依据用途和导线的结构，可分为固定敷设绝缘线；绝缘软电线，安装电线；户外用绝缘电线；农用绝缘塑料护套线等。

例如，一般家庭和办公室照明通常采用 BV 型或 BX 型聚氯乙烯绝缘铜芯线作为电源连接线；机电安装工程现场中电焊机至焊钳的连线多采用 RV 型聚氯乙烯绝缘平行铜芯软线，因为电焊位置不固定，多移动。

3. 电力电缆

类型	名称	型号	机械外力	拉力	应用
油浸纸绝缘	ZLL、ZL				敷设于干燥的户内、沟管，对铝保护层应有中性环境
	ZQ30、ZLQ30		★	★	敷设在室内及矿井
塑料绝缘	聚氯乙烯	VLV、VV			室内，隧道内及管道内敷设
		VLV22、VV22	★		敷设在地下
		VLV32、VV32	★	★	可敷设在竖井内，高层建筑的电缆竖井内，且适用于潮湿场所
	聚乙烯	YLV、YV			有被交联聚乙烯电缆代替趋势
	交联聚乙烯	YJLV、YJV			敷设在室内、隧道内及管道内
橡胶绝缘	XLQ、XQ				敷设在室内、隧道内及管道内，对铅保护层应有中性环境
	XV20、XLV20		★		敷设在室内、隧道内及管道内

★：表示能满足条件；
空白：表示不能满足条件。

例如，舟山至宁波的海底电缆使用的是 VV59 型铜芯聚氯乙烯绝缘聚氯乙烯护套内粗钢丝铠装电缆，因为它可以承受较大的拉力，具有防腐能力，且适用于敷设在水中；但浦东新区大连路隧道中敷设的跨黄浦江电力电缆却采用的是 YJV 型铜芯交联聚乙烯绝缘聚氯乙烯护套电缆，因为在隧道里电缆不会受到机械外力作用，也不要求承受大的拉力。

4. 控制电线电缆

名称	型号	应用
橡胶绝缘	XV、KX22、KX23、KXQ22、KXQ23	直流或交流 50～60Hz、额定电压 600/1000V 及以下的控制、信号、保护及测量线路
塑料绝缘	KYY、KY23、KYV、KY32、KVY、KVYP	
聚氯乙烯绝缘阻燃	ZRC－KVV、ZRC－KVV22、ZRC－KVV32	固定敷设于室内、电缆沟、托架及管道中，或户外托架敷设，能承受机械外力场所
交联聚乙烯阻燃	ZRA－KYJVP、ZRA－KFYJVP、ZRA－KFYJVP2	敷设于阻燃要求较高的室内、隧道、电缆沟、管道等要求屏蔽的固定场所
聚氯乙烯绝缘及护套	KVVP、KVVP2	敷设室内、电缆沟、管道等要求屏蔽的固定场所
	KVV22、KVV32	敷设室内、电缆沟、管道、直埋等能承受较大机械外力的固定场所
	KVVR、KVVRP	敷设在室内要求移动柔软等场所

电线、电缆的特点及应用。

知识点 二 绝缘材料

1. 按物理状态

（1）气体绝缘材料：空气、氮气、二氧化硫和六氟化硫（SF_6）等。

（2）液体绝缘材料：变压器油、断路器油、电容器油、电缆油等。

（3）固体绝缘材料：绝缘漆、胶和熔敷粉末；纸、纸板等绝缘纤维制品；漆布、漆管和绑扎带等绝缘浸渍纤维制品；绝缘云母制品；电工用薄膜、复合制品和粘带；电工用层压制品；电工用塑料和橡胶等。

例如，绝缘漆按用途可分为浸渍漆、漆包线漆、覆盖漆、硅钢片漆和防电晕漆等几种。如浸渍漆主要用于浸渍电机、电器的线圈和绝缘零部件，以填充其间隙和微孔。其固化后能在浸渍物体表面形成连续平整的漆膜，并使线圈黏结成一个结实的整体，以提高绝缘结构的耐潮、导热、击穿强度和机械强度等性能。

2. 按其化学性质

无机绝缘材料；有机绝缘材料；混合绝缘材料。

例如，在云母制品中，如醇酸玻璃云母带，耐热性较高，但防潮性较差，可作直流电机电枢线圈和低压电机线圈的绕包绝缘。

例如中的应用。

真题回顾

1. 属于机电绝热保温材料的是（　　）。

A. 涂料   B. 聚氨酯复合板材

C. 岩棉   D. 石棉水泥板

【答案】C

【解析】机电工程中常用绝热材料的种类很多，通常有膨胀珍珠岩类、离心玻璃棉类、超细玻璃棉类、微孔硅酸壳、矿棉类、岩棉类、泡沫塑料类等。故答案选C。

2. 同时具备耐腐蚀、耐温及耐冲击的塑料水管是（　　）。

A. 聚乙烯管   B. 聚丙烯管

C. ABS 管   D. 聚氯乙烯管

【答案】C

【解析】ABS 工程塑料管的耐腐蚀、耐温及耐冲击性能均优于聚氯乙烯管。故答案选C。

3. 下列钢材中，属于化学成分和性能分类的有（　　）。

A. 碳素结构钢   B. 合金结构钢   C. 冷轧钢

D. 热轧钢   E. 耐候钢

【答案】ABE

【解析】钢按化学成分和性能分类，可分为碳素结构钢、合金结构钢和特殊性能低合金高强度钢，耐候钢属于特殊性能低合金高强度钢。

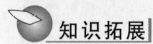 知识拓展

一、单项选择题

1. 某沿海地区新建跨海大桥工程，其钢结构制造一般使用（　　）。

A. 钢筋钢 　　　　　　　　　　　　B. 耐候钢

C. 碳素结构钢 　　　　　　　　　　D. 低合金结构钢

2. 适用于中压以下的空调系统，但对空气湿度 90% 以上的系统不适用的是（　　）。

A. 酚醛复合风管 　　　　　　　　　B. 聚氨酯复合风管

C. 硬聚氯乙烯风管 　　　　　　　　D. 玻璃纤维复合风管

3. 建筑大楼常用的排水管件是（　　）制品。

A. ABS 工程塑料 　　　　　　　　　B. 硬聚氯乙烯

C. 聚乙烯 　　　　　　　　　　　　D. 聚丙烯

4. 高压锅炉的汽包材料常使用（　　）。

A. 碳素结构钢 　　　　　　　　　　B. 耐候钢

C. 钢筋钢 　　　　　　　　　　　　D. 低合金结构钢

5. 可用于流体输送的塑料及复合材料水管是（　　）。

A. 硬聚氯乙烯排水管 　　　　　　　B. 聚丙烯管

C. 聚乙烯塑料管 　　　　　　　　　D. ABS 工程塑料管

二、多项选择题

1. 聚氯乙烯（PVC）涂塑钢管适用于（　　）的输送。

A. 排水 　　　　　　B. 温水 　　　　　　C. 海水

D. 油 　　　　　　　E. 气体

2. 长途输电线路一般采用（　　）型的电线。

A. BLX 　　　　　　B. BLV 　　　　　　C. BX

D. BV 　　　　　　　E. BVV

【参考答案】

一、单项选择题

1. B 　2. D 　3. B 　4. D 　5. B

二、多项选择题

1. ACDE 　2. AB

第二节 机电工程常用工程设备

 大纲考点1：通用机械设备

知识点 一 泵

1. 分类

按输送介质：清水泵、杂质泵、耐腐蚀泵、铅水泵。

按吸入方式：单吸式、双吸式。

按叶轮数目：单级泵、多级泵。

按介质在旋转叶轮内部流动方向：离心式、轴流式、混流式。

按工作原理：离心泵、井用泵、立式轴流泵、导叶式混流泵、机动往复泵、蒸汽往复泵、计量泵、螺杆泵、水环真空泵。

2. 性能参数

流量、扬程、功率、效率、转速等。

知识点 二 风机

1. 分类

按气体在旋转叶轮内部流动方向：离心式、轴流式、混流式。

按结构形式：单级风机、多级风机。

按排气压强：通风机、鼓风机、压气机。

2. 性能参数

流量（风量）、风压、功率、效率、转速、比转速。

知识点 三 压缩机

1. 分类

按压缩气体方式：容积型（往复式即活塞式、膜式，回转式即滑片式、螺杆式、转子式）、速度型（轴流式、离心式、混流式）。

按压缩次数：单级、两级、多级。

按汽缸排列方式：立式、卧式、L形、V形、W形、扇形、M形、H形。

按排气压力大小：低压、中压、高压、超高压。

按容积流量：微型、小型、中型、大型。

按润滑方式：无润滑、有润滑。

2. 性能参数

容积、流量、吸气压力、排气压力、工作效率。

知识点 四 　连续输送设备

1. 分类

按有无牵引件（链、绳、带）：有挠性牵引件（带式、板式、刮板式、提升机、架空索道）；无挠性牵引件（螺旋、滚柱、气力）。

2. 性能

只能沿着一定路线向一个方向连续输送物料，可进行水平、倾斜和垂直输送，也可组成空间输送线路。输送设备输送能力大、运距长、设备简单、操作简便、生产率高，还可在输送过程中同时完成若干工艺操作。

知识点 五 　金属切削机床

1. 分类

按加工方式和加工对象：车床、钻床、镗床、磨床、齿轮加工机床、螺纹加工机床、花键加工机床、铣床、刨床、插床、拉床、特种加工机床、锯床、刻线机；

按工件大小和机床重量：仪表、中小型、大型、重型、超重型；

按加工精度：普通精度、精密、高精度；

按自动化程度：手动操作、半自动、自动；

按自动控制方式：仿形、程序控制、数字控制、适应控制、加工中心和柔性制造系统；

按使用范围：通用、专用。

2. 性能

由加工精度（被加工工件尺寸精度、形状精度、位置精度、表面质量、机床精度保持性）和生产效率（切削加工时间、辅助时间、机床自动化程度、工作可靠性）加以评价。这些指标取决于：机床静态特性（静态几何精度和刚度）以及机床的动态特性（运动精度、动刚度、热变形和噪声等）

知识点 六 　锻压设备

1. 分类

按传动方式：锤、液压机、曲柄压力机、旋转锻压机、螺旋压力机。

2. 性能

基本特点是力大，故多为重型设备，通过对金属施加压力使其成型。设有安全防护装置以保障设备和人身安全。

知识点 七 　铸造设备

1. 分类

按造型方法：普通砂型（湿砂型、干砂型、化学硬砂型）、特种铸造设备（熔模、壳型、负压、泥型、实型、陶瓷型；金属型、离心、连续、压力、低压）。

2. 性能

可将熔炼成符合一定要求的金属液体，浇进铸型里，经冷却凝固、清整处理后，形成预定形状、尺寸和性能的铸件。

 采 分 点

1. 通用机械设备的分类和性能。
2. 泵性能参数：流量、扬程、功率、效率、转速等。
3. 风机性能参数：流量（风量）、风压、功率、效率、转速、比转速。
4. 压缩机性能参数：容积、流量、吸气压力、排气压力、工作效率。

 大纲考点2：电气设备

主要功能是：从电网受电、变压、向负载供电，将电能转换为机械能。

知识点一　电动机

1. 分类
直流、交流同步、交流异步。

2. 性能
同步电动机转速恒定、功率因数可调，缺点是结构复杂、价格较贵、启动麻烦；异步电动机结构简单、制造容易、价格低廉、运行可靠、维护方便、坚固耐用等优点，缺点是与直流电动机比其启动性和调速性较差，与同步电动机比其功率因数不高；直流电动机常用于拖动对于调速要求较高的生产机械，有较大的启动转矩和良好的启动、制动性能，易于在较宽范围内实现平滑调速，缺点是结构复杂、价格高。

知识点二　变压器

1. 分类
输送交流电时使用的一种变换电压和变换电流的设备。
按变化电压：升压、降压。
按冷却方式：干式、油浸式。
按用途（供给特种电源用）：电炉变压器、整流变压器、电焊变压器等。

2. 性能
主要由变压器线圈的绕组匝数、连接组别方式、外部接线方式及外接元器件决定。

知识点三　高压电器及成套装置

1. 分类
高压电器是指交流电压1200V、直流电压1500V及其以上的电器。
高压成套装置是指由一个或多个高压开关设备和相关的控制、测量、信号、保护等设备通过内部的电气、机械的相互连接与结构部件完全组合成的一种组合体。
常用：高压断路器、高压接触器、高压隔离开关、高压负荷开关、高压熔断器、高压互感器、高压电容器、高压绝缘子及套管、高压成套设备等。

2. 性能
通断、保护、控制和调节。

知识点 四　低压电器及成套装置

1. 分类

低压电器是指交流电压 1200V、直流电压 1500V 及以下的电路中起通断、保护、控制或调节作用的电器产品。

低压成套装置是指由一个或多个低压开关设备和相关的控制、测量、信号、保护等设备通过内部的电气、机械的相互连接与结构部件完全组合成的一种组合体。

常用：刀开关及熔断器、低压断路器、交流接触器、控制器与主令电器、电阻器与变阻器、低压互感器、防爆电器、低压成套设备等。

2. 性能

通断、保护、控制和调节。

知识点 五　电工测量仪器仪表

1. 分类

（1）指示仪表：能够直读被测量的大小和单位的仪表。按工作原理分为磁电系、电磁系、电动系、感应系、静电系等；按使用方式分为安装式、便携式。

（2）比较仪器：把被测量与度量器进行比较后确定被测量的仪器。

2. 性能

由被测量的对象来决定。测量对象包括：电流、电压、功率、频率、相位、电能、电阻、电容、电感等电参数，以及磁场强度、磁通、磁感应强度、磁滞、涡流损耗、磁导率等参数。如数字式仪表以集成电路为核心，智能测量仪表以微处理器为核心。

采 分 点

1. 电动机的性能。
2. 变压器的性能。
3. 高低压成套装置的性能。

 大纲考点 3：专用设备

知识点 一　分类

1. 发电设备

火力发电、水力发电、核电设备、其他发电设备。

（1）火力发电设备：汽轮发电机组、汽轮发电机组辅助设备、汽轮发电机组附属设备。

（2）水力发电设备：水轮发电机组、抽水蓄能机组、水泵机组、启闭机等。

（3）核电设备：压水堆设备、重水堆设备、高温气冷堆设备、石墨型设备、动力型设备、试验反应堆设备。

2. 冶金设备

（1）轧制设备：拉坯机、结晶器、中间包设备、板材轧机、轧管机、无缝钢管自动轧管机、型材轧机和矫直机等。

（2）冶炼设备：炼铁设备、炼钢设备、铸铁设备、有色冶炼设备等。

3. 矿业设备

（1）采矿设备：提升设备、输送设备。

（2）选矿设备：破碎设备、筛分设备、磨矿设备、选别设备等。

4. 石油化工设备

工艺塔类设备、热交换器、反应器、贮罐、分离设备、橡胶塑料机械等。

（1）反应设备（R）：反应器、反应釜、聚合釜等。

（2）换热设备（E）：管壳式余热锅炉、热交换器、冷却器、冷凝器、蒸发器等。

（3）分离设备（S）：分离器、过滤器、集油器、缓冲器、洗涤器等。

（4）存储设备（一般——C、球罐——B）：盛装生产用的原料气体、流体、液化气体等的压力容器。如各种形式的贮槽、贮罐等。

5. 轻工、纺织设备

压榨设备、包装灌装设备、卷烟设备、造纸设备、纺丝织布设备等。

6. 建材设备

水泥生产设备、玻璃生产设备、陶瓷生产设备、耐火材料设备、新型建筑材料设备、无机非金属材料及制品设备等。

7. 其他专用设备

如汽车油漆生产线及制品设备等。

 知识点二 性能：针对性强、效率高。适用于单品种大批量加工或连续生产

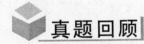 采分点

专用设备分类。

 真题回顾

下列石油化工专用设备中，属于分离设备的有（　　）。

A. 分解锅　　　　　　　　B. 集油器　　　　　　　　C. 蒸发器

D. 洗涤器　　　　　　　　E. 冷凝器

【答案】BD

【解析】石油化工设备包括：反应设备、换热设备、分离过滤设备、存储设备。分离设备包括：分离器、过滤器、集油器、缓冲器、洗涤器。故答案选 BD。

知识拓展

一、单项选择题

1. 压缩机按压缩气体方式可分为容积型和（　　）两大类。

A. 转速型　　　　　　　　　　　　　B. 轴流型

C. 速度型　　　　　　　　　　　　　D. 螺杆型

2. 同步电动机常用于拖动恒速运转的大、中型（　　）机械。

A. 低速　　　　　　　　　　　　　　　B. 中速

C. 高速　　　　　　　　　　　　　　　D. 恒速

3. 直流电动机常用于对（　　　）较高的生产机械的拖动。

A. 调速要求　　　　　　　　　　　　B. 因数调整要求

C. 转速恒定要求　　　　　　　　　　D. 启动电流限制要求

4. 蒸发器是专用设备中的（　　　）。

A. 反应设备　　　　　　　　　　　　B. 换热设备

C. 分离设备　　　　　　　　　　　　D. 干燥设备

5. 变压器是输送交流电时使用的一种交换电压和（　　　）的设备。

A. 变换频率　　　　　　　　　　　　B. 变换功率

C. 变换电流　　　　　　　　　　　　D. 变换相位

二、多项选择题

1. 泵的性能由其工作参数加以表述，包括（　　　）。

A. 流量　　　　　　B. 扬程　　　　　　C. 效率

D. 功率　　　　　　E. 比转速

2. 高压电器和低压电器及成套装置的性能主要包括（　　　）。

A. 通信　　　　　　B. 通断　　　　　　C. 控制

D. 调节　　　　　　E. 保护

【参考答案】

一、单项选择题

1. C　　2. A　　3. A　　4. B　　5. C

二、多项选择题

1. ABCD　　2. BCDE

第二章 机电工程专业技术

第一节 机电工程测量技术

 大纲考点1：机电工程测量的要求和方法

知识点一 **工程测量的原理**

1. 工程测量内容

包括控制网测量和施工过程控制测量，控制网测量是工程施工的先导，施工过程控制测量是施工进行过程的眼睛。

2. 水准测量原理

利用水准仪和水准标尺，根据水平视线原理测定两点高差的测量方法。高差法：测定待测点与已知点之间的高差；仪高法：计算一次水准仪的高程，简便测算几个前视点的高程。

3. 基准线测量原理

平面安装基准线不得少于纵横两条。

采 分 点

1. 控制网测量和施工过程控制测量。
2. 水准仪、水准标尺，高差法、仪高法。
3. 平面安装基准线不得少于纵横两条。

知识点二 **工程测量的程序和方法**

1. 工程测量的程序

建立测量控制网→设置纵横中心线→设置标高基准点→设置沉降观测点→安装过程测量控制→实测记录。

2. 平面控制测量

（1）平面控制网建立的测量方法：三角测量法、导线测量法、三边测量法。

（2）平面控制网的坐标系统，应满足测区内投影长度变形值不大于2.5cm/km。

（3）平面控制网的基本精度，应使四等以下的各级平面控制网的最弱边边长中误差不大于 0.1mm。

（4）各等级三边网的起始边至最远边之间的三角形个数不宜多于 10 个。

（5）各等级的首级控制网，宜布设为近似等边三角形的网（锁），其三角形的内角不应小于 30°；当受地形限制时，个别角可放宽，但不应小于 25°。

3. 高程控制测量

（1）方法：水准测量法、电磁波测距三角高程测量法。

（2）水准测量法技术要求：

①埋设水准标石。②一个测区及其周围至少应有 3 个水准点。③两次观测高差较大超限时应重测，重测时取三次结果平均数。

（3）使用一个水准点作为高程起算点。

◆采◆分◆点◆

1. 工程测量的程序。

2. 三角测量法、导线测量法、三边测量法。

3. 2.5cm/km，不大于 0.1mm，不宜多于 10 个，不应小于 30°、25°。

4. 水准测量法、电磁波测距三角高程测量法。

5. 至少 3 个水准点，一个起算点。

知识点 三　绘制工程测量竣工图的基本知识

1. 其是交竣工验收的重要资料之一。

2. 机电工程测量竣工图的绘制包括：安装测量控制网的绘制、安装过程及结果的测量图的绘制。

3. 竣工图中所采用的坐标、图例、比例尺、符号等一般应与设计图相同，以便设计单位、建设单位使用。

◆采◆分◆点◆

1. 安装测量控制网、安装过程及结果的测量图。

2. 坐标、图例、比例尺、符号等一般应与设计图相同，以便设计单位、建设单位使用。

知识点 四　设备基础施工的测量方法

1. 连续生产设备安装的测量方法

（1）安装基准线的测设：放线就是根据施工图，按建筑物的定位轴线来测定机械设备的纵、横中心线并标注在中心标板上，作为设备安装的基准线。

（2）标高基准点（简单＋预埋）：一般埋设在基础边缘且便于观测的位置。

2. 简单标高基准点一般作为独立设备安装的基准点，预埋标高基准点用于连续生产线上的设备安装

◆采◆分◆点◆

1. 按建筑物的定位轴线来测定。

2. 基础边缘且便于观测的位置。

 **知识点 五** 管线工程的测量

1. 测量要求

管线工程测量包括：给排水管道、各种介质管道、长输管道测量。

2. 测量方法

（1）定位的依据：

①根据地面上已有建筑物进行管线定位。②根据控制点进行管线定位。③管线的起点、终点及转折点称为管道的主点。

（2）管线高程控制测量：水准点一般选在旧建筑物墙角、台阶、基岩处，如无适当的地物，应提前埋设临时标桩作为水准点。

（3）地下管线工程测量必须在回填前，测量出起、终点，窨井的坐标和管顶标高，应根据测量资料编绘竣工平面图和纵断面图。

采 分 点

1. 管线的起点、终点及转折点称为管道的主点。
2. 旧建筑物墙角、台阶、基岩处，提前埋设临时标桩，回填前测量管顶标高。

知识点 六 长距离输电线路钢塔架（铁塔）基础施工的测量

1. 中心桩测定后，一般采用十字线法或平行基线法进行控制，控制桩应根据中心桩测定。

2. 采用钢尺测距时，丈量长度不宜大于80m，同时不宜小于20m。

3. 一段架空送电线路，其测量视距长度，不宜超过400m。

4. 大跨越档距测量，通常采用电磁波测距法或解析法。

采 分 点

1. 十字线法或平行基线法。
2. 不宜大于80m、不宜小于20m。
3. 不宜超过400m。
4. 电磁波测距法或解析法。

 大纲考点2：测量仪器的功能与使用。

知识点 一 水准仪

1. 测量标高和高程。主要应用于建筑工程测量控制网标高基准点的测设及厂房、大型设备基础沉降观察的测量。

2. 用于连续生产线设备测量控制网标高基准点的测设及安装过程中对设备安装标高的控制测量。

知识点 二 经纬仪

广泛用于控制、地形和施工放样等测量，是测量水平角和竖直角的仪器。用来测量纵、

横轴线（中心线）以及垂直度的控制测量等。

 **知识点三** 全站仪

用于进行水平距离测量，主要应用于建筑工程平面控制网水平距离的测量及测设、安装控制网的测设、建安过程中水平距离的测量等。

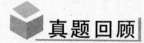

仪器的功能与使用。

真题回顾

1. 在工程测量的基本程序中，设置标高基准点后，下一步应进行的程序是（　　）。

A. 安装过程测量控制　　　　　　　　　B. 建立测量控制网

C. 设置沉降观测点　　　　　　　　　　D. 设置纵横中心线

【答案】C

【解析】工程测量的程序：建立测量控制网→设置纵横中心线→设置标高基准点→设置沉降观测点→安装过程测量控制→实测记录等。故答案选C。

2. 设备安装基准线应按（　　）来测定。

A. 设备中心线　　　　　　　　　　　　B. 建筑基础中心线

C. 建筑物的定位轴线　　　　　　　　　D. 设备基础中心线

【答案】C

【解析】放线就是根据施工图，按建筑物的定位轴线来测定机械设备的纵、横中心线并标注在中心标板上，作为设备安装的基准线。故答案选C。

3. 安装标高基准点一般设置在设备基础的（　　）。

A. 最高点　　　　　　　　　　　　　　B. 最低点

C. 中心标板上　　　　　　　　　　　　D. 边缘附近

【答案】D

【解析】标高基准点一般埋设在基础边缘且便于观测的位置。故答案选D。

4. 常用于设备安装定线定位和测设已知角度的仪器是（　　）。

A. 激光准直仪　　　　　　　　　　　　B. 激光经纬仪

C. 激光指向仪　　　　　　　　　　　　D. 激光水准仪

【答案】B

【解析】激光经纬仪用于施工及设备安装中的定线、定位和测设已知角。故答案选D。

知识拓展

一、单项选择题

1. 只需计算一次水准仪的高程，就可以简便地测算几个前视点高程的方法是（　　）。

A. 高差法　　　　　　　　　　　　　　B. 仪高法

C. 水准仪测定法　　　　　　　　　　　D. 经纬仪测定法

2. 长距离输电线路钢塔架基础施工中，大跨越档距之间测量通常采用（　　）或解析法。

A. 平行基线法   B. 十字线法

C. 钢尺量距法   D. 电磁波测距法

3. 工程测量由控制网测量和（　　）两大部分组成。

A. 监测网   B. 定位测量

C. 偏移量   D. 施工过程控制测量

4. 采用钢尺测距时，其丈量长度不宜大于80m，同时，不宜小于（　　）。

A. 20m   B. 40m

C. 50m   D. 60m

5. 安装标高基准点时，采用钢制标高基准点，一般埋设在设备（　　）且便于观测的位置。

A. 基础中心   B. 基础表面

C. 基础边缘   D. 基础外面

二、多项选择题

1. 工程测量中平面控制网建立的测量方法有（　　）。

A. 三边测量法   B. 三角测量法   C. 水准测量法

D. 导线测量法   E. 高程测量法

2. 采用全站仪进行水平距离测量，主要是应用于（　　）的测量。

A. 平面控制网水平距离的测设

B. 安装控制网的测设

C. 垂直度的控制

D. 纵、横轴线

E. 建安过程中水平距离的测量

3. 高程测量的方法有（　　）。

A. 水准测量   B. 导线测量

C. 三边测量   D. 三角测量

E. 电磁波测距三角高程测量

【参考答案】

一、单项选择题

1. B   2. D   3. D   4. A   5. C

二、多项选择题

1. ABD   2. ABE   3. AE

第二节　机电工程起重技术

大纲考点1：主要起重机械与吊具使用要求

知识点一　起重机械的分类、基本参数及载荷处理

1. 分类

（1）轻小起重机具：千斤顶、滑轮组、葫芦、卷扬机、悬挂单轨吊等。

（2）起重机：桥架式（桥式、门式）、缆索式、臂架式（自行式、塔式、门座式、桅杆式、铁路式、浮式）。其中建筑、安装工程常用的为自行式、塔式、门座式、桅杆式。自行式起重机分为汽车式、履带式、轮胎式三类。

2. 起重机的基本参数

额定起重量、最大幅度、最大起升高度、工作速度，这些参数是制定吊装方案的重要依据。

3. 载荷处理

动载荷系数：$K_1 = 1.1$；

不均衡载荷系数：$K_2 = 1.1 \sim 1.25$；

计算载荷：$Q_j = K_1 K_2 Q$（式中，Q_j——计算载荷；Q——设备及索吊具重量）。

4. 轻小起重机具使用要求

（1）千斤顶。

①应垂直使用，并使作用力通过承压中心；当水平使用时应采取可靠的支撑。②底部应有足够的支撑面积，以防受力后千斤顶发生倾斜；顶部应有足够的工作面积。③使用时，应随工件的升降随时调整保险垫块高度。④使用多台千斤顶同时顶升同一工件时，应采用规格型号相同的千斤顶，且须采取使载荷分配合理的措施。工作时动作应协调，以保证升降平稳、无倾斜及局部过载现象。

（2）起重滑车。

①起重吊装中常用的是 HQ 系列起重滑车（通用滑车）。②滑车组动、定（静）滑车的最小距离不得小于滑轮轮径的 5 倍；跑绳进入滑轮的偏角不宜大于 5°。③滑车组穿绕跑绳的方法有顺穿、花穿、双抽头穿法。当滑车的轮数超过 5 个时，跑绳应采用双抽头方式。若采用花穿的方式，应适当加大上、下滑轮之间的净距。

（3）卷扬机。

①起重吊装中一般采用电动慢速卷扬机。主要参数有钢丝绳额定静张力（或额定牵引拉力）和卷筒容绳量。②卷扬机应固定牢靠，受力时不应横向偏移。③卷扬机卷筒上的钢丝绳不能全部放出，余留在卷筒上的钢丝绳不应少于 4 圈，以减少钢丝绳在固定处的受力。④卷扬机上缠绕多层钢丝绳时，应使钢丝绳始终顺序地逐层紧缠在卷筒上，钢丝绳最外一层应低

于卷筒两端凸缘一个绳径的高度。

1. 自行式起重机分为汽车式、履带式、轮胎式。
2. 起重机的基本参数。
3. 载荷处理公式数据。
4. 轻小起重机具使用要求。

知识点二　自行式起重机的选用

1. 选择步骤（依据特性曲线）

（1）根据被吊装设备或构件就位位置、现场具体情况等确定起重机站车位置，进而确定幅度。

（2）根据被吊装设备或构件就位高度、设备尺寸吊索高度等和站车位置（幅度），由特性曲线确定臂长。

（3）根据上述已确定的幅度、臂长，由特性曲线确定起重机能够吊装的载荷。

（4）如果起重机能够吊装的载荷大于被吊装设备或构件的重量，则起重机选择合格，否则重选。

2. 自行式起重机的基础处理

自行式起重机，尤其是汽车式起重机，在吊装前必须对吊车站立位置的地基进行平整和压实，按规定进行沉降预压试验。在复杂地基上吊装重型设备，应请专业人员对基础进行专门设计，验收时同样要进行沉降预压试验。

1. 选择步骤、特性曲线。
2. 基础处理、沉降预压试验。

知识点三　桅杆式起重机的使用要求

1. 桅杆式起重机是非标准起重机
2. 缆风绳拉力的计算及缆风绳的选择（缆风绳的拉力分为工作拉力和初拉力）

（1）初拉力是指桅杆在没有工作时缆风绳预先拉紧的力。一般按经验公式，初拉力取工作拉力的 15%～20%。

（2）缆风绳的工作拉力是指桅杆式起重机在工作时，缆风绳所承担的载荷。

（3）进行缆风绳选择的基本原则是所有缆风绳一律按主缆风绳选取。

进行缆风绳选择时，以主缆风绳的工作拉力与初拉力之和为依据。

即

$$T = T_g + T_c$$

式中，T_g——主缆风绳的工作拉力；T_c——主缆风绳的初拉力。

3. 地锚

（1）全埋式地锚，可以承受较大拉力，适合于重型吊装。

（2）活动式地锚，承受力不大，适合于改、扩建工程。

在工程实际中，还常利用已有建筑物作为地锚，如混凝土基础、混凝土柱等，但在利用已有建筑物前，必须获得建筑物设计单位的书面认可。

1. 非标准起重机。

2. 初拉力 = 15% ~ 20% 的工作拉力。

3. 全埋式、重型吊装，活动式、改扩建。

知识点四 索、吊具及牵引装置选用原则

1. 钢丝绳的选用

（1）常用规格：6×19＋1（直径大、强度高、柔性差）常作缆风绳；6×37＋1（性能居中）、6×61＋1（柔性好、强度低），二者常作跑绳和吊索。

（2）起重工程中，用作缆风绳的安全系数不小于3.5，用作滑轮组跑绳的安全系数不小于5，用作吊索的安全系数不小于8，用于载人安全系数不小于10 ~ 12。

（3）钢丝绳常用附件有：套环（又称吊环、卡环）和绳卡等。

（4）吊索，俗称千斤绳、绳扣，用于连接起重机吊钩和被吊装设备。

2. 起重工程中常用 H 系列滑轮组

3. 卷扬机

（1）起重工程中一般采用慢速卷扬机。

（2）选择电动卷扬机的额定拉力时，应注意滑轮组跑绳的最大拉力不能大于电动卷扬机额定拉力的85%。

（3）卷扬机使用时应注意：钢丝绳应从卷筒下方绕入卷扬机，以保证卷扬机的稳定；卷筒上的钢丝绳不能全部放出，至少保留3 ~ 4圈，以保证钢丝绳固定端的牢固；应尽可能保证钢丝绳绕入卷筒的方向在卷筒中部与卷筒轴线垂直，以保证卷扬机受力的对称性；卷扬机与最后一个导向轮的最小距离不得小于25倍卷筒长度，以保证当钢丝绳绕到卷筒一端时与中心线的夹角符合规定。

1. 6×19＋1 常作缆风绳，6×37＋1、6×61＋1 二者常作跑绳和吊索。

2. 安全系数：缆风绳≥3.5，滑轮组跑绳≥5，吊索≥8，载人≥10 ~ 12。

大纲考点2：常用吊装方法及吊装方案选用原则

知识点一 常用的吊装方法

1. 对称吊装法
车间厂房内和其他难以采用自行式起重机吊装的场合。

2. 滑移吊装法
自身高度较高的高耸设备或结构，如一些塔类、烟囱、钢结构大厦中的立柱等。

3. 旋转吊装法

（1）人字桅杆扳立旋转法：特别高和特别重的高耸塔架类结构。

（2）液压装置顶升旋转法：卧式运输、立式安装的设备，如地下室、核反应堆。

（3）无锚点推吊旋转法：适用于场地狭窄，无法布置缆风绳，同时设备自身具有一定刚度的场合，如石化厂吊装大型塔、火炬和构件等。

4. 超高空斜承索吊运设备吊装法

适用于在超高空吊装中、小型设备，山区的上山索道。

5. 计算机控制集群液压千斤顶整体吊装法

适用于大型设备与构件的吊装方法，如大型龙门起重机吊装、体育场馆、机场候机楼结构吊装等。

6. 万能杆件吊装法

桥梁施工。

7. 气（液）压顶升法

如油罐的倒装法、电厂发电机组等。

几种吊装方法的应用，如超高空斜承索吊运设备吊装法——山区的上山索道。

知识点二　吊装方案编制与方案选用

1. 吊装方案编制主要依据

（1）有关规程、规范（技术要求）。

（2）施工总组织设计（进度要求）。

（3）被吊装设备（构件）的设计图纸及有关参数、技术要求等。

（4）施工现场条件，包括场地、道路、障碍等。

（5）机具情况，包括现有的和附近可租赁的情况，以及租赁的价格、进场的道路、桥梁和涵洞等。

（6）工人技术情况和施工习惯等。

2. 吊装方案编制主要内容

（1）针对已确定的方案进行工艺分析和计算，特别注意对安全性的分析和安全措施的可靠性分析。

（2）施工步骤与工艺岗位分工。如试吊步骤：吊起设备的高度、停留时间、检查部位、是否合格的判断标准、调整的方法和要求等。

（3）工艺计算：包括受力分析与计算、机具选择、被吊设备（构件）校核等。

3. 吊装方案选用原则：安全、有序、快捷、经济

4. 吊装方案的选用要求

（1）技术可行性论证。

（2）安全性分析。

（3）进度分析。

（4）成本分析。

（5）根据具体情况进行分析比较，做综合选择。

5. 吊装方案的编制与审批（专项方案）

《危险性较大的分部分项工程安全管理办法》（建质〔2009〕87号）

属于危险性较大的分部分项工程范围的吊装工程，施工单位应编制专项方案，技术部门组织本施工单位施工技术、安全、质量等部门的专业技术人员审核，由施工单位技术负责人签字。审核合格后报监理单位，由项目总监理工程师审核签字。实行施工总承包的建筑工程，专项方案由施工总承包单位组织编制。

这类工程包括：采用非常规起重设备、方法，且单件起吊重量在10kN及以上的起重吊装工程。采用起重机械进行安装的工程。起重机械设备自身的安装、拆卸。

6. 专家论证

（1）超过一定规模的危险性较大的分部分项工程范围的吊装工程专项方案，还应组织专家对专项方案进行论证。

（2）实行施工总承包的，由施工总承包单位组织召开专家论证会。

（3）专家组应提交论证报告。施工单位应根据论证报告修改完善专项方案，并经施工单位技术负责人（实行施工总承包的，应当由施工总承包单位、相关专业承包单位技术负责人）、项目总监理工程师、建设单位项目负责人签字后，方可组织实施。

应提交论证报告的工程包括：采用非常规起重设备、方法，且单件起吊重量在100kN及以上的起重吊装工程。起重量300kN及以上的起重设备安装工程；高度200m及以上内爬起重设备的拆除工程。

采 分 点

1. 吊装方案编制主要依据，试吊步骤，选用原则。
2. 专项方案、专家论证。

 真题回顾

1. 为保证钢丝绳的正确使用，在使用钢丝绳时，常需要使用（　　）等附件。

A. 卡环　　　　　　B. 滑轮　　　　　　C. 绳扣
D. 手拉葫芦　　　　E. 绳卡

【答案】AE

【解析】钢丝绳附件：为保证钢丝绳的正确使用，在使用钢丝绳时，常需要使用套环（又称吊环、卡环）和绳卡等附件。故答案选AE。

2. 大型龙门起重机设备吊装宜选用的吊装方法是（　　）。

A. 旋转吊装法　　　　　　　　　　B. 超高空斜承索吊运设备吊装法
C. 计算机控制集群千斤顶整体吊装法　　D. 气压顶升法

【答案】C

【解析】计算机控制集群千斤顶整体吊装法适用于大型设备与构件的吊装方法，如大型龙门起重机吊装、体育场馆、机场候机楼结构吊装等。故答案选C。

3. 某设备重量85t，施工现场拟采用两台自行式起重机抬吊方案进行就位，其中索吊具重量3t，自制专用抬梁重量5t，风力影响可略。制定吊装方案时，最小计算载荷为（　　）。

A. 106.48t　　　　　　B. 108.90t　　　　　　C. 112.53t　　　　　　D. 122.76t

【答案】C

【解析】计算载荷 $Q_j = 1.1 \times 1.1 \times (85 + 3 + 5) = 112.53t$。

4. 关于千斤顶使用要求的说法，错误的是（　　）。

A. 垂直使用时，作用力应通过承压中心

B. 水平使用时，应有可靠的支撑

C. 随着工件的升降，不得调整保险垫块的高度

D. 顶部应有足够的工作面积

【答案】C

【解析】使用千斤顶时，应随着工件的升降随时调整保险垫块的高度。故答案选C。

5. 某建筑空调工程中的冷热源主要设备由某施工单位吊装就位，设备需吊装到地下一层（-7.5m），再牵引至冷冻机房和锅炉房就位。施工单位依据设备一览表及施工现场条件（混凝土地坪）等技术参数进行分析、比较，制定了设备吊装施工方案，方案中选用 KMK6200 汽车式起重机，起重机在工作半径 19m、吊杆伸长 44.2m 时，允许载荷为 21.5t。满足设备的吊装要求。

【问题】

（1）起重机的站立位置地基应如何处理？

（2）在设备的试吊中，应关注哪几个重要步骤？

【参考答案】

（1）起重机的站立位置地基应做如下处理：起重机在吊装前，必须对吊车站立位置的地基进行平整和压实，按规定进行沉降预压试验。

（2）在设备的试吊中，应关注的几个重要步骤是：起吊设备的高度、停留时间、检查部位、是否合格的判断标准、调整的方法和要求等。

 知识拓展

一、单项选择题

1. 在山区的上山索道吊运设备多使用（　　）。

A. 滑移吊装法　　　　　　　　　　　B. 旋转吊装法

C. 万能杆件吊装法　　　　　　　　　D. 超高空斜承索吊装法

2. 初拉力是指桅杆在没有工作时缆风绳预先拉紧的力。一般按经验公式，初拉力取工作拉力的（　　）。

A. 2% ~ 5%　　　　　　　　　　　　B. 5% ~ 10%

C. 15% ~ 20%　　　　　　　　　　　D. 20% ~ 30%

3. 在同等直径下，钢丝绳中的钢丝最细，柔性好，但强度低的是（　　）。

A. $6 \times 19 + 1$　　　B. $6 \times 20 + 1$　　　C. $6 \times 37 + 1$　　　D. $6 \times 61 + 1$

4. 在起重工程中，钢丝绳用于载人时其安全系数不小于（　　）。

A. 3.5　　　　　　　B. 5　　　　　　　C. 8　　　　　　　D. 10

5. 常用于桥梁施工中的吊装方法是（　　）。

A. 对称吊装法　　　　　　　　　　　B. 滑移吊装法

C. 万能杆件吊装法　　　　　　　　　D. 旋转吊装法

6. 在吊装工程中具有重要作用，吊装工程实施的技术文件是指（　　）。

A. 吊装工艺　　　　B. 吊装方案　　　　C. 吊装设计　　　　D. 吊装措施

二、多项选择题

1. 起重机的基本参数包括（　　）。

A. 额定起重量　　　B. 就位高度　　　　C. 工作速度

D. 最大幅度　　　　E. 最大起升高度

2. 吊装方法的选用原则有（　　）。

A. 安全　　　　　　B. 快捷　　　　　　C. 方便

D. 有序　　　　　　E. 经济

3. 多套滑轮组共同抬吊一个重物时，计算载荷与（　　）有关。

A. 设备及索吊具重量　B. 动载荷系数　　　C. 起重机回转半径

D. 吊装高度　　　　　E. 不均衡载荷系数

三、案例分析题

【背景资料】

某机电安装施工单位在沿海城市承建一座石化工厂机电安装工程，施工时间在 5～11 月。该工程施工难度较大的是六条栈桥吊装，总重 600 多 t，分布在 10～30m 标高的不同区域内。项目经理部制定吊装方案时，针对现场具体情况，结合本单位起重吊装经验，提出了采用全部吊车、全部桅杆、吊车桅杆混合或一侧用汽车吊，另一侧利用塔楼钢架架设工具（简称吊车塔架法）等吊装方法。

汽车吊试吊时出现倾斜，经分析汽车吊使用偏离了特性曲线参数要求，随即作了处理。在正式吊装过程中，有一个从其他施工现场调来的导向滑轮，由于本身故障卡死不转，立即采取紧急处理并予以更换。

【问题】

1. 根据背景资料，指出栈桥吊装应编制哪些针对性的安全技术措施。

2. 针对汽车吊试吊中出现倾斜事件，根据汽车吊特性曲线，应如何进行调整？

3. 指出导向滑轮出现故障可能的原因。

【参考答案】

一、单项选择题

1. D　2. C　3. D　4. D　5. C　6. B

二、多项选择题

1. ACDE　2. ABDE　3. ABE

三、案例分析题

1. 绘制吊装施工平面图；高空作业安全技术措施；机械操作安全技术措施；吊装作业安全技术措施；针对环境（风、雨）的施工安全技术措施。

2. 根据吊车的特性曲线确定站车位置（幅度）和臂长，确定吊车能够吊装的载荷进行重新调整。

3. 因吊装前未按规定清洗维修滑轮或没有认真对滑轮进行检验即投入使用，致使滑轮出现故障。

第三节　机电工程焊接技术

 大纲考点 1：焊接工艺的选择与评定

知识点 一　焊接工艺评定的目的及标准选用原则

1. 焊接工艺评定目的

验证施焊单位拟定的焊接工艺的正确性和评定施焊单位的能力。

2. 焊接工艺主要考虑因素

母材的物理特性、化学特性；焊缝的受力状况；待焊部件的几何形状、焊接位置。

3. 焊接工艺参数选择

（1）焊条直径：取决于焊件厚度、接头形式、焊缝位置和焊接层次等因素。

焊条直径与焊件厚度的关系（mm）

焊件厚度	≤2	3~4	5~12	>12
焊条直径	2	3.2	4~5	≥5

（2）焊接电流：$I = 10d$（I——焊接电流，mA；d——焊条直径，mm）。立焊，电流应比平焊时小 15%~20%。横焊和仰焊，电流比平焊时小 10%~15%。

（3）电弧电压：根据电源特性，由焊接电流决定相应的电弧电压；还与电弧长度有关，电弧长则电弧电压高，电弧短则电弧电压低。

（4）焊接层数：视焊件厚度而定。除薄板外一般采用多层焊。

（5）电源种类及极性：直流电源电弧稳定、飞溅小、焊接质量好，一般用在重要的焊接结构或厚板刚度结构上。其他情况首先考虑交流电焊机。

1. 焊接工艺主要考虑因素。

2. 焊条直径与焊件厚度的关系（mm）。

知识点 二　焊接工艺评定要求

1. 一般要求

（1）焊接工艺评定依据为可靠的钢材焊接性能，在工程施焊之前完成。

（2）焊接工艺评定的一般程序：

拟定焊接工艺指导书→施焊试件和制取试样→检验试件和试样→测定焊接接头是否具有所要求的使用性能→提出焊接工艺评定报告对拟定的焊接工艺指导书进行评定。

（3）由焊接工程师主持评定工作和对焊接及试验结果进行综合评定，确认评定结果，完成评定后资料应汇总。

（4）经审查批准后的评定资料可在同一质量管理体系内通用。

（5）对压力容器焊接工艺评定中，对接焊缝试板要进行外观检测；耐蚀堆焊层试板要进行渗透探伤、弯曲试验和化学成分分析。

例如，对压力容器焊接工艺评定，评定时分别按对接焊缝、角焊缝和堆焊焊缝三种方式制备试板。

2．评定规则

（1）改变焊接方法必须重新评定：当变更焊接方法的任何一个工艺评定的重要因素时，须重新评定；当增加或变更焊接方法的任何一个工艺评定的补加因素时，按增加或变更的补加因素增焊冲击试件进行试验。

（2）任一钢号母材评定合格的，可以用于同组别号的其他钢号母材；同类别号中，高组别号母材评定合格的，也适用于该组别号与低组别号的母材组成的焊接接头。

（3）改变焊后热处理类别，须重新进行焊接工艺评定。

（4）首次使用国外钢材，必须进行工艺评定。

3．评定资料管理

（1）企业应明确各项评定的适用范围。

（2）评定资料应用部门根据已批准的评定报告，结合施焊工程或焊工培训需要，按工程或培训项目，分项编制《焊接工艺（作业）指导书》，也可以根据多份评定报告编制一份《焊接工艺（作业）指导书》。

（3）《焊接工艺（作业）指导书》的编制，必须由应用部门焊接专业工程师主持进行。

（4）《焊接工艺（作业）指导书》应在工程施焊或焊工培训考核之前发给焊工，并进行详细技术交底。

采 分 点

1．焊接工艺的正确性和评定施焊单位的能力。

2．焊接工艺评定一般程序。

3．焊接工程师主持及评定结果。

4．改变焊接方法重新评定，增焊冲击试件。

5．指导书的编制由应用部门焊接专业工程师主持进行。

 大纲考点2：焊接的质量检测方法

知识点一 焊前检验

1．原材料

检查是否与合格证及国家标准相符合，包装是否破损、过期等。

2．技术文件检查

对焊接结构设计及施焊技术文件的检查要审查焊件结构是否设计合理、便于施焊、易保证焊接质量；检查工艺文件中工艺要求是否齐全、表达清楚。新材料、新产品、新工艺施焊前应检查是否进行了焊接工艺试验。

3. 焊接设备质量检查

焊接设备型号、电源极性是否符合工艺要求，焊炬、电缆、气管和焊接辅助工具，安全防护等是否齐全。

4. 工件装配质量检查

主要检查装配质量是否符合图样要求，坡口表面是否清洁、装夹具及点固焊是否合理，装配间隙和错边是否符合要求，是否要考虑焊接收缩量。

5. 焊工资格检查

检查焊工资格是否在有效期限内，考试项目是否与实际焊接相适应。例如，焊工合格证（合格项目）有效期为 3 年。

6. 焊接环境检查

焊接环境出现下列情况之一时，如没采取适当的防护措施，应立即停止焊接工作：

（1）采用电弧焊焊接时，风速等于或大于 8m/s。

（2）气体保护焊接时，风速等于或大于 2m/s。

（3）相对湿度大于 90%。

（4）下雨或下雪。

（5）管子焊接时应垫牢，不得将管子悬空或处于外力作用下焊接，在条件允许的情况下，尽可能采用转动焊接，以利于提高焊接质量和焊接速度。

知识点 二 焊接中检验

1. 焊接工艺

方法、材料、规范（电流、电压、线能量）、顺序、变形及温度控制。

2. 焊接缺陷

多层焊层间是否存在裂纹、气孔、夹渣等缺陷，缺陷是否已清除。

3. 焊接设备运行是否正常

包括焊接电源、送丝机构、滚轮架、焊剂托架、冷却装置、行走机构等。

4. 检验程序

（1）先进行焊道局部处理，若发现由于焊接变形产生的应力使对接焊道根部产生裂纹，应用碳弧气刨或磨光机进行彻底处理，并进行 PT 检验。合格后才可进行下一步工作安排，该项检查工作对于大型储罐尤其重要。

（2）点焊：在以上焊接工作结束后，边板对接口处会不同程度的产生翘曲变形，使本来接合严密的边板与垫板之间产生间隙，在点焊之前必须进行检查处理。

（3）焊接：全部边板对接缝点焊后，再进行焊接。

知识点 三 焊后检验

1. 外观检测

（1）利用低倍放大镜或肉眼观察焊缝表面是否有咬边、夹渣、气孔、裂纹等表面缺陷。

（2）用焊接检验尺测量焊缝余高、焊瘤、凹陷、错口等。

（3）检验焊件是否变形。

例如：大型立式圆柱形储罐焊接外观检验要求，对接焊缝的咬边深度，不得大于

0.5mm；咬边的连续长度，不得大于 100mm；焊缝两侧咬边的总长度，不得超过该焊缝长度的 10%；咬边深度的检查，必须将焊缝检验尺与焊道一侧母材靠紧。

2. 致密性试验

（1）液体盛装试漏：不承压设备，直接盛装一些液体，试验焊缝致密性。

（2）气密性试验：用压缩空气通入容器或管道内，外部焊缝涂肥皂水检查是否有鼓泡渗漏。

（3）氨气试验：焊缝一侧通入氨气，另一侧焊缝贴上浸过酚酞—酒精、水溶液的试纸，若有渗漏，试纸上呈红色。

（4）煤油试漏：在焊缝一侧涂刷白垩粉水，另一侧浸煤油。如有渗漏，煤油会在白垩上留下油渍。

（5）氦气试验：通过氦气检漏仪来测定焊缝致密性。

（6）真空箱试验：在焊缝涂肥皂水，用真空箱抽真空，若有渗漏会有气泡产生。适用于焊缝另一侧被封闭的场所，如储罐罐底焊缝。

3. 强度试验

（1）液压强度试验：用水进行，试验压力为 1.25 ~ 1.5 倍设计压力。

（2）气压强度试验：用气体进行，试验压力为 1.15 ~ 1.20 倍设计压力。

4. 焊缝无损检测

（1）射线探伤（RT）：能发现焊缝内部气孔、夹渣、裂纹及未焊透等缺陷。

（2）超声波探伤（UT）：比射线探伤灵敏度高，灵活方便，周期短、成本低、效率高、对人体无害，但显示缺陷不直观，对缺陷判断不精确，受探伤人员经验和技术熟练程度影响较大。

（3）渗透探伤（PT）：主要用于检查坡口表面、碳弧气刨清根后或焊缝缺陷清除后的刨槽表面、工卡具铲除的表面以及不便磁粉探伤部位的表面开口缺陷。

（4）磁性探伤（MT）：用于检查表面及近表面缺陷，与渗透探伤方法比较，不但探伤灵敏度高、速度快，而且能探查表面一定深度下缺陷。

（5）超声波衍射时差法（TOFD）。

（6）其他检测方法：大型工件金相分析；铁素体含量检验；光谱分析；手提硬度试验；声发射试验等。

采分点

1. 有效期限、相适应、3 年。

2. 焊接环境检查涉及数据。

3. 低倍放大镜或肉眼观察咬边、夹渣、气孔、裂纹。

4. 焊接检验尺测量焊缝余高、焊瘤、凹陷、错口。

5. 储罐罐底焊缝适用真空箱试验。

6. 液压 1.25 ~ 1.5 倍设计压力，气压 1.15 ~ 1.20 倍设计压力。

真题回顾

1. 增加或变更焊接方法任何一个工艺评定的补加因素时，按增加或变更的补加因素增焊

（   ）试件进行试验。

A. 弯曲　　　　　　B. 冲击　　　　　　C. 金相　　　　　　D. 拉伸

【答案】B

【解析】当增加或变更焊接方法任何一个工艺评定的补加因素时，按增加或变更的补加因素增焊冲击试件进行试验。故答案选 B。

2. 需进行焊接性试验的钢材是（   ）。

A. 国内小钢厂生产的 20#钢材

B. 国内大型钢厂新开发的钢材

C. 国外进口的 16Mn 钢材

D. 国外进口未经使用，但提供了焊接性能评定资料的钢材

【答案】B

【解析】对于国内新开发的钢种，或者由国外进口未经使用过的钢种，应由钢厂提供焊接性试验评定资料。否则施工企业应收集相关资料，并进行焊接性试验。故答案选 B。

3. 一般情况下，焊接厚度为 3.5mm 的焊件，选用的焊条直径是（   ）。

A. 2mm　　　　　　B. 3.2mm　　　　　　C. 4mm　　　　　　D. 5mm

【答案】B

【解析】焊条直径与焊件厚度的关系（mm）

焊件厚度	≤2	3～4	5～12	＞12
焊条直径	2	3.2	4～5	≥5

 知识拓展

一、单项选择题

1. 首次使用的国外进口钢材，必须进行（   ）。

A. 数量检查　　　　　　　　　　　　B. 外观检查

C. 焊接试验　　　　　　　　　　　　D. 工艺评定

2. 焊接工艺评定完成后资料应汇总，由（   ）确认评定结果。

A. 项目经理　　　　　　　　　　　　B. 技术负责人

C. 焊接工程师　　　　　　　　　　　D. 焊接技术人员

3. 如没有采取适当防护措施，则应立刻停止焊接作业的情况是（   ）。

A. 持续阴天超过 3 天

B. 采用电弧焊焊接，风速达到 4m/s

C. 环境相对湿度达 95%

D. 采用气体保护焊接时，风速为 1.8m/s

4. 焊后检验中，不属于使用焊接检验尺测量的是（   ）。

A. 余高　　　　　　B. 气孔　　　　　　C. 焊瘤　　　　　　D. 凹陷

5. 储罐罐底焊缝致密性试验一般采用（   ）。

A. 气密性试验　　　　　　　　　　　B. 氨气试验

C. 煤油试漏   D. 真空箱试验

二、多项选择题

1. 常用的焊缝无损检测方法包括（   ）。

A. 射线探伤   B. 超声波探伤   C. 渗透探伤

D. 手提刚度试验   E. 磁性探伤

2. 焊后检验中利用低倍放大镜观察焊缝表面，目的是检查焊缝是否有（   ）等表面缺陷。

A. 裂纹   B. 咬边   C. 余高

D. 错口   E. 夹渣

【参考答案】

一、单项选择题

1. D   2. C   3. C   4. B   5. C

二、多项选择题

1. ABCE   2. ABE

第三章　工业机电工程施工技术

第一节　机械设备安装工程施工技术

 大纲考点1：机械设备安装工程施工程序

知识点一　一般安装程序

施工准备→设备开箱检查→基础测量放线→基础检查验收→垫铁设置→设备吊装就位→设备安装调整→设备固定与灌浆→零部件清洗与装配→润滑与设备加油→设备试运行→工程验收。

知识点二　施工准备

1. 进行图纸自审和会审，编制施工方案并进行技术交底。
2. 按工程进度计划编制设备进厂计划，材料、机具使用计划，有序地组织进场。
3. 安装工程中使用的计量器具必须是经过计量检定、校准合格的计量器具，其精度等级应符合质量检查和验收的要求。
4. 编制人力计划，按工程进度安排劳动力，参加工程施工的操作人员应经过培训合格，特种设备作业人员和特殊工种人员应符合管理要求。
5. 现场应有电源、水源，有作业平面和作业空间，施工运输道路畅通，施工临时设施已完成。

知识点三　基础测量放线

1. 设定基准线和基准点的原则
（1）安装检测使用方便。
（2）有利于保持而不被毁损。
（3）刻画清晰容易辨识。
2. 永久基准线和基准点的设置要求
（1）需要长期保留的基准线和基准点，设置永久中心标板和永久基准点，最好采用铜材或不锈钢材制作，用普通钢材制作需采取防腐措施，例如涂漆或镀锌。

（2）永久中心标板和基准点的设置通常是在主轴线和重要的中心线部位，应埋设在设备基础或捣制楼板框架梁的混凝土内。

知识点 四　基础检查验收

1. 设备基础混凝土强度检查验收

（1）基础施工单位应提供设备基础质量合格证明文件，主要检查验收其混凝土配合比、混凝土养护及混凝土强度是否符合设计要求。

（2）若对设备基础的强度有怀疑时，可请有检测资质的工程检测单位，采用回弹法或钻芯法等对基础的强度进行复测。

（3）重要的设备基础有预压和沉降观测要求时，应经预压合格，并有预压和沉降观测的详细记录。

2. 预埋地脚螺栓检查验收

（1）直埋地脚螺栓中心距、标高及露出基础长度符合设计或规范要求，中心距应在其根部和顶部沿纵、横两个方向测量，标高应在其顶部测量。

（2）直埋地脚螺栓的螺母和垫圈配套，螺纹和螺母保护完好。

（3）活动地脚螺栓锚板的中心位置、标高、带槽或带螺纹锚板的水平度符合设计或规范要求。

（4）T形头地脚螺栓与基础板按规格配套使用，埋设T形头地脚螺栓基础板牢固，平正，地脚螺栓光杆部分和基础板刷防锈漆。

（5）安装胀锚地脚螺栓的基础混凝土强度不得小于10MPa，基础混凝土或钢筋混凝土有裂缝的部位不得使用胀锚地脚螺栓。

3. 设备基础常见质量通病

（1）基础上平面标高超差。

（2）预埋地脚螺栓的位置、标高超差。

（3）预留地脚螺栓孔深度超差，过浅会使地脚螺栓无法正确埋设。

知识点 五　垫铁设置

1. 利用垫铁可调整设备的水平度，并能把设备的重量、工作载荷和拧紧地脚螺栓产生的预紧力，均匀传递给基础；可使设备标高和水平度达到规定要求，为基础二次灌浆提供足够操作空间。

2. 垫铁设置要求：

（1）每组垫铁的面积符合现行国家标准《通用规范》的规定。

（2）垫铁与设备基础之间的接触良好。

（3）每个地脚螺栓旁边至少应有一组垫铁，并设置在靠近地脚螺栓和底座主要受力部位下方。

（4）相邻两组垫铁间的距离，宜为500～1000mm。

（5）设备底座有接缝处的两侧，各设置一组垫铁。

（6）每组垫铁的块数不宜超过5块，放置平垫铁时，厚的宜放在下面，薄的宜放在中间，垫铁的厚度不宜小于2mm。

（7）每组垫铁应放置整齐平稳，并接触良好。设备调平后，每组垫铁均应压紧，一般用手锤逐组轻击听音检查。

（8）设备调平后，垫铁端面应露出设备底面外缘，平垫铁宜露出 10~30mm，斜垫铁宜露出 10~50mm。垫铁组伸入设备底座底面的长度应超过设备地脚螺栓的中心。

（9）除铸铁垫铁外，设备调整完毕后各垫铁相互间用定位焊焊牢。

3. 无垫铁设备安装施工方法。

采用无收缩混凝土或自密实灌浆料，捣实灌浆层，达到设计强度75%以上时，撤出调整工具，再次紧固地脚螺栓，复查设备精度，将临时支撑件的空隙用灌浆料填实。

知识点六　设备吊装就位

就位前应检查确认工作：

1. 设备运至安装现场经开箱检查验收合格
2. 设备基础经检验合格，混凝土基础达到强度
3. 除去设备底面的泥土、油污、与混凝土（含二次灌浆）接触部位油漆
4. 二次灌浆部位的设备基础表面凿成麻面且不得有油污
5. 清除混凝土基础表面浮浆、地脚螺栓预留孔内泥土杂物和积水
6. 垫铁和地脚螺栓按技术要求准备好并放置停当

知识点七　设备安装调整

1. 设备调整
水平度调整（找平）、坐标位置调整（找正）、高度调整（找标高）。

2. 设备找平
安装中通常在设备精加工面上选择测点用水平仪进行测量，通过调整垫铁高度的方法将其调整到设计或规范规定的水平状态。

3. 设备找正
（1）安装中通过移动设备的方法使设备以其指定的基线对准设定的基准线，包含对基准线的平行度、垂直度和同轴度要求。

（2）常用设备找正检测方法：钢丝挂线法，检测精度为1mm；放大镜观察接触法，检测精度为0.05mm；导电接触信号法，检测精度为0.05mm；经纬仪、精密全站仪测量法可达到更精确的检测精度。

4. 设备找标高
设备找标高的基本方法是利用精密水准仪由测量专业人员通过基准点来测量控制。

知识点八　设备灌浆

设备灌浆分为一次灌浆和二次灌浆。一次灌浆是设备粗找正后，对地脚螺栓预留孔进行的灌浆。二次灌浆是设备精找正、地脚螺栓紧固、各检测项目合格后对设备底座和基础间进行的灌浆。

设备灌浆料，例如，细石混凝土、无收缩混凝土、微膨胀混凝土和其他灌浆料。

 **知识点 九** 调整、试运行

1. 调整、试运行内容

包括安装后的调试、单体试运行（无负荷和负荷）、无负荷联动试运行、负荷联动试运转。

2. 组织

（1）无负荷单体/联动试运转：施工单位编制规程、组织、指挥和操作，建设单位及相关方参加。

（2）负荷单体/联动试运转：建设单位负责编制、组织、指挥和操作，施工单位及相关方依据建设单位委托派人参加。

 采 分 点

1. 施工程序。

2. 设置永久中心标板和永久基准点，最好采用铜材或不锈钢材制作。

3. 混凝土配合比、混凝土养护及混凝土强度是否符合设计要求。建设单位提供预压记录及沉降观测点；设计单位确定对基础是否预压及如何预压。

4. 设备基础常见质量通病。

5. 垫铁设置。

6. 设备找正、找平、找标高。

7. 一次灌浆、二次灌浆、灌浆料。

8. 无负荷联动试运行，由施工单位组织实行；负荷联动试运行由建设单位组织实行。

大纲考点2：机械设备安装精度的控制

知识点 一 范围

1. 设备安装精度包括在安装过程中为保证整套装置正确联动所需的各独立设备之间的位置精度。

2. 单台设备通过合理的安装工艺和调整方法能够重现的设备制造精度。

3. 整台（套）设备在运行中的运行精度。

知识点 二 主要因素

1. 设备基础对安装精度的影响主要是沉降不均匀和强度不够。

2. 垫铁埋设主要影响是承载面积和基础情况。

3. 设备灌浆主要影响是强度和密实度。

4. 地脚螺栓安装的垂直度和紧固力影响安装的精度。

5. 测量误差主要影响是仪器精度、基准精度。

6. 设备制造主要影响是加工精度、装配精度。

7. 环境因素主要影响是基础温度变形、设备温度变形、恶劣环境场所。

8. 操作误差主要影响是技能水平、责任心。

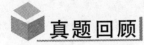

1. 位置精度、设备制造精度、运行精度。

2. 主要因素。

真题回顾

1. 机械设备安装的二次灌浆在（　　）、地脚螺栓紧固、各项检测项目合格后进行。

A. 设备清洗　　　　　B. 设备调试　　　　　C. 设备试运行　　　　　D. 设备找正调平

【答案】D

【解析】设备底座与设备基础之间的灌浆（二次灌浆）在设备找正调平、地脚螺栓紧固、各项检测项目合格后进行。故答案选 D。

2. 不影响机械设备安装精度的因素是（　　）。

A. 设备制造　　　　　B. 垫铁　　　　　C. 二次灌浆　　　　　D. 设备基础

【答案】A

【解析】影响机械设备安装精度的主要因素：设备基础、垫铁和二次灌浆、地脚螺栓、检测方法、应力和变形、基准的安装精度、现场组装大型设备各运转部件之间的相对运动精度、配合表面之间的配合精度和接触质量、操作。故答案选 A。

3. 机械设备找平，用水平仪测量水平度，检测应选择在（　　）。

A. 设备精加工面上　　　　　　　　　B. 设备外壳廓线上

C. 设备机座底线上　　　　　　　　　D. 设备基础平面上

【答案】A

【解析】设备的水平度通常用水平仪测量，检测应选择在设备的精加工面上。故答案选 A。

4. 下列参数中，属于位置误差的是（　　）。

A. 直线度　　　　　B. 平面度　　　　　C. 平行度　　　　　D. 圆度

【答案】C

【解析】位置误差（关联实际要素的位置对基准的变动全量）主要有：平行度、垂直度、倾斜度、圆轴度、对称度等。故答案选 C。

5. 设备吊装就位的紧后工序是（　　）。

A. 设备清洗　　　　　　　　　　　　B. 设备灌浆

C. 设备安装调整　　　　　　　　　　D. 垫铁安装

【答案】C

【解析】机械设备安装的一般程序如下：施工准备→基础验收→设置设备安装基准线和基准点→地脚螺栓安装→垫铁安装→设备吊装就位→设备安装调整（找正、找平、找标高）→设备灌浆→设备清洗→设备装配→调整试运行→竣工验收。故答案选 C。

6. 在室温条件下，工作温度较高的干燥机与传动电机联轴器找正时，两端面间隙在允许偏差内应选择（　　）。

A. 较大值　　　　　B. 中间值　　　　　C. 较小值　　　　　D. 最小值

【答案】A

【解析】调整两轴心径向位移精度时，运行中温度高的机器（汽轮机、干燥机）应低于温度低的机器（放电机、鼓风机、电动机）；调整两轴线倾斜精度时，上部间隙小于下部间隙；调整两端面间隙时选择较大值，运行中因温度变化引起的偏差便能得到补偿。故答案选 A。

7. 设备基础验收时，提供的移交资料包括（　　　）。

A. 基础结构外形尺寸、标高、位置的检查记录

B. 隐蔽工程验收记录

C. 设计变更及材料代用证件

D. 设备基础施工方案

E. 设备基础质量合格证明书

【答案】ABCE

【解析】基础验收时应提供的移交资料：基础施工图（包括设计变更）；设计变更及材料代用证件；设备基础质量合格证明书（包括混凝土配合比、混凝土养护及混凝土强度等）；钢筋及焊接接头的试验数据；隐蔽工程验收记录；焊接钢筋网及焊接骨架的验收记录；结构外形尺寸、标高、位置的检查记录；结构的重大问题处理文件。故答案选 ABCE。

8. 设备安装工程的永久基准点使用的材料，最好采用（　　　）。

A. 钢铆钉　　　　　　　B. 木桩　　　　　　　C. 普通角钢　　　　　　　D. 铜棒

【答案】D

【解析】需要长期保留的基准线和基准点，则设置永久中心标板和永久基准点，最好采用铜材或不锈钢材制作，用普通钢材制作需采取防腐措施，例如涂漆或镀锌。故答案选 D。

 知识拓展

一、单项选择题

1. 机械设备安装一般程序中垫铁安装的紧后工序是（　　　）确定。

A. 地脚螺栓安装　　　　　　　　　　　B. 设备吊装就位

C. 设备安装调整　　　　　　　　　　　D. 设备装配

2. 不属于设备基础质量合格证明书的是（　　　）。

A. 混凝土配合比　　　　　　　　　　　B. 混凝土养护

C. 混凝土强度　　　　　　　　　　　　D. 混凝土品牌

3. 机械设备安装精度不包括（　　　）。

A. 设备制造精度　　　　　　　　　　　B. 设备组装精度

C. 位置精度　　　　　　　　　　　　　D. 运行精度

二、多项选择题

1. 机械设备、零部件的主要形状误差有（　　　）。

A. 平行度　　　　　　B. 平面度　　　　　　C. 直线度

D. 圆轴度　　　　　　E. 圆柱度

2. 现场组装大型设备各运动部件之间的相对运动精度包括（　　　）。

A. 直线运动精度　　　B. 圆轴运动精度　　　C. 传动精度

D. 配合精度　　　　　E. 相对位置精度

三、案例分析题

【背景资料】

某公司总承包某厂煤粉制备车间新增煤粉生产线的机电设备安装工程，新生产线与原生产线相距不到 10m，要求扩建工程施工期间原生产线照常运行，工程内容包括一套球磨机及其配套的输送、喂料等辅机设备安装；电气及自动化仪表安装；一座煤粉仓及车间的非标管道制作及安装；煤粉仓及煤粉输送管道保温；无负荷调整试运转。

项目部组建后立即着手下列工作：

制定安装质量保证措施和质量标准，其中对关键设备球磨机的安装提出了详尽的要求：在垫铁安装方面，每组垫铁数量不得超过 6 块，平垫铁从下至上按厚薄顺序摆放，最厚的放在最下层，最薄的放在最顶层，安装找正完毕后，最顶层垫铁与设备底座点焊牢固以免移位。

【问题】

纠正球磨机垫铁施工方案中存在的问题。

【参考答案】

一、单项选择题

1. B 2. D 3. B

二、多项选择题

1. BCE 2. ABC

三、案例分析题

球磨机垫铁施工方案中存在的问题应更正为：①每组垫铁总数不得超过 5 块；②最薄的一块垫铁应放在中间；③垫铁之间应点焊牢固；④垫铁不得与设备底座点焊。

第二节 电气装置安装工程施工技术

 大纲考点 1：电气装置工程安装施工程序

 电气装置工程安装的施工程序

埋管与埋件→设备安装→电线与电缆敷设→回路接通→通电检查试验及调试→试运行→交付使用。

采 分 点

电气装置工程安装的施工程序。

知识点 二 常用电气装置施工程序

1. 各类电气装置施工程序

（1）电站发电机安装：就位→检查及电气试验→穿转子→调整空气间隙→附属设备及管

路安装→氢冷发电机的整体气密性试验等。

（2）一般电动机安装：就位→检查接线→送电试车。

（3）开箱检查→本体密封检验→绝缘判定→设备就位→器身检查→附件安装→滤油→注油→整体密封试验。

（4）封闭母线安装：核对设备位置及支架位置尺寸、封闭母线开箱检查及核对尺寸→封闭母线吊装→封闭母线找正固定→导体焊接→外壳焊接→电气试验→封闭母线与设备连接。

2．电气装置安装施工要求

（1）安装前应对相关的建筑工程进行检查和验收。

（2）电气设备和器材在安装前的保管期限应为 1 年及以下。保管环境条件应具备防火、防潮、防尘、防止小动物进入等措施；瓷件应安置稳妥，不得损坏。

（3）电气设备在起吊和搬运中，受力点位置应符合产品技术文件的规定。

（4）备安装用的紧固件，除地脚螺栓外应采用镀锌制品；户外用的紧固件应采用热镀锌制品。

（5）互感器安装就位后，应该将各接地引出端子良好接地。暂时不使用的电流互感器二次线圈应短路后再接地。

（6）断路器及其操动机构的联动应无卡阻现象，分、合闸指示正确，开关动作正确可靠。

（7）电抗器安装要使线圈的绕向符合设计要求。

（8）电容器的放电回路应完整且操作灵活。

（9）绝缘油应经严格过滤处理，其电气强度、介质损失角正切值和色谱分析等试验合格后才能注入设备。

（10）防爆电气设备应有"EX"标志和标明其类型、级别、组别标志的铭牌。

（11）组合装配六氟化硫封闭式电器元件时，应在无风沙、无雨雪、空气相对湿度小于80%的条件下进行，并采取防尘、防潮措施。

（12）接线端子的接触表面应平整、清洁、无氧化膜，并涂以薄层电力复合脂。

采 分 点

1．热镀锌制品。

2．防爆电气设备应有"EX"标志和标明其类型、级别、组别标志的铭牌。

3．无风沙、无雨雪、空气相对湿度小于80%的条件下进行，并采取防尘、防潮措施。

知识点 三　交接试验

1．交接试验主要作用

鉴定电气设备的安装质量是否合格，判断设备是否能投入运行。

2．电力电缆交接试验内容

测量绝缘电阻；直流耐压试验及泄漏电流测量；交流耐压试验；测量金属屏蔽层电阻和导电体电阻比；检查电缆线路两端的相位；充油电缆的绝缘油试验；交叉互联系统试验。

3．交接试验注意事项

（1）在高电压试验设备和高电压引线周围，均应装设遮挡并悬挂警示牌。

（2）进行高电压试验时，操作人员与高电压回路间应具有足够的安全距离。例如，电压等级 6～10kV，布设防护栅时，最小安全距离为 0.7m。

（3）高电压试验结束后，应对直流试验设备及大电容的被测试设备多次放电，放电时间至少 1min 以上。

（4）凡吸收比小于 1.2 的电动机，都应先干燥后再进行交流耐压试验。

（5）断路器的交流耐压试验应在分、合闸状态下分别进行。

（6）除制造厂装配的成套设备外，进行绝缘试验时，宜将连接在一起的各种设备分离开单独进行。

（7）做直流耐压时，试验电压按每级 0.5 倍额定电压分阶段升高，每阶段停留 1min，并记录泄漏电流。

1. 交接试验，判断设备是否能投入运行。
2. 装设遮挡并悬挂警示牌。
3. 多次放电，放电时间至少 1min 以上。
4. 交流耐压试验应在分、合闸状态下分别进行。

知识点四 电气回路接通要求

回路接通条件是确认供电设备和用电设备安装完成，其型号、规格、安装位置符合施工图纸要求并验收合格；电气交接试验合格；所有建筑装饰工作完成并清扫干净。电气回路接通作业的环境应整洁。

知识点五 通电检查试验及调试要求

1. 检查顺序

先进行二次回路通电检查试验，然后再进行相应的一次回路试运行。

2. 通电检验步骤

（1）受电系统的二次回路试验合格，其保护定值已按设计整定完毕。受电系统的设备和电缆绝缘良好。安全警示标志和消防设施已布置到位。

（2）按已批准的受电作业指导书，组织新建电气系统变压器高压侧接受电网侧供电，通过配电盘按先高压后低压、先干线后支线的原则逐级试通电。

（3）试通电后系统工作正常，可进行新建工程的单机试运行。

（1）检查顺序。
（2）先高压后低压、先干线后支线的原则逐级试通电。

知识点六 试运行

通过试运行检查电气设备系统是否完整、正确；检查设备的制造和施工质量；考验设备的性能和工艺设计的合理性；调整设备和系统以形成安全、经济、可靠的运行方式。

1. 试运行的条件

（1）设备安装完整齐全，连接回路接线正确、齐全、完好。

（2）动力回路应核对相序无误，动力电源和特殊电源应具备供电条件。

（3）电气设备应经绝缘检查符合合格标准，接地良好。

（4）环境整洁，应有的封闭已做好。

（5）测量仪表校验合格；二次回路通电检查动作无误。

（6）电气系统的保护整定值已按设计要求整定完毕。

2. 安全防范要求

（1）防止电器设备误动作的措施可靠。

（2）在试运行开始前要再次检查回路是否正确，需要解开的回路已解开，需要退出试验位置的回路已退出，需要闭合的刀闸已合好，带电部分挂好安全标示牌。

（3）在做好电气设备系统试运行的同时，要按工程整体试运行的要求做好与其他专业配合的试运行工作，及时准确地做好各回路供电和停电工作，保证整体工程试运行的安全进行。

绝缘检查符合合格标准，接地良好。

 交接验收

1. 检查

固定牢靠，外表清洁完整；电气连接应可靠且接触良好；瓷套应完整无损，表面清洁；每一台（套）电气装置的性能检查。油漆应完整，相色标志正确，接地良好。

2. 提交资料

变更设计的证明文件；制造厂提供的产品说明书、试验记录、合格证件及技术文件；安装技术记录；调整试验记录；备品、备件及专用工具清单。

变更设计的证明文件；制造厂提供的产品说明书、试验记录、合格证件及技术文件；安装技术记录；调整试验记录；备品、备件及专用工具清单。

 大纲考点2：输配电线路的施工方法

知识点一 **室外线路施工方法**

室外线路形式：输送电力的高压架空线路；配电用的低压架空线路以及直埋电缆；电缆沟和电缆隧道内电缆；保护管内电缆等。

1. 35kV 以下架空电力线路施工

（1）架空电力线路安装程序：挖电杆和拉线坑→基础埋设→电杆组合→横担安装→绝缘子安装→立杆→拉线安装→导线架设。

（2）架空电力线路电杆组立后进行拉线安装及调整，方可以进行导线架设。导线架设程序：导线展放→导线的连接→紧线→绝缘子上导线固定和跳线连接。

（3）电杆上的电气设备安装应牢固可靠，电气连接应接触紧密，不同金属导体连接应有过渡措施，瓷件表面光洁无裂纹、无破损。

2. 接户线施工

（1）低压架空进户管宜采用镀锌钢管，户外端应装有防水弯头。入户处螺栓固定式横担应在建筑外墙装饰工程结束后安装。

（2）接户线架设时，应先绑扎杆上一端，后绑扎进户端。

3. 室外电缆敷设

（1）对电缆及其附件的外观和电缆结构进行现场检查。

（2）电缆在施放前必须进行绝缘电阻测量、直流耐压及泄漏电流测量、充油电缆的绝缘油试验。

采 分 点

1. 室外线路形式。

2. 架空电力线路安装程序。

3. 导线架设程序。

4. 绝缘电阻测量、直流耐压及泄漏电流测量、充油电缆的绝缘油试验。

知识点 二 室内线路安装

1. 桥架与支架安装

（1）金属电缆支架必须进行防腐处理。铝合金桥架在钢制支架上固定时，应有防电化学腐蚀的措施。

（2）直线段钢制桥架超过 30m、铝制桥架超过 15m 时，应留有伸缩缝或伸缩片。

（3）电缆支架应安装牢固、横平竖直，各支架的同层横格架应在同一水平上，其高度偏差不大于 ±5mm，支架沿走向左右偏差不大于 ±10mm。

（4）电缆桥架转弯处的转弯半径，不应小于该桥架上电缆中的最小允许弯曲半径。

（5）长距离电缆桥架每隔 30~50m 接地一次。

2. 配管及管内穿线

（1）穿线钢管不得用电焊或火焊切割，加工为弯管后不应有裂纹和明显的凹瘪现象，管口应无毛刺。

（2）电力线路的管内穿线是先穿支线再穿干线。

（3）穿线程序：扫管→穿引线→放线→引线与导线绑扎→穿线→导线拼头。

3. 电气盘柜内二次回路接线

（1）用于监视测量表计、控制操作信号、继电保护和自动装置的全部低压回路的接线均为二次回路接线。敷设二次线应在电气盘柜安装完毕，柜内仪表、继电器及其他电器全部装好后进行。

（2）接线要求：按图施工，接线正确；导线与电气元件间连接应牢固可靠；不得有中间接头；电缆和分列导线的端部应标明其回路编号；配线应整齐、清晰、美观；每个接线端子上的接线宜为一根，最多不超过两根。

（3）屏蔽电缆的屏蔽层应予接地；非屏蔽电缆，则其备用芯线应有一根接地。多根电缆屏蔽层的接地汇总到同一接地母线排时，应用截面积不小于 $1mm^2$ 接地软线。压接时每个接线鼻子内屏蔽接地线不应超过 6 根。

（4）柜内两导体间，导电体与裸露的非带电的导体间的电气距离和爬电距离符合要求。

（5）导线与接线端子连接，10mm² 及以下的单股导线，在导线端部弯一圆圈接到接线端子上，注意线头的弯曲方向与拧入螺母方向一致。4mm² 以上的多股铜线需压接接线端子，再与设备接线端子连接。

4. 电动机的接线

（1）电动机电缆管的管口应在电动机接线盒附近，从管口到接线盒间的导线应用金属软管保护并设置滴水弯。

（2）电动机的外壳应可靠接地，接地线应接在电动机指定的标志处。接地线截面通常按电源线的 1/3 选择，且铜芯线截面不小于 1.5mm²。

（3）电动机的引出线鼻子焊接或压接应牢固，电气接触良好，裸露带电部分的电气间隙应符合规定。

1. 防腐处理。

2. 直线段钢制桥架超 30m、铝制桥架超 15m 时，留伸缩缝或伸缩片。

3. 隔 30～50m 接地一次。

4. 先穿支线再穿干线。

5. 穿线程序。

6. 每个接线端子上的接线宜为一根，最多不超过两根。

知识点 三　室内电缆敷设

1. 敷设要点

（1）不得损坏电缆沟、隧道、竖井、人孔井的防水层。

（2）电缆应从电缆盘的上端引出。从电缆布置集中点向电缆布置分散点敷设。

（3）用机械敷设时，机械牵引力不得大于电缆允许牵引强度。

（4）有防止电缆铠装压扁、电缆绞拧、护层断裂、绝缘破损等机械损伤的措施。

（5）黏性油浸绝缘电缆最高点与最低点之间的位差应符合制造厂规定。

（6）绝缘电缆切断后，要立即做好防潮密封。

（7）并列敷设电缆，有中间接头时应将接头位置错开。明敷电缆的中间接头应用托板托置固定。

（8）电缆敷设中应及时整理，做到横平竖直、排列整齐，避免交叉重叠。及时在电缆终端、中间接头、电缆拐弯处、夹层内、隧道及竖井的两端等地方的电缆上装设标志牌。标志牌上应标明电缆线路的编号、电缆型号、规格与起讫地点。

（9）电力电缆和控制电缆应分层布置。若需要敷设在同一支架上时，控制电缆应放在下侧，1kV 以下电力电缆应放在 1kV 以上电力电缆的下侧（充油电缆除外），以预防事故发生时事故的扩大。

（10）电缆敷设与热力管道、热力设备交叉时，其净距离应符合规定。严禁电缆平行敷设于热管道上部。

（11）电缆应在切断后 4h 之内进行封头。油浸纸质绝缘电力电缆必须铅封；塑料绝缘电力电缆应有防潮的封端；充油电缆切断处必须高于邻近两侧电缆。

2. 防火措施

电缆进入电缆沟、电缆隧道、电缆槽盒、电缆夹层和盘柜的孔洞要严密进行防火封堵。

 采 分 点

1. 不得损坏电缆沟、隧道、竖井、人孔井的防水层。
2. 机械敷设。
3. 并列敷设电缆。
4. 及时整理，做到横平竖直、排列整齐，避免交叉重叠。标志牌上应标明电缆线路的编号、电缆型号、规格与起讫地点。

知识点四 母线安装

1. 硬母线安装

（1）硬母线的材质必须有出厂试验报告和合格证，且符合设计要求。

（2）安装在同一水平面或垂直面上的支持绝缘子、穿墙套管的顶面应在同一平面上。

（3）工作电流大于 1500A 时，每相母线固定金具或其他支持金具不应构成闭合磁路。

（4）母线间或母线与设备端子间的搭接面应接触良好。

（5）母线通过负荷电流或短路电流时产生发热的胀伸能沿本身的中心方向自由移动。

2. 封闭母线安装

（1）封闭母线不得用裸钢丝绳绑扎起吊，不得任意在地面上拖拉。

（2）母线和外壳间应同心，其误差不得超过 5mm，相邻段连接的母线及外壳应对准，接合面应密封良好。

（3）母线焊接应在母线全部就位并调整合格，绝缘子、电流互感器经试验合格后进行。

 采 分 点

1. 出厂试验报告和合格证。
2. 同一水平面或垂直面，在同一平面上。
3. 大于 1500A。
4. 负荷电流或短路电流，胀伸能沿本身的中心方向自由移动。

 真题回顾

1. 建筑电气工程受电前按规定应配齐（　　）。

A. 消防器材　　　　B. 备用元件　　　　C. 电工工具　　　　D. 电气材料

【答案】A

【解析】建筑电气工程受电前按规定应配齐设计要求的消防器材；受电后不论何方保管均应按用电管理制度规定进行送电或断电。故答案选 A。

2. 在电缆敷设过程中，应做的工作包括（　　）。

A. 标明电缆型号　　B. 排列整齐　　　　C. 避免平行重叠

D. 横平竖直　　　　E. 标明起讫地点

【答案】ABDE

【解析】电缆敷设中应及时整理，做到横平竖直、排列整齐，避免交叉重叠。及时在电缆终端、中间接头、电缆拐弯处、夹层内、隧道及竖井的两端等地方的电缆上装设标志牌。标志牌上应标明电缆线路的编号、电缆型号、规格与起讫地点。故答案选 ABDE。

3. 室外电力线路的形式有（　　　）。

A. 高压架空线路　　　B. 保护管内电缆　　　C. 桥架电缆

D. 直埋电缆　　　　　E. 隧道内电缆

【答案】ABDE

【解析】室外线路的形式有输送电力的高压架空线路、配电用的低压架空线路以及直埋电缆、电缆沟和电缆隧道内电缆、保护管内电缆等。故答案选 ABDE。

4. 并列明敷电缆的中间接头应（　　　）。

A. 位置相同　　　　　　　　　　　B. 用托板托置固定

C. 配备保护盒　　　　　　　　　　D. 安装检测器

【答案】B

【解析】并列敷设电缆，有中间接头时应将接头位置错开。明敷电缆的中间接头应用托板托置固定。故答案选 B。

5. 电气柜内二次回路的接线要求有（　　　）。

A. 按图施工，接线正确

B. 导线允许有一个中间接头

C. 电缆和导线的端部应标明其回路编号

D. 每个接线端子上的接头最多不超过三根

E. 配线应整齐、清晰和美观

【答案】ACE

【解析】二次回路的接线要求：按图施工，接线正确；导线与电气元件间连接应牢固可靠；不得有中间接头；电缆和分列导线的端部应标明其回路编号；配线应整齐、清晰和美观；每个接线端子上的接线宜为一根，最多不超过两根。故答案选 ACE。

6. 封闭母线找正固定的紧后工序是（　　　）。

A. 导体焊接　　　　B. 外壳焊接　　　　C. 电气试验　　　　D. 与设备连接

【答案】A

【解析】封闭母线的安装程序：核对设备位置及支架位置尺寸、封闭母线开箱检查及核对尺寸→封闭母线吊装→封闭母线找正固定→导体焊接→外壳焊接→电气试验→封闭母线与设备连接。故答案选 A。

7. 某施工单位承接了 5km 10kV 架空线路的架设和一台变压器的安装工作。根据线路设计，途经一个行政村，跨越一条国道，路经一个 110kV 变电站。路线设备由建设单位购买，但具体实施由施工单位负责。该线路施工全过程的监控由建设单位指定的监理单位负责。项目部在架空线路电杆组立后，按导线架设的程序组织施工。

【问题】

简述架空线路电杆组立后导线架设程序的主要内容？

【参考答案】

架空线路电杆组立后导线架设程序的主要内容包括导线展放、导线连接、紧线、绝缘子上导线固定和跳线连接。

知识拓展

一、单项选择题

1. 架空电力线路安装程序中立杆的紧前工序是（　　）。
   A. 挖电杆和拉线坑　　　　　　　　　　B. 基础埋设
   C. 绝缘子安装　　　　　　　　　　　　D. 拉线安装

2. 电气设备和器材在安装前的保管期限合理的是（　　）。
   A. 10 个月　　　　　　　　　　　　　B. 18 个月
   C. 24 个月　　　　　　　　　　　　　D. 36 个月

二、多项选择题

1. 绝缘油应经严格过滤处理，其（　　）等试验合格后才能注入设备。
   A. 化学性质　　　　B. 电气强度　　　　C. 介质损失角正切值
   D. 成分分析　　　　E. 色谱分析

2. 组合装配六氟化硫封闭式电器元件时，应在（　　）的条件下进行。
   A. 无氧化　　　　　B. 无噪声　　　　　C. 无风沙
   D. 无雨雪　　　　　E. 采取防潮措施

3. 对电气装置交接试验注意事项的描述中不正确的有（　　）。
   A. 在高压试验设备周围，应装设遮挡并悬挂警示牌
   B. 电压等级为 6 ~ 10kV，布设防护栏时，最小安全距离为 1.0m
   C. 断路器的交流耐压试验应在分、合闸状态下分别进行
   D. 吸收比大于 1.2 的电动机，应先干燥后再进行交流耐压试验
   E. 做直流耐压时，试验电压按每级 1.5 倍额定电压分节段升高

4. 室内电缆敷设的要求包括（　　）。
   A. 不得损坏电缆沟、隧道、竖井、人孔井的防水层
   B. 电缆应从电缆盘的下端引出
   C. 机械敷设时，机械牵引力不得大于电缆允许牵引强度
   D. 电缆敷设中应及时整理，可以交叉重叠
   E. 绝缘电缆切断后，要立即做好防潮密封

三、案例分析题

【背景资料】

某城市开发区新建工程进行公开招标，其中电气装置工程安装由具有专业资质的 B 公司中标，签订合同后开始施工。安装完成后按照《电气装置安装工程电气设备交接试验标准》进行交接试验、通电检查及调试、试运行，各项目合格后进行交接验收。

【问题】

1. 试通电检查应遵循什么原则？
2. 交接验收时应提供哪些资料？

【参考答案】

一、单项选择题

1. C　　2. A

二、多项选择题

1. BCE   2. CDE   3. BDE   4. ACE

三、案例分析题

1. 试通电检查应遵循的原则：先高压后低压，先干线后支线。

2. 交接验收时应提供以下资料：变更设计的证明文件；制造厂提供的产品说明书、试验记录、合格证件及技术文件；安装技术记录；调整试验记录；备品、备件及专用工具清单。

第三节   工业管道工程施工技术

 大纲考点1：掌握管道工程施工程序

知识点一   分类

1. 按材料性质分类

金属管道和非金属管道。

根据其输送的介质特性、工作压力和温度划分为：

（1）GC1 级：

①输送《职业性接触毒物危害程度分级》（GB 5044—85）中规定的毒性程度、极度危害介质、高度危害气体介质和工作温度高于标准沸点的高度危害液体介质的管道。

例如：铬酸盐、汞及化合物、铍及化合物、氰化物、锰、二硫化碳及无机盐化合物等的气、液介质管道。

②输送《石油化工企业设计防火规范》（GB 50160—1999）及《建筑设计防火规范》（GB 50016—2006）中规定的火灾危险性为甲、乙类可燃气体或甲类可燃液体（包括液化烃），并且设计压力大于或等于 4.0MPa 的管道。

例如：液氧充装站、氧气管道等。

③输送液体介质并且设计压力大于或等于 10.0MPa，或者设计压力大于或等于 4.0MPa，并且设计温度大于或等于 400℃ 的管道。

例如：二氧化碳充装站。

（2）GC2 级：

除 GC3 级管道外，介质毒害程度、火灾危险性（可燃性）、设计压力和设计温度低于 GC3 级的管道。

（3）GC3 级：

①输送无毒、非可燃性流体介质，设计压力小于或等于 1.0MPa，并且设计温度高于 −20℃ 但是不高于 185℃ 的管道。

②非金属管道分为：无机非金属材料管道，如混凝土管、石棉水泥管、陶瓷管等；有机非金属材料管道，如塑料管、玻璃管、橡胶管等。

③石油化工非金属管道主要有玻璃钢管道、塑料管道、玻璃钢复合管道和钢骨架聚乙烯复合管道。

2. 按设计压力分级（MPa）

真空管道（$P<0$）、低压管道（$0 \leqslant P \leqslant 1.6$）、中压管道（$1.6 < P \leqslant 10$）、高压管道（$10 < P \leqslant 100$）和超高压管道（$P > 100$）。

3. 按输送温度分类（℃）

低温管道（$t \leqslant -40$）、常温管道（$-40 < t \leqslant 120$）、中温管道（$120 < t \leqslant 450$）和高温管道（$t > 450$）。

4. 按输送介质的性质分类

给排水管道、压缩空气管道、氢气管道、氧气管道、乙炔管道、热力管道、燃气管道、燃油管道、剧毒流体管道、有毒流体管道、酸碱管道、锅炉管道、制冷管道、净化纯气管道、纯水管道等。

几种分类标准、条件。

知识点 二 管道工程施工程序

1. 一般施工程序

施工准备（技术、人员、机具、材料、现场）→配合土建预留、预埋、测量→管道、支架预制→附件、法兰加工、检验→管段预制→管道安装→管道系统检验→管道系统试验→防腐绝热→系统清洗→资料汇总、绘制竣工图→竣工验收。

2. 长输管道施工程序

线路交桩→测量放线→施工作业带清理、修筑施工运输便道→防腐管运输→布管→清理管口→管口组对→管道焊接→焊口检验→热收缩套（带）补口→管沟开挖→管道下沟→管沟回填→管道通球扫线、测径、试压、干燥→标志桩埋设→阴极保护→地貌恢复→竣工验收。

3. 埋地管道施工程序

办理动土手续→按图测量、放线、打桩→挖管沟→沟底垫层处理→复测标高→管道预制、防腐→下管找正→管口连接→部分覆土回填→试压前检查→分段系统试验→隐蔽前检查→回填土→系统最终水压试验。

施工程序。

知识点 三 管道安装技术要点

1. 管道与大型设备或动设备连接（如空压机、制氧机、汽轮机等），无论是焊接还是法兰连接，都应采用无应力配管。其固定焊口应远离机器。

例如，管道与机械设备连接前，应在自由状态下检验法兰的平行度和同轴度，偏差应符合规定要求。

2. 螺纹管道安装前，螺纹部分应清洗干净，应进行外观检查，不得有缺陷。

3. 伴热管及夹套管安装。

（1）伴热管与主管平行安装，并应自行排液。当一根主管需多根伴热管伴热时，伴热管之间的距离应固定。

（2）不得将伴热管直接点焊在主管上，对不允许与主管直接接触的伴热管，在伴热管与主管间应有隔离垫或用伴热环支撑。

（3）夹套管经剖切后安装时，纵向焊缝应置于易检修部位。

（4）夹套管支承块的材质应与主管材质相同，支承块不得妨碍管内介质流动。

4. 衬里管道安装应采用软质或半硬质垫片，安装时，不得施焊、加热、扭曲和敲打。

5. 阀门安装。

（1）阀门安装前，应按设计文件核对其型号，并应按介质流向确定其安装方向；检查阀门填料，其压盖螺栓应留有调节裕量。

（2）当阀门与管道以法兰或螺纹方式连接时，阀门应在关闭状态下安装；以焊接方式连接时，阀门不得关闭，焊缝底层宜采用氩弧焊。

（3）安全阀应垂直安装；安全阀的最终调校宜在系统上进行，开启和回座压力应符合设计文件的规定。安全阀经最终调校合格后，应做铅封，并填写"安全阀最终调试记录"。

（4）阀门壳体试验压力和密封试验应以洁净水为介质，不锈钢阀门试验时，水中的氯离子含量不得超过 25ppm。

（5）阀门的壳体试验压力为阀门在 20℃时最大允许工作压力的 1.5 倍，密封试验为阀门在 20℃时最大允许工作压力的 1.1 倍，试验持续时间不得少于 5min；试验温度为 5 ~ 40℃，低于 5℃时，应采取升温措施。

（6）安全阀的校验应按照国家现行标准和设计文件的规定进行整定压力调整和密封试验。安全阀应做好记录、铅封，出具校验报告。

（7）设计压力大于 1MPa 的流体管道阀门每个都需要进行壳体压力试验和密封试验，不合格不允许使用。设计压力小于 1MPa 的流体管道阀门抽查 10% 试验，如不合格，加倍抽查，仍不合格，该批阀门不得使用。

6. 支、吊架安装。

（1）支、吊架安装应平整牢固，与管道接触应紧密。

（2）无热位移的管道，其吊杆应垂直安装。有热位移的管道，吊点应设在位移的相反方向，按位移值的 1/2 偏位安装。

（3）导向支架或滑动支架的滑动面应洁净平整，不得有歪斜和卡涩现象。

（4）弹簧支、吊架的弹簧高度，应按设计文件规定安装，弹簧应调整至冷态值，并做记录。

7. 静电接地安装。

（1）有静电接地要求的管道，各段管子间应导电。例如，每对法兰或螺纹接头间电阻值超过 0.03Ω 时，应设导线跨接。管道系统的对地电阻值超过 100Ω 时，应设两处接地引线。接地引线宜采用焊接形式。

（2）有静电接地要求的钛管道及不锈钢管道，导线跨接或接地引线不得与钛管道及不锈钢管道直接连接，应采用钛板及不锈钢板过渡。

（3）静电接地安装完毕后，必须进行测试，电阻值超过规定时，应进行检查与调整。

 采 分 点

1. 采用无应力配管。

2. 伴热管与主管平行安装，不得直接点焊在主管上。

3. 阀门与管道以法兰或螺纹方式连接，阀门应在关闭状态下安装；以焊接方式连接，阀门不得关闭，焊缝底层宜采用氩弧焊。

4. 安全阀应垂直安装。

5. 支、吊架安装：平整牢固，接触紧密；吊杆垂直安装；滑动面洁净平整，不得有歪斜和卡涩现象。

6. 超过 0.03Ω 时，设导线跨接。对地电阻值超过 100Ω，设两处接地引线（焊接）。

 大纲考点2：管道系统的试验和吹洗要求

知识点一 管道系统试验

1. 主要类型

（1）压力试验：以液体或气体为试验介质，对管道系统逐步加压，达到规定的试验压力，以检验管道系统的强度和严密性。

（2）真空度试验：对管道系统抽真空，使管道系统内部形成负压，以管道系统在规定时间内的增压率，检验管道系统的严密性。

（3）泄漏性试验：以气体为试验介质，在设计压力下，采用发泡剂、显色剂、气体分子感测仪或其他专门手段等，检查管道系统中的泄漏点。

2. 压力试验的规定和条件

（1）规定。

①脆性材料严禁使用气体进行试验，压力试验温度严禁接近金属材料的脆性转变温度。②试验过程发现泄漏时，不得带压处理。消除缺陷后应重新进行试验。③试验结束后及时拆除盲板、膨胀节的临时约束装置。

（2）条件。

①试验范围内的管道安装工程除涂漆、绝热未施工完毕外，均已按设计图纸全部完成，安装质量符合有关规定。②有热处理和无损检验要求的部位，其结果均已合格。③管道上的膨胀节已设置了临时约束装置，管道已按试验要求进行加固。④试验用压力表在周检期内并已经校验，其精度符合规定要求，压力表不得少于两块。⑤待试管道系统与不试验的管道系统已采取隔离措施。采有盲板隔离的，设置盲板的部位应有明显的标记和记录。⑥待试管道上的安全阀、爆破板及仪表元件等已拆下或加以隔离，中间阀门应全部开启。⑦输送剧毒流体的管道及设计压力大于等于 10MPa 的管道，在压力试验前，有关资料已经过建设单位复查。⑧试验方案已批准，并已进行了技术交底。⑨资料（已经复查）：管道元件的质量证明文件、管道组成件的检验或试验记录、管道安装和加工记录、焊接检查记录、检验报告和热处理记录、管道轴测图、设计变更及材料代用文件。

（3）替代形式及规定。

①用气压—液压试验代替气压试验时，应经设计/建设单位同意并符合规定。②现场条件不允许进行液压和气压试验时，经过设计或建设单位同意，也可以采取其他方法代替压力试验。例如：a. 所有环向、纵向对接焊缝和螺旋缝焊缝应进行100%射线检测和100%超声检测。b. 除环向、纵向对接焊缝和螺旋缝焊缝以外的焊缝应进行100%渗透检测或100%磁粉检测。

3. 压力试验实施要点
（1）液压试验实施要点。

①管道与设备作为一个系统进行试验时，当管道的试验压力等于或小于设备的试验压力时，应按管道的试验压力进行试验；当管道试验压力大于设备的试验压力，且设备的试验压力不低于管道设计压力的 1.15 倍时，经建设单位同意，可按设备的试验压力进行试验。②液压试验应缓慢升压，待达到试验压力后，稳压 10min，再将试验压力降至设计压力，停压30min，以压力不降、无渗漏为合格。③承受内压的地上钢管道及有色金属管道试验压力应为设计压力的 1.5 倍，埋地钢管道的试验压力应为设计压力的 1.5 倍，且不得低于 0.4MPa。

（2）以气体为介质的压力试验（气压）实施要点。

①介质：空气/惰性气体。②承受内压钢管及有色金属管试验压力应为设计压力的 1.15 倍，真空管道的试验压力应为 0.2MPa。③试验时应装有压力泄放装置，其设定压力不得高于试验压力的 1.1 倍。④试验前，应用空气进行预试验，压力为 0.2MPa。⑤试验时，应逐步缓慢增加压力，当压力升至试验压力的 50% 时，如未发现异常或泄漏现象，继续按试验压力的10% 逐级升压，每级稳压 3min，直至试验压力。应在试验压力下稳压 10min，再将压力降至设计压力，以发泡剂检验不泄漏为合格。

4. 真空度试验实施要求
（1）真空系统在气压试验合格后，还应按设计文件规定进行 24h 的真空度试验。
（2）真空度试验按设计文件要求，对管道系统抽真空，达到设计规定的真空度后，关闭系统，24h 后系统增压率不应大于 5%。

5. 泄漏性试验实施要求
（1）输送剧毒流体、有毒流体、可燃流体的管道必须进行泄漏性试验。
（2）泄漏性试验应在压力试验合格后进行。
（3）试验介质宜采用空气，试验压力为设计压力。
（4）泄漏性试验应逐级缓慢升压，当达到试验压力，并且停压 10min 后，采用涂刷中性发泡剂的方法，重点检验阀门填料函、法兰或螺纹连接处、放空阀、排气阀、排水阀等，以发泡剂检验不泄漏为合格。

1. 试验主要类型：压力、真空度、泄漏性。
2. 试验用压力表在周检期内并已校验，不得少于两块。
3. 待试管道系统与不试验的管道系统已采取隔离措施。
4. 液压试验实施要求、数据。
5. 气压试验实施要求、数据。
6. 真空度试验，24h 后系统增压率不应大于 5%。
7. 泄漏性试验实施要求。

知识点二 管道的吹扫与清洗

1. 一般规定
（1）管道系统压力试验合格后，应进行吹扫与清洗（吹洗），并应编制吹扫与清洗方案。

（2）吹洗方法应根据对管道的使用要求、工作介质、系统回路、现场条件及管道内表面的脏污程度确定。

（3）管道系统吹洗方案应包括：吹洗程序、吹洗方法、吹洗介质、吹洗设备的布置；吹洗介质的压力、流量、流速的操作控制方法；检查方法、合格标准；安全技术措施及其他注意事项。

（4）管道系统吹洗注意事项：

①管道系统吹洗前应将孔板、喷嘴、滤网、调节阀、止回阀阀芯、管路上的阀门，套筒伸缩节、波纹补修器等都卸下用短管替代。②按主管→支管→疏排管的顺序吹洗。③吹扫时应设置安全警戒区域，吹扫口处严禁站人。蒸汽吹扫时，管道上及其附近不得放置易燃物。④吹洗的排放物不得污染环境，严禁随地排放。⑤管道吹洗合格后，除规定的检查外，不得再进行影响管内清洁的其他作业。⑥管道复位时，应由施工单位会同建设单位共同检查，并应按规范填写"管道系统吹扫及清洗记录"及"隐蔽工程（封闭）记录"。

2. 管道吹扫与清洗的方法

（1）水冲洗。

应使用洁净水。水冲洗速度不得低于 1.5m/s，冲洗压力不得超过管道压力。连续进行冲洗，以排出口的水色和透明度与入口水目测一致为合格。当管道经水冲洗合格后暂不运行时，应将水排净，并应及时吹干。

（2）空气吹扫。

可利用生产装置的大型压缩机或利用装置中的大型容器蓄气，进行间断性吹扫。吹扫压力不得超过容器和管道的设计压力，流速不宜小于 20m/s。

（3）蒸汽吹扫。

蒸汽管道吹扫前，管道系统的保温隔热工程应已完成。蒸汽管道应以大流量蒸汽进行吹扫，流速不小于 30m/s。蒸汽吹扫应按加热→冷却→再加热的顺序循环进行，并采取每次吹扫一根、轮流吹扫的方法。

（4）油清洗。

机械设备的润滑、密封、控制油管道系统，应在设备及管道吹洗、酸洗合格后，系统试运转前进行油冲洗。不锈钢管道，宜采用蒸汽吹净后进行油清洗。油清洗应以油循环的方式进行。

采分点

1. 压力试验合格后，应进行管道系统吹扫与清洗（吹洗）。
2. 按主管→支管→疏排管的顺序吹洗。
3. 蒸汽吹扫：加热→冷却→再加热，每次吹扫一根，轮流吹扫。
4. 不锈钢管道，宜采用蒸汽吹净后进行油清洗。油清洗应以油循环的方式进行。

 真题回顾

1. 管道系统吹扫与清洗应在（　　）进行。

A. 无损检测合格后液压试验前　　　　B. 液压试验合格后气体泄漏试验前

C. 气体泄漏试验合格后涂漆、绝热施工前　　D. 涂漆、绝热施工检验合格后交工前

【答案】B

【解析】液压试验合格后气体泄漏试验前，应进行管道系统吹扫与清洗。故答案选 B。

2. 属于按输送介质的性质划分的管道是（　　　）。

A. 真空管道　　　　　　　　　　B. 金属管道

C. 热力管道　　　　　　　　　　D. 压力管道

【答案】C

【解析】按输送介质的性质分类：给排水管道、压缩空气管道、氢气管道、氧气管道、乙炔管道、热力管道、燃气管道、燃油管道、剧毒流体管道、有毒流体管道、酸碱管道、锅炉管道、制冷管道、净化纯气管道、纯水管道等。故答案选 C。

3. 管道工程施工程序中管道安装的紧后工序是（　　　）。

A. 管道系统防腐　　　　　　　　B. 管道系统检验

C. 管道系统绝热　　　　　　　　D. 管道系统清洗

【答案】B

【解析】管道工程一般施工程序：施工准备→配合土建预留、预埋、测量→管道、支架预制→附件、法兰加工、检验→管段预制→管道安装→管道系统检验→管道系统试验→防腐绝热→系统清洗→资料汇总、绘制竣工图→竣工验收。故答案选 B。

4. 检验管道系统强度和严密性的试验是（　　　）。

A. 压力试验　　　　　　　　　　B. 真空度试验

C. 侧漏性试验　　　　　　　　　D. 致密性试验

【答案】A

【解析】压力试验检验管道系统的强度和严密性。故答案选 C。

5. 管道滑动支架以支承面中心为起点进行反方向安装的偏移量应为位移值的（　　　）。

A. 1/5　　　　　　　　　　　　B. 1/4

C. 1/3　　　　　　　　　　　　D. 1/2

【答案】D

【解析】导向支架或滑动支架的滑动面应洁净平整，不得有歪斜和卡涩现象。其安装位置应从支承面中心向位移反向偏移，偏移量应为位移值的1/2 或符合设计文件的规定。故答案选 D。

6. 某机电工程公司承接了电厂制氢系统机电安装工程，其范围包括：设备安装，主要有电解槽、氢气分离器等，11 台设备的安装，管道安装，包括氢气和氧气管道安装、阀门及其附件安装；系统试运行：包括严密性试验、系统冲洗以及系统模拟试验。

【问题】

管道系统试验包括哪几种类型？

【参考答案】

该管道系统包括氢气和氧气管道安装，故需要进行的试验类型有：压力试验、真空度试验、泄漏性试验。

7.【2013 案例分析题（三）】

ABCDE 五家施工单位投标竞争一座排压 8MPa 的天然气加压施工的承建合同，C 施工单位中标。

C施工单位经过5个月的努力完成了外输气压缩机的就位，完成了电气自动化仪表工程和管道的连接，热处理。管托管架安装及管道系统的涂漆、保温，随后对管道系统组织压力试验。

管线与压缩机之间的隔离盲板采用耐油橡胶板，试压过程中橡胶板被水压击穿，外输气压机的涡壳进水。

【问题】

（1）管道系统试压中有哪些不妥之处？

（2）管道系统试压还应具备哪些条件？

【参考答案】

（1）管道系统试压中不妥之处：

①管道系统试压在涂漆、保温之后，对系统组织试压不妥，应在工程涂漆、保温施工前进行。②隔离盲板采用耐油橡胶板不妥，应采用钢制盲板。

（2）管道系统试压还应具备以下条件：

①试验范围内的管道安装工程，除涂漆、绝热未施工完毕外，均已按设计图纸全部完成，安装质量符合有关规定。②有热处理和无损检测要求的部位，其结果均已合格。③管道上的膨胀节已设置了临时约束装置，管道已按试验要求进行了加固。④试验用压力表在周检期内并已经校验，其精度符合规定要求，压力表不得少于两块。⑤待试管道系统与不试验的管道系统已采取隔离措施。采用盲板隔离的，设置盲板的部位应有明显的标记和记录。⑥待试管道上的安全阀、爆破板及仪表元件等已拆下或加以隔离，中间阀门应全部开启。⑦输送剧毒流体的管道及设计压力大于等于10MPa的管道，在压力试验前，有关资料已经建设单位复查。⑧试验方案已批准，并已进行了技术处理。

 知识拓展

一、单项选择题

1. 管道与汽轮机连接应采用（　　）配管。

　A. 无应力　　　　　　　　　　　B. 有应力

　C. 固定状态下　　　　　　　　　D. 自由状态下

2. 工业管道施工中，管道系统检验工序的紧后工序是（　　）。

　A. 附件、法兰检验　　　　　　　B. 管道系统试验

　C. 防腐绝热　　　　　　　　　　D. 系统清洗

3. 工业管道系统试验的主要类型不包括（　　）。

　A. 压力试验　　　　　　　　　　B. 真空度试验

　C. 泄漏性试验　　　　　　　　　D. 气密性试验

4. 真空系统在气压试验合格后，应按设计文件规定进行（　　）的真空度试验。

　A. 8h　　　　　　　　　　　　　B. 12h

　C. 24h　　　　　　　　　　　　　D. 48h

二、案例分析题

【背景资料】

某安装工程公司承接一锅炉安装及架空热力管道工程，管道工程由型钢支架工程和管道安装组成。型钢支架、管道、阀门等相应主辅件到场后检验合格后开始施工。

管道系统安装完毕后，按设计要求和规范进行了液压试验，达到试验压力后稳压 30min 后降至设计压力，停压 1h，观察压力不降、无渗漏，随后进行了真空度试验和泄漏性试验，试验合格后组织验收、交工。

【问题】

1. 阀门安装有哪些注意事项？

2. 液压试验过程是否妥当？说明理由。

【参考答案】

一、单项选择题

1. A　2. B　3. D　4. C

二、案例分析题

1. 阀门安装应注意：

（1）阀门安装前，应按设计文件核对其型号，并应按介质流向确定其安装方向；检查阀门填料，其压盖螺栓应留有调节裕量。

（2）当阀门与管道以法兰或螺纹方式连接时，阀门应在关闭状态下安装；以焊接方式连接时，阀门不得关闭，焊缝底层宜采用氩弧焊。

（3）安全阀应垂直安装；安全阀的最终调校宜在系统上进行，开启和回座压力应符合设计文件的规定。安全阀经最终调校合格后，应做铅封，并填写"安全阀最终调试记录"。

2. 液压试验过程不妥当。

理由：液压试验应缓慢升压，待达到试验压力后，稳压 10min，再将试验压力降至设计压力，停压 30min，以压力不降、无渗漏为合格。

第四节　动力设备安装工程施工技术

 大纲考点 1：汽轮发电机安装技术

知识点一　汽轮发电机系统主要设备

1. 汽轮发电机系统主要设备

汽轮机、发电机、励磁机、凝汽器、除氧器、加热器、给水泵、凝结水泵、真空泵等。

2. 汽轮机的分类及其组成

汽轮机是以蒸汽为工质的将热能转变为机械能的旋转式原动机。在发电站，其用来驱动发电机生产电能。

（1）分类。

①按照工作原理可以划分为冲动式汽轮机和反动式汽轮机。②按照热力特性可以划分为凝汽式汽轮机、背压式汽轮机、抽气式汽轮机、抽气背压式汽轮机和多压式汽轮机。③按照主蒸汽压力可以划分为低压汽轮机、中压汽轮机、高压汽轮机、超高压汽轮机、亚临界压力汽轮机、超临界压力汽轮机和超超临界压力汽轮机。

（2）电站汽轮机组成。

汽轮机本体设备、蒸汽系统设备、凝结水系统设备、给水系统设备和其他辅助设备。

汽轮机本体主要由静止部分和转动部分组成。静止部分包括汽缸、喷管、隔板、隔板套、汽封、轴承等；转动部分包括动叶栅、叶轮、主轴、联轴器等。

3. 发电机类型及组成

（1）发电机类型。

①按照原动机可划分为汽轮、水轮、柴油和燃气轮发电机。②按照冷却方式可划分为外冷式和内冷式发电机。③按照冷却介质可划分为空气冷却、氢气冷却、水冷却以及油冷却发电机。④按照结构特点可划分为凸极式和隐藏式发电机等。

（2）发电机组成。

由定子和转子两部分组成。定子主要由机座、定子铁心、定子绕组、端盖等部分组成；转子主要由转子锻件、激磁绕组、护环、中心环和风扇等组成。

知识点二 汽轮机主要设备安装技术要求

1. 安装程序

（1）基础和设备的验收：

基础的标高检查和各基础相对位置的检查；除了进行一般性的设备出厂合格证明书、外观、规格型号以及数量等复检外，还要对汽缸、隔板、转子、轴承、主汽阀以及其他零部件进行检查。

（2）汽轮机本体的安装：

凝汽器的安装、低压缸、台板和轴承座的就位、汽缸的就位和找中、隔板的就位和找中、轴承找中、转子就位、通流间隙调整、汽缸下部汽管道连接。

2. 工业小型汽轮机主要设备安装技术要求

（1）凝汽器安装。

凝汽器安装可分为两部分。一是凝汽器壳体的就位和连接。二是凝汽器内部设备、部件的安装。

（2）下汽缸安装。

（3）轴封安装。

（4）转子安装。

①转子安装可以分为：转子吊装、转子测量和转子、汽缸找中心。②转子吊装应使用由制造厂提供并具备出厂试验证书的专用横梁和吊索，否则应进行200%的工作负荷试验（时间为1h）。③转子测量应包括：轴颈圆度、圆柱度的测量、转子跳动测量（径向、端面和推力盘不平度）、转子水平度测量。

（5）汽缸扣盖安装。

①扣盖工作从下汽缸吊入第一个部件开始至上汽缸就位且紧固连接螺栓为止，全程工作应连续进行，不得中断。②汽轮机正式扣盖之前，应将内部零部件全部装齐后进行试扣，以便对汽缸内零部件的配合情况全面检查。③试扣前应用压缩空气吹扫汽缸内各部件及其空隙，确保汽缸内部清洁无杂物、结合面光洁，并保证各孔洞通道部分畅通，需堵塞隔绝部分应堵死。④试扣空缸要求在自由状态下 0.05mm 塞尺不入；紧 1/3 螺栓后，从内外检查 0.03mm 塞尺不入。⑤试扣检验无问题后，在汽缸中分面均匀抹一层涂料，方可正式扣盖，汽缸紧固一般采用冷紧，对于高压高温部位大直径汽缸螺栓，使用冷紧方法不能达到设计要求的扭矩，而应采用热紧进行紧固，紧固之后再盘动转子，听其内部应无摩擦和异常声音。例如，汽轮机安装中、低压缸螺栓大都采用冷紧，汽缸螺栓冷紧时，应先采用50% ~60% 的规定力矩对汽缸螺栓左右对称进行预紧，然后再用 100% 的规定力矩进行紧固。⑥汽轮机安装完毕，辅机部分试运合格，调速保护系统静止位置调整好后，即可进行汽轮机的试启动，汽轮机第一次启动需要按照制造厂的启动要求进行，合格后完成安装。

3. 电站汽轮机主要设备安装技术要求

（1）低压缸组合安装。

①低压外下缸组合包括：低压外下缸后段（电机侧）与低压外下缸前段（汽侧）先分别就位，调整水平、标高后试组合，符合要求后，将前、后段分开一段距离，再次清理检查垂直结合面，确认清洁无异物后再进行正式组合。②低压外上缸组合包括：先试组合，以检查水平、垂直结合面间隙，符合要求后正式组合。③低压内缸组合包括：当低压内缸就位找正、隔板调整完成后，低压转子吊入汽缸中并定位后，再进行通流间隙调整。

（2）高中压缸安装。

（3）轴系对轮中心的找正。

轴系对轮中心的找正主要是对高中压对轮中心、中低压对轮中心、低压对轮中心和低压转子—电转子对轮中心的找正。

知识点 三　发电机主要设备安装

1. 安装程序

定子就位→定子及转子水压试验→发电机穿转子→氢冷器安装→端盖、轴承、密封瓦调整安装→励磁机安装→对轮复找中心并连接→整体气密试验等。

2. 安装技术要点

发电机转子穿装前进行单独气密性试验，消除泄漏后应再经漏气量试验，试验压力和允许漏气量应符合制造厂规定。

采　分　点

1. 汽轮发电机系统主要设备。

2. 电站汽轮机组成。

3. 按冷却介质可划分为空气冷却、氢气冷却、水冷却以及油冷却发电机。

4. 发电机设备安装程序。

大纲考点2：锅炉设备安装技术

知识点 一 锅炉系统主要设备

1. 电站锅炉系统主要设备

(1) 包括本体设备、燃烧设备、辅助设备。

(2) 本体设备：

①锅：汽包、下降管、水冷壁、过热器、再热器、省煤器、连接管路的汽水系统。②炉：炉膛（钢架）、燃烧器、烟道、预热器。

2. 汽包结构及作用

既是自然循环锅炉的一个主要部件，同时又是将锅炉设备各部分受热面，如下降管、水冷壁、省煤器和过热器等连接在一起的构件；它的储热能力可以提高锅炉运行的安全性；在负荷变化时，可以减缓气压变化的速度；保证蒸汽品质。

3. 水冷壁结构及作用

(1) 水冷壁是锅炉的主要辐射蒸发受热面，分为管式和膜式。

(2) 其主要作用是：吸收炉膛内的高温辐射热量以产生蒸汽，并使烟气得到冷却，可以保护炉墙，节省钢材。

知识点 二 电站锅炉主要设备安装技术要点

1. 锅炉钢架安装技术要点

锅炉钢架是炉体的支撑构架，全钢结构，承载着受热面、炉墙及炉体其他附件的重量，并决定着炉体的外形。主要由立柱、横梁、水平和垂直支撑、平台、扶梯、顶板组成。

(1) 锅炉钢架施工程序。

基础画线；柱底板安装、找正；立柱、垂直支撑、水平梁、水平支撑安装；整体找正；高强度螺栓终紧；平台、扶梯、栏杆安装。

(2) 锅炉钢架安装基础画线。

首先根据土建移交的中心线进行基础画线，柱底板就位并找正找平后，钢架按从下到上，分层、分区域进行吊装。每层安装先组成一个刚度单元再进行扩展安装，每层钢架安装时除必须保证立柱的垂直度和柱间距外，立柱上、下段接头之间间隙也必须符合规范要求，否则应垫不锈钢垫片。高强度螺栓设专人保管，安装时按初紧、终紧等程序进行，当天安装当天终紧，每层炉架验收后方可吊装上一层钢架。吊装时，各层平台、扶梯、栏杆安排同时进行，以保证主通道的畅通、安全行走。

(3) 组件吊装。

组件重心的确定（主要考虑方形、长圆柱体和三角形等物体）。

起吊节点的选定（根据组件的结构、强度、刚度，机具起吊高度、起重索具安全要求等选定）。

组件绑扎（防止组件在吊装时产生滑动、梁边锐角对绳索的切割、避免吊绳夹角过大等所进行的垫衬和捆绑等，以确保吊装的安全性）。

试吊（对重大或重要组件在正式起吊前，先将组件稍稍吊空，然后对机具、索具、夹具和组件有无变形、损坏等异常情况进行全面检查）。

吊装就位（应力求吊装一次到位）。

（4）组件找正的方法：用拉钢卷尺检查中心位置；用悬吊线锤检查大梁垂直度；用水准仪检查大梁水平度；用水平仪测查炉顶水平度，同时要注意标尺正负读数与炉顶高低的偏差关系等。

2. 汽包安装技术要点

（1）安装施工程序。

画线、支座安装、吊环安装、吊装和找正（依据汽包安全性和经济性特点）。

（2）吊装的工艺和方法。

其包括水平起吊、转动起吊和倾斜起吊三种方法。大型锅炉的汽包吊装多数采用第三种方法。

具体工艺过程：卸车→转正→吊装→就位→找正。

3. 锅炉本体受热面（组合）安装技术要点

（1）组合安装一般程序：

设备清点检查；通球试验；联箱找正画线；管子就位对口和焊接等。

（2）受热面组合（安装）要点。

①根据设备组合后体积、重量，以及现场施工条件来决定场地。②根据设备的结构特征及现场的施工条件来决定形式（直立式和横卧式）。

（3）锅炉钢架安装验收合格后，锅炉组件吊装原则是：先上后下，先两侧后中间，先中心再逐渐向炉前、炉后进行。

◇采◇分◇点◇

1. 电站锅炉系统包括本体设备、燃烧设备、辅助设备。
2. 锅：汽包、下降管、水冷壁、过热器、再热器、省煤器、连接管路的汽水系统。

   炉：炉膛（钢架）、燃烧器、烟道、预热器。
3. 吸收炉膛内的高温辐射热量以产生蒸汽，并使烟气得到冷却，保护炉墙，节省钢材。
4. 锅炉钢架主要由立柱、横梁、水平和垂直支撑、平台、扶梯、顶板组成。
5. 水平起吊、转动起吊和倾斜起吊。
6. 设备清点检查；通球试验；联箱找正画线；管子就位对口和焊接。
7. 锅炉组件吊装原则：先上后下，先两侧后中间，先中心再逐渐向炉前、炉后进行。

◆真题回顾

1. 电站锅炉中的炉是由燃烧器以及（　　　）等组成。

A. 炉膛　　　　　　B. 过热器　　　　　　C. 省煤器

D. 烟道　　　　　　E. 预热器

【答案】ADE

【解析】电站锅炉中的炉是由炉膛（钢架）、燃烧器、烟道、预热器等组成。故答案选 ADE。

2. 汽轮机按热力特性可以分为（　　）。

A. 凝汽式　　　　　　B. 背压式　　　　　　C. 抽气式

D. 多压式　　　　　　E. 塔式

【答案】ABCD

【解析】汽轮机按热力特性可以分为：凝汽式、背压式、抽气式、抽气背压式、多压式。故答案选ABCD。

3. 电站锅炉本体受热面组合安装时，设备清点检查的紧后工序是（　　）。

A. 找正画线　　　　　　　　　　　B. 管子就位

C. 对口焊接　　　　　　　　　　　D. 通球试验

【答案】D

【解析】受热面组合安装的一般程序：首先是设备清点检查，其次是通球试验，再次是联箱找正画线，最后进行管子就位对口和焊接等。故答案选D。

 知识拓展

一、单项选择题

1. 发电机设备的安装程序中氢冷器安装的紧前工作是（　　）。

A. 定子就位　　　　　　　　　　　B. 发电机穿转子

C. 励磁机安装　　　　　　　　　　D. 整体气密性试验

2. 大型锅炉的汽包吊装一般采用（　　）吊装方法。

A. 水平起吊　　　　　　　　　　　B. 垂直起吊

C. 倾斜起吊　　　　　　　　　　　D. 旋转起吊

二、多项选择题

1. 发电机穿转子前应进行（　　）。

A. 外观检查　　　　B. 单独气密性试验　　　C. 漏气量试验

D. 泄漏性试验　　　E. 通电试验

2. 锅炉组件的吊装原则包括（　　）。

A. 先大件后小件　　B. 先两侧后中间　　　　C. 先底部后顶端

D. 先上后下　　　　E. 先中心再逐渐向炉前、炉后

【参考答案】

一、单项选择题

1. B　　2. C

二、多项选择题

1. BC　　2. BDE

第五节 静置设备及金属结构制作安装工程施工技术

 大纲考点 1：静置设备制作与安装技术

知识点（一） 静置设备分类

1. 按静置设备的设计压力分类

真空设备：$P<0$；

常压设备：$P<0.1MPa$；

低压设备：$0.1MPa\leqslant P<1.6MPa$；

中压设备：$1.6MPa\leqslant P<10MPa$；

高压设备：$10MPa\leqslant P<100MPa$；

超高压设备：$P\geqslant 100MPa$。

2. 按设备在生产工艺过程中的作用原理分类

（1）反应设备（代号 R）。如反应器、反应釜、分解锅、聚合釜、高压釜、合成塔、变换炉、蒸煮锅、蒸球、磺化锅、煤气发生炉等。

（2）换热设备（代号 E）。如管壳式余热锅炉、热交换器、冷却器、冷凝器、蒸发器、加热器、消毒锅、染色器、烘缸、蒸锅、预热锅、煤气发生炉水夹套等。

（3）分离设备（代号 S）。如分离器、过滤器、集油器、缓冲器、洗涤器、吸收塔、干燥塔、气提塔、分气缸、除氧器等。

（4）储存设备（代号 C，其中球罐代号 B）。如各种形式的储槽、储罐等。

3. 按"压力容器安全技术监察规程"（即按设备的工作压力、温度、介质的危害程度）分类

一类容器：非易燃或无毒介质的低压容器；易燃或有毒介质的低压分离器外壳或换热器外壳。

二类容器：中压容器；剧毒介质的低压容器；易燃或有毒介质（包括中度危害介质）的低压反应器外壳或贮罐；低压管壳式余热锅炉；搪玻璃压力容器。

三类容器：毒性程度为极度和高度危害介质的中压容器和 $P\cdot V$ 大于等于 $2MPa\cdot m^3$ 的低压容器；易燃或毒性程度为中度危害介质且 $P\cdot V$ 大于等于 $0.5MPa\cdot m^3$ 的中压反应容器和 $P\cdot V$ 大于等于 $10MPa\cdot m^3$ 的中压储存容器；高压、中压管壳式余热锅炉；高压容器、超高压容器。

4. 按介质安全性质分级

（1）易燃、易爆介质。

指其气体或液体的蒸汽、薄雾与空气混合形成爆炸混合物。

（2）按介质毒性的分级。

分为极度危害（Ⅰ级）；高度危害（Ⅱ级）；中度危害（Ⅲ级）；轻度危害（Ⅳ级）。

5. 其他非标准设备

如火炬等。

1. 设计压力分类。

2. 按作用原理：反应、换热、分离、储存。

3. 容积大于 $50m^3$ 的球形储罐。

知识点二　压力容器安装许可规则

1. 压力容器安装是指压力容器整体就位、整体移位安装的活动。

2. 需在安装现场完成最后环焊缝焊接工作的压力容器和需在现场组焊的压力容器，不属于压力容器安装许可范围。例如，分段分片运至施工现场的焊接塔器、球罐等。

3. 压力容器在安装前，安装施工单位应向直辖市或者设区市的特种设备安全监督管理部门书面告知。

4. 压力容器安装单位，应当取得国家质量监督检验检疫总局颁发的1级压力容器安装许可证。

5. 取得压力容器制造许可资格的单位（A3级注明仅限球壳板压制和仅限封头制造者除外），可从事相应制造许可范围内的压力容器安装工作，不需要另取得压力容器安装许可资格。

（1）A1级，可安装超高压容器、高压容器。

（2）A2级，可安装第三类低、中压容器。

（3）A3级，可进行球形储罐现场组焊。

6. 取得GC1级压力管道安装许可资格的单位，或取得2级（含2级）以上锅炉安装资格的单位可以从事压力容器安装工作，不需要另取得压力容器安装许可资格。

1. 整体就位、整体移位安装。

2. 安装单位或使用单位应向压力容器使用登记所在地的安全监察机构申报，办理报装手续。

知识点三　塔、容器的安装

1. 施工环境必须符合要求。例如，风力达到 $10.8m/s$（六级风），就不允许进行吊装作业；温度低于 $-5℃$，不得进行吊装作业；空气流速超过 $2m/s$，不得进行二氧化碳保护焊作业等。

2. 设备安装程序：吊装就位→找平找正→灌浆抹面→内件安装→防腐保温→检查封闭。

塔、容器的安装程序。

 **知识点 四**　钢制球形储罐的安装方法

1. 构造

球罐由球罐本体、支柱及附件组成。按结构形式可分为瓜瓣式、足球式和混合式三种，但有3带、4带、5带、7带区别。

2. 组装方法

（1）散装法，适用于400m³以上的球罐组装，是目前国内应用最广、技术最成熟的方法。

施工程序：支柱上、下段组装→赤道带安装→下温带安装→下寒带安装→上温带安装→上寒带安装→上、下极安装。

（2）分带法，适用于400～1500m³的球罐组装，目前已较少采用。

（3）半球法，只适用于400m³以下小型球罐的组装。

采 分 点

（1）散装法，适用于400m³以上的球罐组装。

（2）分带法，适用于400～1500m³的球罐组装。

（3）半球法，只适用于400m³以下小型球罐的组装。

知识点 五　钢制储罐安装方法

1. 常用钢制储罐种类

拱顶储罐、内浮盘拱顶储罐、浮顶储罐、无力矩储罐和气柜。

2. 安装组焊方法

（1）正装法。

先将罐底在基础上铺焊好后，将罐壁的第一圈板逐块分别与底板垂直对接并施焊，再用机械将第二圈壁板与第一圈壁板逐块组装焊接，直至最后一圈壁板组焊完毕，最后再安装罐顶板。大型浮顶罐一般采用正装法施工。

（2）倒装法。

与正装法相反，倒装法的施工程序是：罐底板铺设→在铺好的罐底板上安装最上圈板→制作并安装罐顶→整体提升→安装下一圈板→整体提升→……直至最下一圈板，依次从上到下进行安装。

倒装法安装基本是在地面上进行，避免了高空作业，保证了安全，有利于提高质量和工效，目前在储罐施工中被广泛采用。拱顶罐采用该法施工比较多。

（3）充气顶升法（吹气倒装法）。

其是一种省人力、物力的安装工艺，比常用的正装法或倒装法优越，已在我国大型拱顶罐施工中得到了广泛应用。

（4）水浮法。

利用水的浮力和浮船罐顶的构造特点来达到储罐组装的一种方法。

3. 焊接方法

（1）手工电弧焊接。

（2）钢制储罐的半自动焊接。主要指半自动 CO_2 气保焊，多用于钢制储罐的底板角焊缝

和顶板角焊缝的焊接。

（3）钢制储罐环缝埋弧自动焊接。主要用于正装法施工的罐壁环缝焊接，它是将焊接操作机挂在刚组焊好的罐壁上缘，沿罐壁行走，带动埋弧焊机完成环缝焊接。

（4）双丝埋弧自动焊接。适合于底板、顶板的角缝焊接。

（5）钢制储罐立缝气电焊。其是一种熔化极气体保护电弧垂直对接焊方法，适用于正装法施工立缝的焊接。

（6）磁性角焊缝埋弧焊。主要用于罐壁板与底板的内外环角缝焊接。

◆采◆分◆点◆

1. 大型浮顶罐一般采用正装法施工。
2. 拱顶罐采用倒装法施工比较多。
3. 充气顶升法（吹气倒装法）省人力、物力，在我国大型拱顶罐施工中广泛应用。
4. 半自动 CO_2 气保焊，多用于钢制储罐的底板角焊缝和顶板角焊缝的焊接。
5. 钢制储罐环缝埋弧自动焊接，主要用于正装法施工的罐壁环缝焊接。
6. 双丝埋弧自动焊接，适合于底板、顶板的角缝焊接。
7. 钢制储罐立缝气电焊，适用于正装法施工立缝的焊接。
8. 磁性角焊缝埋弧焊，主要用于罐壁板与底板的内外环角缝焊接。

知识点六 容器的检验试验要求

1. 压力容器产品焊接试板要求

（1）为检验产品焊接接头和其他受压元件的力学性能和弯曲性能，应制作纵焊缝产品焊接试板，制取试样，进行拉力、冷弯和必要的冲击试验。

（2）现场组焊的球形储罐应制作立、横、平加仰三块产品焊接试板。

（3）产品焊接试板的材料、焊接和热处理工艺，应在其所代表的受压元件焊接接头的焊接工艺评定合格范围内。

（4）产品焊接试板由焊接产品的焊工焊接，并于焊接后打上焊工和检验员代号钢印。

（5）圆筒形压力容器的纵向焊接接头的产品焊接试板，应作为筒节纵向焊接接头的延长部分（电渣焊除外）采用与施焊压力容器相同的条件和焊接工艺连续焊接。

（6）球罐的产品焊接试板应在焊接产品的同时，由施焊该球形储罐的焊工采用相同的条件和焊接工艺进行焊接。

（7）产品焊接试板经外观检查和射线（或超声）检测，如不合格，允许返修，如不返修，可避开缺陷部位截取试样。

（8）需进行热处理以达到恢复材料力学性能或耐腐蚀性能的压力容器，其焊接试板应同炉、同工艺随容器一起进行热处理。

2. 球罐沉降试验

球罐在充水、放水过程中，应对基础的沉降进行观测，做实测记录，并应符合规定。

3. 储罐充水试验

（1）储罐建造完毕，应进行充水试验，并应检查罐底严密性，罐壁强度及严密性，固定顶的强度、稳定性及严密性，浮顶及内浮顶的升降试验及严密性、浮顶排水管的严密性等。进行基础的沉降观测。

（2）充水试验前，所有附件及其他与罐体焊接的构件，应全部完工，并检验合格；所有与严密性试验有关的焊缝，均不得涂刷油漆。

一般情况下，充水试验采用洁净水；对不锈钢罐，试验用水中氯离子含量不得超过25mg/L。试验水温均不低于5℃。充水试验中应进行基础沉降观测，如基础发生设计不允许的沉降，应停止充水，待处理后，方可继续进行试验。充水和放水过程中，应打开透光孔，且不得使基础浸水。

4. 几何尺寸检验要求

（1）球罐焊后几何尺寸检查：壳板焊后的棱角检查；两极及赤道截面内直径检查；支柱垂直度检查；赤道带水平度检查；人孔、接管的位置、伸出长度、法兰面与管中心轴线垂直度检查。

（2）储罐罐体几何尺寸检查：罐壁高度偏差；罐壁铅垂度偏差；罐壁焊缝角变形和罐壁的局部凹凸变形；底圈壁板内表面半径偏差；罐壁上的工卡具焊迹清除；罐底焊后局部凹凸变形；浮顶局部凹凸变形；固定顶的局部凹凸变形。

采分点

1. 检验力学性能和弯曲性能，制作试板，制取试样，进行拉力、冷弯和冲击试验。
2. 试板在焊接产品的同时，由施焊该球形储罐的焊工，用相同条件、焊接工艺焊接。
3. 充水试验前，全部完工，检验合格；与严密性试验有关焊缝，不得涂刷油漆。
4. 采用洁净水，试验水温均不低于5℃。充水和放水过程中，应打开透光孔，且不得使基础浸水。
5. 球罐焊后几何尺寸检查内容。

大纲考点2：钢结构制作与安装技术

知识点一 钢结构安装

1. 钢结构安装内容

（1）民用建筑钢结构安装有钢板房、住宅、航站楼、大型体育场（馆）、商场（厦）、宾馆、展馆、剧院、电视塔、各种公用设施、景观建筑等。

（2）工业钢结构安装有工业厂房、仓库、管架、平台、操作台、栈桥、跨线过桥等。

2. 钢结构安装程序

构件检查→基础复查→钢柱安装→支撑安装→梁安装→平台板（层板、屋面板）安装→维护结构安装。

知识点二 钢结构制作与安装技术要求

1. 钢零件及钢部件加工要求

（1）碳素结构钢在环境温度低于-16℃、低合金结构钢在环境温度低于-12℃时，不应进行冷矫正和冷弯曲。

（2）矫正后的钢材表面，不应有明显的凹面或损伤，划痕深度不得大于0.5mm，且不应大于该钢材厚度允许负偏差的1/2。

2. 钢结构焊接要求

（1）焊工。

从事钢结构焊接工作的焊工必须经考试合格并取得合格证书。持证焊工必须在其考试合格项目及认可范围内施焊。

对于已分别按冶金、电力、船舶、锅炉压力容器等行业要求取得基本考试资格的焊工，可以免除相应项目的基本考试，否则应按《建筑钢结构焊接技术规程》（JGJ 81—2002）要求进行相应资格的考试。

（2）无损检测。

设计要求全焊透的一、二级焊缝应采用超声波探伤进行内部缺陷的检查，超声波探伤不能对缺陷做出判断时，应采用射线探伤，其内部缺陷分级及探伤方法应符合现行国家标准的规定。

3. 紧固件连接要求

钢结构制作和安装单位应按规定分别进行高强度螺栓连接摩擦面的抗滑移系数试验和复验，其结果应符合设计要求。

4. 钢构件组装和钢结构安装要求

（1）多节柱安装时，每节柱的定位轴线应从地面控制轴线直接引上，不得从下层柱的轴线引上，避免造成过大的积累误差。

（2）钢网架结构总拼完成后及屋面工程完成后应分别测量其挠度值，且所测的挠度值不应超过相应设计值的 1.15 倍。

5. 钢结构分部工程竣工验收要求

钢结构作为主体结构之一时应按子分部工程竣工验收；当主体结构均为钢结构时应按分部工程竣工验收。

采分点

1. 碳素结构钢低于 −16℃、低合金结构钢低于 −12℃时，不应进行冷矫正和冷弯曲。
2. 划痕深度不得大于 0.5mm，不应大于允许负偏差的 1/2。
3. 考试合格并取得合格证书。在其考试合格项目及认可范围内施焊。
4. 采用超声波探伤进行内部缺陷的检查。
5. 多节柱安装时，定位轴线从地面控制轴线直接引上，不得从下层柱的轴线引上。
6. 分别测量其挠度值，不应超过相应设计值的 1.15 倍。
7. 竣工验收：主体结构之一按子分部工程；主体结构均为钢结构按分部工程。

 真题回顾

1. 球罐充水试验，各支柱上应按规定焊接（　　）的水平测定板。

A. 临时性　　　　B. 永久性　　　　C. 验收期　　　　D. 观测期

【答案】B

【解析】每个支柱基础均应测定沉降量，各支柱上应按规定焊接永久性的水平测定板。故答案选 B。

2. 球罐的产品焊接试板应在（　　），由施焊该球形储罐的焊工采用相同条件和焊接工

艺进行焊接。

    A. 球形罐正式施焊前   B. 焊接球形罐产品的同时

    C. 球形罐焊接缝检验合格后   D. 水压试验前

【答案】 B

【解析】 球罐的产品焊接试板应在焊接产品的同时，由施焊该球形储罐的焊工采用相同的条件和焊接工艺进行焊接。故答案选 B。

    3. 多节柱钢构安装时，为避免造成过大的积累误差，每节柱的定位轴线应从（   ）直接引上。

    A. 地面控制轴线   B. 下一节柱轴线

    C. 中间节柱轴线   D. 最高一节柱轴线

【答案】 A

【解析】 多节柱安装时，每节柱的定位轴线应从地面控制轴线直接引上，不得从下层柱的轴线引上，避免造成过大的积累误差。故答案选 A。

    4. 现场阻焊的球形储罐，应制作（   ）三块产品焊接试板。

    A. 立焊、角焊、平加仰焊   B. 角焊、横焊、对焊

    C. 横焊、平加仰焊、立焊   D. 对焊、立焊、平加仰焊

【答案】 C

【解析】 现场阻焊的球形储罐，应制作立、横、平加仰三块产品焊接试板。故答案选 C。

 知识拓展

一、单项选择题

1. 按静置设备的设计压力分类，中压设备的压力范围是（   ）。

    A. $P < 0.1\text{MPa}$ B. $0.1\text{MPa} \leq P < 1.6\text{MPa}$

    C. $1.6\text{MPa} \leq P < 10\text{MPa}$ D. $10\text{MPa} \leq P < 100\text{MPa}$

2. 400m^3 以下小型球罐的组装适用于（   ）的组装方法。

    A. 散装法   B. 分带法   C. 分片法   D. 半球法

3. 取得 A3 级许可的单位可以从事（   ）安装工作。

    A. 高压容器   B. 中压容器   C. 低压容器   D. 球壳板制造

4. 不锈钢储罐的充水试验一般采用洁净水，水温均不低于（   ）。

    A. 5℃   B. 10℃   C. 25℃   D. 50℃

二、多项选择题

1. 球罐焊后几何尺寸检查内容包括（   ）。

    A. 壳板焊后的棱角检查   B. 罐壁高度偏差检查

    C. 支柱垂直度检查   D. 浮顶局部凹凸变形检查

    E. 法兰面与管中心轴线垂直度检查

2. 关于钢构件组装和钢结构安装要求描述正确的有（   ）。

    A. 翼缘板拼接长度不应小于 2 倍板宽

    B. 腹板拼接宽度不应小于 300mm，长度不应小于 600mm

    C. 吊车梁和吊车桁架安装就位后不应下挠

D. 多节柱安装时，每节柱的定位轴线应从地面控制轴线直接引上

E. 钢网架结构拼完后测量其挠度值不应超过设计值的1.5倍

【参考答案】

一、单项选择题

1. C   2. D   3. D   4. A

二、多项选择题

1. ACE   2. ABCD

第六节　自动化仪表工程施工技术

 大纲考点1：自动化仪表工程安装的施工程序

知识点一 施工准备

1. 资料准备

施工图、常用标准图、自控安装图册、《自动化仪表工程施工及验收规范》等相关施工标准、质量验评标准及各种施工安装、试验和质量评定表格。

2. 技术准备

图纸会审、编制方案交底培训、编制施工方法、组织施工人员技术培训等。

3. 施工现场准备

大中型项目的仪表工程施工应有仪表库房、加工预制场、材料库仪表调校室及工具房等。

（1）仪表调校室内清洁、光线充足、通风良好。

（2）室内温度维持在10~35℃之间，空气相对湿度不大于85%。

（3）避开震动大、灰尘多、噪声大和有强磁场干扰的地方。

（4）应有上、下水和符合调校要求的交、直流电源及仪表气源。

（5）交流电源及60V以上直流电源电压波动不应超过±10%；60V以下直流电源电压波动不应超过±5%。

（6）仪表试验气源应清洁、干燥，露点比最低环境温度低10℃以上。

4. 施工机具和标准仪器的准备

调校用标准仪器、仪表应具备有效的检定合格证书，其基本误差的绝对值，不宜超过被校仪表基本误差绝对值的1/3。

5. 仪表设备及材料的检验和保管

（1）按规定要求对仪表设备及材料进行开箱检查和外观检查。

①包装及密封良好。②型号、规格和数量及装箱单与设计文件的要求一致，且无残损和短缺。③铭牌标志、附件、备件齐全。④产品的技术文件和质量证明书齐全。

（2）仪表设备及材料的保管

①测量仪表、控制仪表、计算机及其外部设备等精密设备，宜存放在温度为5~40℃、

相对湿度不大于80%的保温库内。②执行机构、各种导线、阀门、有色金属、优质钢材、管件及一般电气设备，应存放在干燥的封闭库内。③设备由温度低于－5℃的环境移入保温库时，应在库内放置24h后再开箱。

1. 仪表调校室室内温度10～35℃之间，空气相对湿度≤85%。
2. 存放温度为5～40℃、相对湿度≤80%。
3. 设备由温度低于－5℃的环境移入保温库时，应在库内放置24h后再开箱。

知识点二 主要施工程序和内容

1. 施工的原则

先土建后安装；先地下后地上；先安装设备再配管布线；先两端（控制室、就地盘、现场和就地仪表）后中间（电缆槽、接线盒、保护管、电缆、电线和仪表管道等）。

2. 仪表设备安装程序

先里后外；先高后低；先重后轻。

3. 仪表调校原则

先取证后校验；先单校后联校；先单回路后复杂回路；先单点后网络。

4. 施工程序

施工准备→配合土建制造安装盘柜基础→盘柜、操作台安装→电缆槽、接线箱（盒）安装→取源部件安装，仪表单体校验、调整安装→电缆初检、敷设、导通、绝缘试验、校线、接线→测量管、伴热管、气源管、气动信号管安装→综合控制系统试验→回路试验、系统试验→投运→竣工资料编制→交工验收。

5. 仪表管道安装

仪表管道有测量管道、气动信号管道、气源管道、液压管道和伴热管道等。

主要工作内容：管材管件出库检验；管材及支架的除锈、防腐；阀门压力试验；管路预制、敷设固定；测量管道的压力试验；气动信号管道和气源管道的压力试验与吹扫；伴热管道的压力试验；管材及支架的二次防腐。

6. 仪表设备安装及试验

仪表设备主要有仪表盘、柜、操作台及保护（温）箱、温度检测仪表、压力检测仪表、流量检测仪表、物位检测仪表、机械量检测仪表、成分分析和物性检测仪表及执行器等。

主要工作内容：取源部件安装；仪表单体校验、调整；现场仪表支架预制安装；仪表箱、保温箱和保护箱安装；现场仪表安装（温度检测仪表、压力检测仪表、流量检测仪表、物位检测仪表、成分分析及物性检测仪表、机械量检测仪表等）；执行器安装。

7. 仪表线路安装

仪表线路是仪表电线、电缆、补偿导线、光缆和电缆槽、保护管等的总称。

主要工作内容：型钢除锈、防腐；各种支架制作与安装；电缆槽安装（电缆槽按其制造的材质主要为玻璃钢电缆槽架、钢制电缆槽架和铝合金槽架）；现场接线箱安装；保护管安装；电缆、电线敷设；电缆、电线导通、绝缘试验；仪表线路的配线。

8. 中央控制室内安装

盘、柜、操作台型钢底座安装；盘、柜、操作台安装；控制室接地系统、控制仪表安装；

综合控制系统设备安装；仪表电源设备安装与试验；内部卡件测试；综合控制系统试验；回路试验和系统试验（包括检测回路试验、控制回路试验、报警系统、程序控制系统和联锁系统的试验）。

9. 交接验收

仪表工程的回路试验和系统试验进行完毕，即可开通系统投入运行；仪表工程连续48h开通投入运行正常后，即具备交接验收条件；编制并提交仪表工程竣工资料。

1. 施工的原则。
2. 安装程序：先里后外；先高后低；先重后轻。
3. 调校原则：先取证后校验；先单校后联校；先单回路后复杂回路；先单点后网络。
4. 施工程序。
5. 仪表工程连续48h开通投入运行正常后，即具备交接验收条件。

 大纲考点2：自动化仪表工程安装技术要求

知识点一　取源部件安装

1. 取源部件的安装，应在工艺设备制造或工艺管道预制、安装的同时进行。

2. 安装取源部件的开孔与焊接必须在工艺管道或设备的防腐、衬里、吹扫和压力试验前进行，应避开焊缝及其边缘。

3. 在高压、合金钢、有色金属的工艺管道和设备上开孔时，应采用机械加工的方法。

4. 在砌体和混凝土浇筑体上安装的取源部件应在砌筑或浇注的同时埋入，当无法做到时，应预留安装孔。

5. 温度取源部件的安装位置应符合要求。要选在介质温度变化灵敏和具有代表性的地方，不宜选在阀门等阻力部件的附近和介质流束呈现死角处以及振动较大的地方。

6. 温度取源部件与管道安装要求。温度取源部件与管道垂直安装时，取源部件轴线应与管道轴线垂直相交；在管道的拐弯处安装时，宜逆着物料流向，取源部件轴线应与管道轴线相重合；与管道成倾斜角度安装时，宜逆着物料流向，取源部件轴线应与管道轴线相交。

7. 压力取源部件与温度取源部件在同一管段上时，应安装在温度取源部件的上游侧；在检测温度高于60℃的液体、蒸汽和可凝性气体的压力时，就地安装的压力表的取源部件应带有环形或U形冷凝弯。

8. 在水平和倾斜的管道上安装压力取源部件时，当测量气体压力时，取压点的方位在管道的上半部；测量液体压力时，取压点的方位在管道的下半部与管道的水平中心线成0°~45°夹角的范围内，测量蒸汽压力时，取压点的方位在管道的上半部，以及下半部与管道水平中心线成0°~45°夹角的范围内。

9. 节流装置在水平和倾斜的管道上安装时，当测量气体流量时，取压口在管道的上半部；测量液体流量时，取压口在管道的下半部与管道水平中心线成0°~45°夹角的范围内；测量蒸汽时，取压口在管道的上半部与管道水平中心线成0°~45°夹角的范围内。

10. 内浮筒液位计和浮球液位计采用导向管或其他导向装置时，导向管或导向装置必须垂直安装，并应保证导向管内液流畅通；安装浮球式液位仪表的法兰短管必须保证浮球能在全量程范围内自由活动；电接点水位计的测量筒应垂直安装，筒体零水位电极的中轴线与被测容器正常工作时的零水位线应处于同一高度；放射性物位测量取源部件的安装应考虑振动对测量的影响，注意射线的角度要避开检修通道。

11. 分析取源部件的安装位置，应选在压力稳定、能灵敏反映真实成分变化和取得具有代表性的分析样品的地方。取样点的周围不应有层流、涡流、空气渗入、死角、物料堵塞或非生产过程的化学反应。

◇ 采 ◇ 分 ◇ 点 ◇

1. 温度取源部件与管道垂直安装，轴线相垂直；在管道拐弯处安装，逆着物料流向，轴线相重合；与管道成倾斜角度安装，逆着物料流向，轴线相交。

2. 上游侧；检测温度高于60℃的液体、蒸汽和可凝性气体的压力时，带有环形或U形冷凝弯。

3. 0°~45°夹角的范围内。

4. 取样点的周围不应有层流、涡流、空气渗入、死角、物料堵塞或非生产过程的化学反应。

知识点 二 仪表设备安装

1. 单独的仪表盘柜操作台的安装应固定牢固；垂直度允许偏差为1.5mm/m；水平度允许偏差为1mm/m。成排的仪表盘柜操作台的安装，还应符合相邻高差、顶部高度允许偏差和平面度允许偏差的要求。

2. 测温元件安装在易受被测物料强烈冲击的位置以及当水平安装时其插入深度大于1m或被测温度大于700℃时，应采取防弯曲措施。

3. 就地安装的压力检测仪表不应固定在有强烈振动的设备或管道上。

4. 节流件必须在管道吹洗后安装。

5. 浮筒液位计的安装应使浮筒呈垂直状态，处于浮筒中心正常液位或分界液位。

6. 被分析样品的排放管应直接与排放总管连接，总管应引至室外安全场所，其集液处应有排液装置。

7. 控制阀的安装位置应便于观察、操作和维护。

8. 就地仪表的安装位置应按设计文件规定施工。当设计文件未具体明确时，应符合下列要求：光线充足，操作和维护方便；仪表的中心距操作地面的高度宜为1.2~1.5m；显示仪表应安装在便于观察示值的位置；仪表不应安装在有振动、潮湿、易受机械损伤、有强电磁场干扰、高温、温度变化剧烈和有腐蚀性气体的位置；检测元件应安装在能真实反映输入变量的位置。

9. 直接安装在管道上的仪表安装完毕后，应随同设备或管道系统进行压力试验。宜在管道吹扫后压力试验前安装，当必须与管道同时安装时，在管道吹扫前应将仪表拆下。

10. 涡轮流量计和涡街流量计的信号线均应使用屏蔽线，其上下游直管段的长度应符合设计文件要求。涡轮流量计放大器与变送器的距离不应超过3m，涡街流量计放大器与流量计的距离不应超过20m。

1. 垂直度允许偏差为 1.5mm/m；水平度允许偏差为 1mm/m。

2. 深度大于 1m 或被测温度大于 700℃时，应采取防弯曲措施。

3. 就地安装的压力检测仪表不应固定在有强烈振动的设备或管道上。

4. 节流件必须在管道吹洗后安装。

5. 涡轮流量计和涡街流量计：信号线均应使用屏蔽线，与变送器的距离不应超过 3m，与流量计的距离不应超过 20m。

真题回顾

1. 自动化仪表工程施工的原则（   ）。

A. 先地下后地上，先两端后中间，先土建后安装，先设备后配管布线

B. 先土建后安装，先中间后两端，先设备后配管布线，先地下后地上

C. 先配管布线后设备，先土建后安装，先两端后中间，先地下后地上

D. 先两端后中间，先地上后地下，先设备后配管布线，先土建后安装

【答案】A

【解析】自动化仪表工程施工的原则：先土建后安装；先地下后地上；先安装设备再配管布线；先两端（控制室、就地盘、现场和就地仪表）后中间（电缆槽、接线盒、保护管、电缆、电线和仪表管道等）。故答案选 A。

2. 当取源部件设置在管道下半部与管道水平中心线成 0°～45°夹角范围内时，其测量的参数是（   ）。

A. 气体压力   B. 气体流量

C. 蒸汽压力   D. 蒸汽流量

【答案】C

【解析】测量蒸汽压力时，取压点的方位在管道的上半部，以及下半部与管道水平中心线成 0°～45°夹角范围内。故答案选 C。

3. 直接安装在管道上的取源部件应随同管道系统进行（   ）。

A. 吹扫清洗   B. 压力试验

C. 无损检测   D. 防腐保温

【答案】C

【解析】直接安装取源部件的开孔与焊接必须在工艺管道或设备的防腐、衬里、吹扫和压力试验前进行。故答案选 C。

知识拓展

单项选择题

1. 关于仪表调校的原则描述不正确的是（   ）。

A. 先取证后校验   B. 先单校后联校

C. 先单点后网络   D. 先二次回路后主回路

2. 单独的仪表盘柜操作台的安装应固定牢固，垂直度允许偏差为（　　）。

A. 1mm/m　　　　　　B. 1.15mm/m　　　　　　C. 1.5mm/m　　　　　　D. 2mm/m

3. 温度低于 –20℃时应采取措施，否则不宜敷设的电缆是（　　）。

A. 光缆　　　　　　　　　　　　B. 低压塑料电缆

C. 交联聚丙烯电缆　　　　　　　D. 聚乙烯保护套绝缘电缆

【参考答案】

单项选择题

1. D　　2. C　　3. B

第七节　防腐蚀与绝热工程施工技术

 大纲考点1：防腐蚀工程施工技术

知识点一　金属表面预处理

1. 处理方法

（1）人工、机械除锈：用于质量要求不高，工作量不大的除锈作业。

（2）喷射除锈：利用高压空气为动力，通过喷砂嘴将磨料高速喷射到金属表面，依靠磨料棱角的冲击和摩擦，显露出一定粗糙度的金属本色表面。

（3）化学除锈：利用各种酸溶液或碱溶液与金属表面氧化物发生化学反应，使其溶解在酸溶液或碱溶液中，从而达到除锈的目的。

（4）火焰除锈：适用于除掉旧的防腐层或带有油浸过的金属表面工程，不适用于薄壁的金属设备、管道，也不能使用在退火钢和可淬硬钢除锈工程上。

例如，橡胶衬里、玻璃钢衬里、树脂胶泥砖板衬里、硅质胶泥砖板衬里、化工设备内壁防腐蚀涂层、软聚氯乙烯板黏结衬里应采用喷射除锈法；而搪铅、硅质胶泥砖板衬里或喷射处理无法进行的场合则可以采用化学除锈法。

2. 金属表面预处理的质量等级

（1）手工或动力工具除锈：等级定为二级，用 St2、St3 表示。

（2）喷射或抛射除锈：等级定为四级，用 Sa1、Sa2、Sa2$\frac{1}{2}$、Sa3 表示。

（3）火焰除锈：等级定为一级，用 F1 表示。

（4）化学除锈：等级定为一级，用 P1 表示。

3. 金属表面预处理技术要求

当相对湿度大于85%时，应停止金属表面预处理作业。环境中的相对湿度太大可导致处理过的金属表面在短时间返锈。因此，当进行喷射或抛射除锈时，规定基体表面温度应高于露点温度3℃。

 采 分 点

1. 预处理方法：人工、机械，喷射，化学，火焰。
2. 例如，橡胶衬里……采用喷射除锈法；而搪铅……采用化学除锈法。
3. 手工或动力工具除锈，等级定为二级：St2、St3。
4. 喷射或抛射除锈，等级定为四级：Sa1、Sa2、Sa2 $\frac{1}{2}$、Sa3。
5. 当相对湿度大于85%时，停止作业。表面温度应高于露点温度3℃。

知识点 二 防腐蚀涂层的施工方法

1. 刷涂：使用最早、最简单和最传统的手工涂装方法，操作方便、灵活，可涂装任何形状的物件，除干性快、流平性较差的涂料外，可适用于各种涂料。缺点是劳动强度大、工作效率低、涂布外观欠佳。

2. 刮涂：使用刮刀进行涂装的方法，用于黏度较高、100%固体含量的液态涂料的涂装。常见缺陷是开裂、脱落、翻卷等，其涂膜的厚度也很难均匀。

3. 浸涂：溶剂损失较大，容易造成空气污染，不适用于挥发性涂料，且涂膜的厚度不易均匀，一般用于结构复杂的器材或工件。在化工厂里，有些设备如已组装好的换热器，由于内部的列管不能进行刷涂和喷涂，则可采用整体浸涂的方法施工。浸镀铝钢管主要用作石油化学工业中的管式炉管、各种热交换器管道、分馏塔管道等。

4. 淋涂：所用设备简单，比较容易实现机械化生产，操作简便、生产效率高，但涂膜不平整或覆盖不完整，涂膜厚度不易均匀。淋涂比浸涂的溶剂消耗量大，也会产生安全和污染问题。

5. 喷涂：要求被喷涂的涂料黏度比较小，常在涂料中加入稀释剂。喷涂法优点是涂膜厚度均匀、外观平整、生产效率高。缺点是材料的损耗远大于刷涂和淋涂等方法，且使用溶剂性涂料时会造成环境的污染。例如，化工生产中采用的喷镀层，较为普遍的是在碳钢上喷镀铝和锌。锌镀层主要用于防止大气和水腐蚀。铝镀层可用于含硫化合物的腐蚀环境。如含硫石油加工设备和橡胶硫化罐等。

采 分 点

1. 防腐蚀涂层常用施工方法：刷涂、刮涂、浸涂、淋涂和喷涂等。
2. 刮涂使用刮刀进行涂装，用于黏度较高、100%固体含量的液态涂料的涂装。涂膜的厚度也很难均匀。
3. 浸涂涂膜的厚度不易均匀，一般用于结构复杂的器材或工件。
4. 喷涂涂膜厚度均匀、外观平整、生产效率高，缺点是材料损耗大。
5. 锌镀层主要用于防止大气和水腐蚀。
6. 铝镀层可用于含硫化合物的腐蚀环境，如含硫石油加工设备和橡胶硫化罐等。

知识点 三 防腐蚀衬里的施工方法

1. 聚氯乙烯塑料衬里

聚氯乙烯塑料衬里分为硬聚氯乙烯塑料衬里和软聚氯乙烯塑料衬里。衬里的施工方法一

般有三种：松套衬里、螺栓固定衬里、粘贴衬里。

聚氯乙烯塑料衬里用处最多的是硝酸、盐酸、硫酸和氯碱生产系统，如用作电解槽，既耐腐又不漏电；酸雾排气管道和海水管道采用聚氯乙烯塑料衬里效果均良好。

聚氯乙烯塑料软板下料应准确，尽量减少焊缝，不宜采用十字焊缝以及在焊缝上开口。

2. 铅衬里

铅衬里适用于常压和压力不高、温度较低和静载荷作用下工作的设备；真空操作的设备、受振动和有冲击的设备不宜采用。铅衬里常用在制作输送硫酸的泵、管道和阀等。

3. 玻璃钢衬里

玻璃钢衬里的施工方法主要有手糊法、模压法、缠绕法和喷射法四种。

4. 橡胶衬里

（1）橡胶衬里施工采用粘贴法，接口以搭边方式黏合。

（2）搭接或对接时，接缝处的胶板边缘要割出宽 10～15mm 的坡口。

（3）在金属衬胶面上应涂三遍涂胶浆，第一遍在喷砂处理 8h 之内涂刷。

（4）粘贴胶板顺序：立式设备先衬底部，然后由上往下衬垂直面；卧式设备及大口径管道先衬上半部，后衬下半部。设备连接管口应使接缝顺着介质流动方向。将胶板对着设备或管道上的标记从上至下一边撕布一边粘贴胶板，并用滚筒轻压，使胶板固定，待一块胶板完全粘贴完毕，则开始压滚筒。

5. 块材衬里

（1）施工环境温度、湿度满足施工要求。当施工温度低时，可采取加热保温措施，但不得用明火或蒸汽直接加热。

（2）水玻璃不得受冻。受冻的水玻璃应加热，并应搅拌均匀后方可使用。

（3）水玻璃胶泥在施工或固化期间不得与水或水蒸气接触，并防止暴晒。施工场所应通风良好。

（4）衬砌前，块材应挑选、洗净和干燥。块材及被衬表面应无灰尘、水分、油污、锈蚀和潮湿等现象。

（5）设备接管部位衬管的施工，应在设备本体衬砌前进行。

（6）衬里层应铺设平整，相邻砖、板之间的高差不能超过标准要求。重要部位宜先试排。

（7）块材衬砌时应错缝排列，结合层和灰缝应饱满密实，灰缝表面随时压光，胶泥缝不得有气孔和裂纹现象。两层以上不得出现叠缝。

（8）勾缝必须填满压实，不得有空隙，表面应铲平，清理干净。

（9）当衬砌设备的顶盖时，宜将硬盖倒置在地面上衬砌块材。

（10）胶泥衬里层常温固化期满足技术要求。

（11）达到规定养护时间后，方可投入使用。养护过程中应防水、防暴晒。

采 分 点

1. 聚氯乙烯塑料衬里用处最多的是硝酸、盐酸、硫酸和氯碱生产系统。

2. 铅衬里适用于常压和压力不高、温度较低和静载荷作用下工作的设备。

3. 玻璃钢衬里的施工方法主要有手糊法、模压法、缠绕法和喷射法四种。

4. 橡胶衬里施工采用粘贴法、10～15mm 的坡口、8h 之内涂刷、粘贴胶板顺序。

5. 块材衬里施工技术要求。

 大纲考点2：绝热工程施工技术

绝热工程施工准备

1. 技术准备

（1）认真审查图纸，核对设备安装工程及其热力参数是否与设计要求相符。

（2）根据实际情况，编制施工技术措施，质量检查计划和质量控制方法，准备各种技术表格；进行员工技术培训，对施工人员进行技术交底。

（3）如果设计方推广新材料或新工艺，则设计方应派专人配合在现场指导施工。

2. 机具和材料准备

（1）根据工程量大小，确定绝热工程机具进场，并进行安装调试。

（2）进场的绝热材料应具有出厂合格证。对材料如有怀疑，可对其密度、机械强度、导热系数、含水率、可熔性及外观尺寸进行复检。

（3）绝热材料应妥善保管，按规格型号分类堆放，防止受潮、雨淋、挤压等。其堆放高度不宜超过2m。

3. 施工条件准备

（1）设备或管道应做水压试验、气密性试验并合格。

（2）各种支架、支座、吊架、热工仪表等接管应安装完毕且符合设计要求。

（3）对设备和管道安装中焊接、防腐等工序办理交接手续，设备和管道进行表面处理。

采 分 点

1. 进场材料需具有出厂合格证。对材料如有怀疑，可对其密度、机械强度、导热系数、含水率、可熔性及外观尺寸进行复检。

2. 堆放高度不宜超过2m。

知识点 二 绝热层施工技术要求

1. 设备保温层施工技术要求

（1）当一种保温制品的层厚大于100mm时，应分两层或多层逐层施工。

（2）用毡席材料时，毡席与设备表面要紧贴，缝隙用相同材料填实。

（3）用散装材料时，保温层应包扎镀锌铁丝网，接头用Φ1.4mm镀锌铁丝缝合，每隔4m捆扎一道镀锌铁丝。

（4）保温层施工不得覆盖设备铭牌。

（5）当采用软质或半硬质可压缩性的绝热制品时，安装厚度应符合设计规定。

（6）同层应错缝，上下层应压缝，其搭接长度不宜小于100mm。

（7）硬质或半硬质材料作保温层，拼缝宽度不应大于5mm。

例如，对立式设备采用硬质或半硬质制品保温施工时，需设置支撑件，并从支撑件开始自下而上拼砌，然后进行环向捆扎。

2. 管道保温层施工技术要求

（1）水平管道的纵向接缝位置，不得布置在管道垂直中心线45°范围内。

（2）保温层捆扎采用包装钢带或镀锌铁丝，每节至少捆扎两道。

（3）有伴热管的管道保温层施工时，伴热管应按规定固定，伴热管与主管线之间应保持空隙，不得填塞保温材料，以保证加热空间。

（4）采用预制块作保温层时，同层要错缝，异层要压缝，用同等材料的胶泥勾缝。

（5）管道上的阀门、法兰等经常维修的部位，保温层必须采用可拆卸式的结构。

3. 设备、管道保冷层施工技术要求

（1）采用一种保冷制品层厚大于80mm时，应分两层或多层逐层施工。硬质或半硬质材料作保冷层，拼缝宽度不应大于5mm。

（2）聚氨酯发泡先做好模具，根据材料的配比和要求，进行现场发泡。

（3）设备支承件处的保冷层应加厚，保冷层的伸缩缝外面，应再进行保冷。

（4）管托、管卡等处的保冷，支撑块用致密的刚性聚氨酯泡沫塑料块或硬质木块，采用硬质木块作支撑块时，硬质木块应浸渍沥青防腐。

（5）保冷设备及管道上的裙座、支座、吊耳、仪表管座、支吊架等附件，必须进行保冷。保冷层长度应大于保冷层厚度的4倍或敷设至垫木处。保冷层的厚度应为邻近保冷层厚度的1/2，但不得小于40mm。

（6）接管处保冷，在螺栓处应预留出拆卸螺栓的距离。

1. 当一种保温制品的层厚 >100mm 时，应分两层或多层逐层施工，先内后外，同层错缝，异层压缝。硬质或半硬质材料作保温层，拼缝宽度不应大于5mm。

2. 用一种保冷制品层厚大于80mm时，应分两层或多层逐层施工。在分层施工中，先内后外，同层错缝，异层压缝。硬质或半硬质材料作保冷层，拼缝宽度不应大于5mm。

知识点 三　防潮层施工技术要求

设备及管道保冷层外表面应敷设防潮层，以阻止蒸汽向保冷层内渗透，维护保冷层的绝热能力和效果。防潮层以冷法施工为主。

冷法施工。

知识点 四　保护层施工技术要求

保护层能有效地保护绝热层和防潮层，以阻挡环境和外力对绝热结构的影响，延长绝热结构的使用寿命，并保持其外观整齐美观。

1. 管道金属保护的纵向接缝，当为保冷结构时，应采用金属包装带包箍固定，间距宜为 250～300mm；当为保温结构时，可采用自攻螺丝或抽芯铆钉固定，间距宜为 150～200mm，间距应均匀一致。

2. 管道三通部位金属保护层的安装（管道三通外保护层结构图），支管与主管相交部位宜翻边固定，顺水搭接。垂直管与水平直通管在水平管下部相交，应先包垂直管，后包水平管；垂直管与水平直通管在水平管上部相交，应先包水平管，后包垂直管。

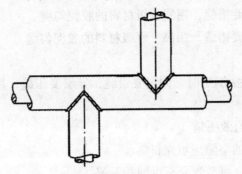

管道三通外保护层结构

3. 垂直管道或设备金属保护层的敷设，应由下而上施工，接缝应上搭下。

1. 保护层的纵向接缝固定间距：250～300mm；150～200mm。

2. 顺水搭接，管道三通外保护层结构图。

3. 垂直管道或设备金属保护层的敷设，应由下而上施工，接缝应上搭下。

真题回顾

1. 绝热工程保护层施工时，若遇设备变径，过渡段应采用（　　　）。

A. 平板　　　　　　B. 波形板　　　　　　C. 软橡胶板　　　　　D. 帆布

【答案】A

【解析】设备直径大于1m时，宜采用波形板，直径小于1m时，采用平板，如设备变径，过渡段采用平板。故答案选A。

2. 立式设备保温块状材料应该用（　　　）支持。

A. 锚固钉　　　　　　B. 吊架　　　　　　C. 支撑件　　　　　D. 模板

【答案】C

【解析】对立式设备采用硬质或半硬质制品保温施工时，需设置支撑件，并从支撑件开始自下而上拼砌，然后进行环向捆扎。故答案选C。

3. 盘管式热交换器管道进行内外防腐处理常采用的涂装方法是（　　　）。

A. 浸涂　　　　　　B. 刷涂　　　　　　C. 淋涂　　　　　D. 喷涂

【答案】A

【解析】浸涂是一种传统的涂装方法。该方法将被涂物浸没在盛有涂料的槽液中，随即取出，让多余的涂料滴落回槽液中，或采用机械方法将多余的涂料甩落。在化工厂里，有些设备如已组装好的换热器，由于内部的列管不能进行刷涂和喷涂，则可采用整体浸涂的方法施工。故答案选A。

4. 采用预制块作保温层的要求是（　　　）。

A. 同层要错缝，异层要压缝，用同等级材料的胶泥勾缝

B. 同层要错缝，异层要压缝，用高一等级材料的胶泥勾缝

C. 同层要压缝，异层要错缝，用同等级材料的胶泥勾缝

D. 同层要压缝，异层要错缝，用高一等级材料的胶泥勾缝

【答案】A

【解析】采用预制块做保温层时，同层要错缝，异层要压缝，用同等级材料的胶泥勾缝。故答案选 A。

5. 管道保温作业正确的做法是（　　　）。

A. 伴热管道与管道间的空隙应填充材料

B. 用铝带捆扎保温层，每节管壳至少捆扎一道

C. 阀门的保温应采用可拆卸式结构

D. 同层保温预制块的接缝要对齐

【答案】C

【解析】A 选项，正确的说法是，伴热管与主管线之间应保持空隙，不得填塞保温材料；B 选项正确说法是，保温层的捆扎采用包装钢带或镀锌钢丝，每节管壳至少捆扎两道；D 选项的正确说法是，同层保温应错缝，异层要压缝。故答案选 C。

6. 某机电设备安装公司承担了理工大学建筑面积为 2 万平方米的图书馆工程的通风空调系统施工任务。

当施工进入空调系统调试阶段时，系统出现问题：空气处理机冷却进出管路上阀门有滴水，经检查这两个阀门未保冷但无漏水。

【问题】

解决阀门滴水问题措施有哪些？

【参考答案】

解决空气处理机冷却进出管路上阀门滴水问题措施有：采取对管路和阀门进行保冷的措施。

 知识拓展

一、单项选择题

1. 一种保温制品的层厚大于（　　　）时，应分两层或多层逐层施工。

A. 80mm   B. 100mm   C. 200mm   D. 500mm

2. 酸雾排气管道和海水管道宜采用（　　　）。

A. 聚氯乙烯衬里   B. 铅衬里

C. 玻璃钢衬里   D. 橡胶衬里

3. 绝热材料应按规格型号分类堆放，堆放高度不宜超过（　　　）。

A. 2m   B. 5m   C. 10m   D. 15m

二、案例分析题

【背景资料】

某机电设备安装公司承建该市一新建住宅小区机电安装工程，工程内容包括：高层建筑给排水管道安装、热水管道安装、采暖管道安装、输气管道安装等。

管道安装完成后，该安装公司对管线和设备进行了相应的压力、严密性试验以及防腐施工，验收合格后进行绝热层施工。施工中发生以下事件：

事件一，施工中，由于缺乏监管，工人采用普通铁丝对保温层进行捆扎，每节管壳只捆扎了一道。

事件二，工程中部分管道使用金属保护层，在垂直管道施工时按管道坡向自上而下进行施工。

【问题】

1. 事件一施工中工人操作是否妥当？说明理由。

2. 事件二施工中施工方法是否正确？说明理由。

【参考答案】

一、单项选择题

1. B　　2. A　　3. A

二、案例分析题

1. 事件一施工中工人操作不妥当。

理由：保温层捆扎应采用包装钢带或镀锌铁丝，每节至少捆扎两道。

2. 事件二施工中施工方法不正确。

理由：保护层宜用镀锌铁皮或铝皮，如采用黑铁皮，其内表面应做防锈处理；使用金属保护层时，可直接将压好边的金属卷板合在绝热层外，水平管道或垂直管道应按管道坡向自下而上施工，半圆凸缘应重叠，搭口向下，用自攻螺钉或铆钉连接。

第八节　炉窑砌筑工程施工技术

 大纲考点1：炉窑砌筑工程施工程序

知识点一　炉窑和耐火材料的分类

1. 专业炉窑

（1）冶金炉窑：炼焦炉、炼铁高炉、炼钢转炉、电炉、鱼雷型混铁车等。

（2）有色金属工业炉窑：铝电解槽、镁电解槽、闪速炉、炼铜反射炉、鼓风炉、锌精馏炉等。

（3）化工炉窑：裂解炉、气化炉、一段转化炉、二段转化炉等。

（4）建材工业炉窑：玻璃炉窑、隧道窑、回转窑、辊道窑等。

2. 一般炉窑

加热炉、淬火炉、回火、正火、退火炉等。

3. 其他炉窑

连续式直立炉、蒸汽锅炉等。

4. 耐火材料分类

（1）按化学特性：

①酸性耐火材料。如硅砖、锆英砂砖等。②碱性耐火材料。如镁砖、镁铝砖、白云石砖等。③中性耐火材料。如刚玉砖、高铝砖、碳砖等。

（2）按耐火度：

①耐火度 1558～1770℃的为普通耐火材料。②耐火度 1770～2000℃的为高级耐火材料。③耐火度高于 2000℃的为特级耐火材料。

1. 各类炉窑举例。

2. 耐火材料分类。

知识点 二　施工前的工序交接

1. 施工前的准备

（1）技术准备。

①施工图纸及相关技术资料的会审。②施工方案的编制。

施工顺序、质量控制标准、施工方法的重点难点、施工安全及环境保护措施、施工工期控制、冬雨期施工的技术措施。

（2）资源准备。

①施工人力资源的准备：管理及技术人员、专业技术工人、普工、特殊工种（架子工、电工、电焊工、起重工等）。②施工工机具的配置：起重设备、运输设备、搅拌设备、切砖机、磨砖机、砌砖机、振捣设备、称量设备、通信及照明设备、焊接设备、质量检测设备及各类专门工机具。③材料准备：耐火材料的验收（质量证明书、出厂日期、使用有效期、施工方法说明书，必要时进行实验室检验）、运输、存储。

（3）施工现场条件的准备。

水、电源准备；场地准备，主要用于耐火材料现场临时堆放、浇注料搅拌、耐火砖切磨加工等；运输道路平整畅通；砌筑前，炉窑主要部位的检查与测量。

2. 工序交接的主要内容

（1）炉子中心线和控制标高的测量记录以及必要的沉降观察点的测量记录。

（2）隐蔽工程验收合同的证明。

（3）炉体冷却装置、管道和炉壳的试压记录及焊接严密性试验合格的证明。

（4）钢结构和炉内轨道等安装位置的主要尺寸的复测记录。

（5）可动炉子或炉子可动部分的试运转合格的证明。

（6）炉内托砖板和锚固件等的位置、尺寸、焊接质量的检查合格的证明。

（7）上道工序成果的保护要求。

工序交接的主要内容。

知识点 三 耐火砖砌筑的施工程序

1. 动态式炉窑的施工程序

(1) 动态式炉窑砌筑必须在炉窑单机无负荷试运转验收合格后方可进行。

(2) 砌筑的基本程序是：起始点的选择，应从热端向冷端或从低端向高端依次砌筑→作业点清理画线→选砖，根据冷热段需用不同材质的耐火砖，选用合格砖→若有锚固钉或托砖板，即进行锚固钉或托砖板的焊接→若有隔热层（如硅钙板等），需先进行隔热层的安装→灰浆调制及使用，灰浆泥应与耐火砖相匹配→砌砖→膨胀缝隙的预留及填充。

例如，砌砖顺序若用顶杠固定耐火砖，自热端到冷端分若干段分别进行环向砌筑，每段长度 50cm 左右。

2. 静态式炉窑的施工程序与动态炉窑不同之处

(1) 不必进行无负荷试运转。

(2) 起始点一般选择自下而上顺序。

(3) 每次环向缝一次可完成。

(4) 起拱部位从两侧向中间砌筑。

采 分 点

1. 动态式炉窑砌筑必须在炉窑单机无负荷试运转验收合格后方可进行。

2. 动态式炉窑起始点的选择，从热端向冷端或从低端向高端依次砌筑。

3. 静态式炉窑与动态炉窑不同之处。

知识点 四 耐火浇注料砌筑的施工程序

材料检查验收→施工面清理→锚固钉焊接→模板制作安装→防水剂涂刷→浇注料搅拌并制作试块→浇注料浇注并振捣→拆除模板→膨胀缝预留及填充→成品养护。

知识点 五 炉窑砌筑工程交工验收

施工单位提供的资料有：

1. 交工验收证书。

2. 开工、竣工报告。

3. 工序交接证明资料。

4. 炉子主要部位的测量资料。

5. 材料质量的证明资料，包括各种材料质量证明书、材料代用证明、实验室复验报告、泥浆和不定型耐火材料的配置记录及检验报告。

6. 筑炉隐蔽工程验收报告。

7. 分项、分部工程质量检验评定资料，质量保证核查资料，单位工程质量观感和综合评定资料。

8. 工程质量问题处理资料。

9. 技术联系单（含合理化建议）。

10. 冬期施工记录。

11. 设计变更资料（含图纸会审记录）。

12. 竣工图（简单设计变更标注在施工图上）。

13. 重大、复杂的设计变更需要重新绘制竣工图。

材料质量的证明资料，包括各种材料质量证明书、材料代用证明、实验室复验报告、泥浆和不定型耐火材料的配置记录及检验报告。

大纲考点2：耐火砖砌筑施工技术要求

知识点一 基本要求

1. 砌体分类

类别	特类	I类	II类	III类	IV类
砖缝厚度（mm）	小于0.5	小于1	小于2	小于3	大于3

2. 一般工业炉各部位砌体砖缝厚度的施工要求

（1）底和墙不大于3mm。

（2）高温或有炉渣作用的底和墙不大于2mm。

（3）拱和拱顶：干砌不大于1.5mm，湿砌不大于2mm。

（4）带齿挂砖：干砌不大于2mm，湿砌不大于3mm。

（5）隔热耐火砖，如黏土质、高铝质和硅质砖。

（6）工作层不大于2mm，非工作层不大于3mm。

（7）硅藻土砖：不大于5mm。

（8）空气、燃气管道内衬砖不大于3mm。

（9）烧嘴砖不大于2mm。

3. 泥浆调制

工业炉窑应采用成品泥浆，泥浆的最大粒径不应大于规定砖缝厚度的30%。

知识点二 耐火砖砌筑主要技术要求

1. 留设膨胀缝位置，应避开受力部位、炉体骨架和砌体中的孔洞，砌体内外层的膨胀缝不应互相贯通，上下层应互相错开。

2. 非弧形炉底、通道底最上层的长边，应与炉料、金属、渣或气体的流动方向垂直。

3. 圆形炉墙应按中心线砌筑，当炉壳的中心线误差和直径误差符合炉内形的要求时，可以炉壳为导面进行砌筑。

4. 圆形炉墙不得有三层或三环重缝，上下两层和相邻两环的重缝不得在同一地点。

5. 拱和拱顶施工技术要点。

（1）必须从两侧拱脚同时向中心对称砌筑，砌筑时，严禁将拱砖的大小头倒置。

（2）锁砖应按拱和拱顶的中心线对称均匀分布。跨度小于3m的拱和拱顶应打入1块锁砖；跨度在3~6m时，应打入3块锁砖；跨度大于6m时，应打入5块锁砖。

（3）锁砖砌入拱和拱顶内的深度宜为砖长的 2/3～3/4，但同一拱和拱顶的锁砖砌入深度应一致。

（4）打锁砖时，两侧对称的锁砖应同时均匀打入。且宜采用木锤打入，若采用铁锤，应垫以木块。

（5）不得使用砍掉厚度 1/3 以上的或砍凿长侧面使大面呈楔形的锁砖。

6. 注意事项：

（1）湿砌时，所有砖缝中泥浆应饱满，其表面应勾缝，泥浆干涸后，不得敲击砌体，比如在砌体上砍凿砖等。干砌底和墙时，砖缝内应以干耐火粉填满；干砌旋转炉窑时，锁砖后对松动的砖缝楔入钢片，直至密实。

（2）砖的加工面不宜朝向炉膛、炉子通道内表面或膨胀缝。

（3）砌砖中断或返工拆砖时，应做成梯形的斜槎。

7. 冬期施工的技术措施。

（1）当室外日平均气温连续五天稳定低于 5℃时，即进入冬期施工。

（2）冬期砌筑工业炉，应在采暖环境中进行，工作地点和砌体周围的温度均不应低于 5℃；炉子砌筑完毕，但不能随即烘炉投产时，应采用烘干措施，否则砌体周围的温度不应低于 5℃。

（3）耐火砖和预制块在砌筑前，应预热至 0℃以上，耐火泥浆施工时的温度不宜低于 10℃。

8. 烘炉。

（1）烘炉必须在该项全部砌筑结束，并进行交工验收和办理了交接手续后，且其生产流程有关的设备（包括热工仪表）联合试运转合格后进行。

（2）工业炉在投入生产前必须烘干烘透。应先烘烟囱和烟道，后烘炉体。

（3）烘炉必须按烘炉曲线进行，烘炉过程中应做详细记录，并应测定和绘制实际烘炉曲线。若发现异常，应及时采取相应措施。

◆采◆分◆点◆

1. 同时向中心对称砌筑，砌筑时严禁将拱砖的大小头倒置。

2. 注意事项。

3. 冬期施工的技术措施。

4. 烘炉要求。

◆ 真题回顾

1. 静态式炉窑的砌筑画线一般以（　　）为基准。

A. 最下端的风口或检查口　　　　　　B. 最下端设备底板上表面

C. 最下端托砖板位置　　　　　　　　D. 进料口中心线

【答案】A

【解析】画线一般以最下端的风口或检查口为基准。故答案选 A。

2. 根据《工业窑炉砌筑工程施工及验收规范》（GB 50211—2004），不属于工序交接证明内容的是（　　）。

A. 隐蔽工程验收合格的证明　　　　　B. 焊接严密试验合格的证明
C. 耐火材料的验收合格证明　　　　　D. 上道工序成果的保护要求

【答案】 C

【解析】 根据《工业窑炉砌筑工程施工及验收规范》，工序交接证明书应包括：炉子中心线和控制标高的测量记录以及必要的沉降观察点的测量记录；隐蔽工程验收合格的证明；炉体冷却装置、管道和炉壳的试压记录及焊接严密性试验合格的证明；钢结构和炉内轨道等安装位置的主要尺寸的复测记录；可动炉子或炉子可动部分的试运转合格的证明；炉内托砖板和锚固件等的位置、尺寸、焊接质量的检查合格的证明；上道工序成果的保护要求。故答案选 C。

3. 硅酸盐耐火浇注料施工完后，宜于（　　）养护。

A. 过热蒸汽　　　　　　　　　　　B. 浇水
C. 恒温　　　　　　　　　　　　　D. 自然

【答案】 B

【解析】 硅酸盐耐火浇注料适宜于浇水养护。故答案选 B。

4. 下列耐火材料中，属于中性耐火材料的是（　　）。

A. 高铝砖　　　　　　　　　　　　B. 镁铝砖
C. 硅砖　　　　　　　　　　　　　D. 白云石砖

【答案】 A

【解析】 刚玉砖、高铝砖、碳砖等都属于中性耐火材料。故答案选 A。

 知识拓展

单项选择题

1. 属于建材工业炉炉窑的是（　　）。

A. 炼焦炉窑　　　　B. 鼓风炉窑　　　　C. 回转炉窑　　　　D. 裂解炉窑

2. 炉窑砌筑工程交工验收需要的资料中不包括（　　）。

A. 开工报告　　　　B. 交工验收证书　　　　C. 设计变更资料　　　　D. 竣工结算书

3. 关于耐火浇注料施工技术要求描述正确的是（　　）。

A. 浇筑前，模板应涂刷隔离剂

B. 浇注料一次搅拌量应以 30min 以内用完为限

C. 水玻璃浇注料适宜于洒水养护

D. 承重模板须在浇注料强度达到 75% 以上时拆模

【参考答案】

单项选择题

1. C　　2. D　　3. B

第四章　建筑机电工程施工技术

第一节　建筑管道工程施工技术

 大纲考点1：给水、排水、供热及采暖工程施工程序

 一般施工程序

施工准备→配合土建预留、预埋→管道测绘放线→管道支架制作安装→管道元件检验→管道加工预制→管道安装→系统试验→防腐绝热→系统清洗→试运行→竣工验收。

知识点二　施工准备

1. 包括技术准备、材料准备、机具准备、场地准备、施工组织及人员准备。
2. 编制施工组织设计时的配管原则：先难后易、先大件后小件的施工方法，遵循小管让大管、电管让水管、水管让风管、有压管让无压管的原则。
3. 配合土建施工进度做好各项预留孔洞、管槽的复核工作。

采分点

配管原则。

知识点三　管道支架制作

管道支架、支座的制作应按照图样要求进行施工，制作合格的支吊架，应进行防腐处理和妥善保管。

知识点四　元件检验

1. 管道元件包括管道组成件和管道支撑件，安装前应认真核对元件的规格型号、材质、外观质量和质量证明文件等，对于有复验要求的元件还应该进行复验。例如，合金钢管道及元件应进行光谱检测等。
2. 管道所用流量计及压力表应进行校验检定，设备及管道上的安全阀应由具备资质的单位进行检定。

3. 阀门应按规范要求进行强度和严密性试验，试验应在每批（同牌号、同型号、同规格）数量中抽查10%，且不少于一个。安装在主干管上起切断作用的闭路阀门，应逐个做强度试验和严密性试验。

1. 每批抽查10%，且不少于一个。
2. 主干管上起切断作用的闭路阀门，应逐个做强度试验和严密性试验。

知识点 五　管道安装

1. 管道安装一般应本着先主管后支管、先上部后下部、先里后外的原则进行安装。对于不同材质的管道应先安装钢质管道，后安装塑料管道。

2. 当管道穿过地下室侧墙时应在室内管道安装结束后再进行安装，安装过程应注意成品保护。

3. 干管安装的连接方式有螺纹连接、承插连接、法兰连接、黏结、焊接、热熔连接。

4. 冷热水管道上下平行安装时热水管道应在冷水管道上方，垂直安装时热水管道在冷水管道左侧。排水管道应严格控制坡度和坡向，当设计未注明安装坡度时，应按相应施工规范执行。

5. 室内生活污水管道应按铸铁管、塑料管等不同材质及管径设置排水坡度，铸铁管的坡度应高于塑料管的坡度。

6. 室外排水管道的坡度必须符合设计要求，严禁无坡或倒坡。

7. 埋地管道、吊顶内的管道等在安装结束隐蔽之前应进行隐蔽工程的验收，并做好记录。

1. 先主管后支管、先上部后下部、先里后外的原则。
2. 螺纹连接、承插连接、法兰连接、黏结、焊接、热熔连接。
3. 冷热水管道下平行安装时热水管道应在冷水管道上方，垂直安装时热水管道在冷水管道左侧。

知识点 六　管道系统试验

1. 压力试验

（1）民用建筑中的给水管道系统、消防系统和室外给水管网系统的水压试验必须符合设计要求。当设计未注明时，试验压力均为工作压力的1.5倍，但不得小于0.6MPa。

（2）金属及复合管给水管道系统在试验压力下观测10min，压力降≤0.02MPa，然后降到工作压力进行检查，应不渗、不漏；塑料给水系统应在试验压力下稳压1h，然后在工作压力的1.15倍下稳压2h，压力降不得超过0.03MPa，同时检查各连接处不得渗漏。

2. 灌水试验实施要点

（1）隐蔽或埋地的室内排水管道在隐蔽前必须做灌水试验，灌水高度应不低于底层卫生器具的上边缘或房屋地面高度。

（2）检验方法：灌水到满水15min，水面下降后再灌满观察5min，液面不降，室内排水管道的接口无渗漏为合格。

（3）按室外排水检查井分段试验。试验水头应以试验段上游管顶加 1m，时间不少于 30min，管接口无渗漏为合格。

3. 通球试验

室外排水立管及水平干管，安装结束后均应做通球试验，通球球径不小于排水管径的 2/3，通球率达 100% 为合格。

1. 给水管道系统、消防系统和室外给水管网系统的水压试验压力均为工作压力的 1.5 倍，但不得小于 0.6MPa。

2. 隐蔽前必须做灌水试验。

3. 不小于 2/3，通球率达 100% 为合格。

知识点七　防腐绝热

1. 防腐方法：涂漆、衬里、静电保护和阴极保护。

2. 绝热按用途可分为：保温、保冷、加热保护。

知识点八　系统清洗

1. 管道系统液压试验合格后进行管道系统清洗。

2. 热水管道冲洗：先冲洗热水管道底部干管，后冲洗各环路支管；由临时入水口向系统供水，关闭其他支管控制阀门，只开启干管末端最底层阀门，由底层放水并引至排水系统内；观察出水口水质变化；底层干管冲洗后再依次冲洗各分支环路，直至全系统管路冲洗完毕。

知识点九　采暖管道冲洗完毕后应通水、加热，进行试运行和调试

大纲考点2：高层建筑管道施工技术

知识点一　高层建筑给水管道安装要求

1. 高层建筑给水管道

必须采用与管材相适应的管件。给水系统管材应采用合格的给水铸铁管、镀锌钢管、给水塑料管、复合管、铜管。

2. 常用的连接方法

（1）螺纹连接：管径小于或等于 100mm 的镀锌钢管宜用螺纹连接，多用于明装管道。钢塑复合管一般也用螺纹连接。

（2）法兰连接：直径较大的管道采用法兰连接。法兰连接一般用在主干道连接阀门、止回阀、水表、水泵等处，以及需要经常拆卸、检修的管段上。镀锌管如用焊接或法兰连接，焊接处应进行二次镀锌或防腐。

（3）焊接：焊接适用于不镀锌钢管，多用于暗装管道和直径较大的管道，并在高层建筑中应用较多。

（4）沟槽连接（卡箍连接）：沟槽式连接件连接可用于消防水、空调冷热水、给水、雨水等系统直径大于或等于100mm的镀锌钢管。

（5）卡套式连接：铝塑复合管一般采用螺纹卡套连接。将配件螺母套在管道端头，再把配件内芯套入端头内，用扳手拧紧配件与螺母即可。

（6）卡压连接：具有保护水质卫生、抗腐蚀性强、使用寿命长等特点的不锈钢卡压式管件连接技术取代了螺纹、焊接、胶接等传统给水管道连接技术。

（7）热熔连接：PPR管的连接方法采用热熔器进行热熔连接。

（8）承插连接：用于给水及排水铸铁管及管件的连接。

常用连接方法。

知识点 二　高层建筑排水管道安装要求

1. 生活污水管道应使用塑料管、铸铁管或混凝土管；雨水管道宜使用塑料管、铸铁管镀锌和非镀锌钢管或混凝土管等；悬吊式雨水管道应使用钢管、铸铁管或塑料管；易受震动的雨水管道应使用钢管。

2. 生活污水塑料管道的坡度，管径50mm的最小坡度为12‰，管径75mm的最小坡度为8‰，管径110mm的最小坡度为6‰，管径125mm的最小坡度为5‰，管径160mm的最小坡度为4‰。

3. 排水塑料管必须装设伸缩节，间距不得大于4m。

4. 金属排水管道上的吊钩或卡箍应固定在承重结构上。间距：横管≤2m，立管≤3m，楼层高度≤4m，安装1个固定件。

5. 排水通气管不得与风道或烟道连接，通气管应高出屋面300mm，但必须大于最大积雪厚度；在通气管出口4m以内有门窗时，通气管应高出门窗顶600mm或引向无门窗一侧；在经常有人停留的平屋顶上，通气管应高出屋面2m，并应根据防雷要求设置防雷装置；屋顶有隔热层应从隔热层板面算起。

6. 通往室外的排水管，穿过墙壁或基础必须下返时，应采用45°三通或45°弯头连接，并在垂直管段顶部设置清扫口。用于室内排水的，应采用45°三通或45°四通、90°斜三通或90°斜四通、45°弯头或曲率半径≥4倍管径的90°弯头。

采分点

1. 生活污水、雨水、悬吊式雨水、易受震动雨水对应的管道。
2. 生活污水塑料管道管径、坡度数据。
3. 通气管安装要求。

知识点 三　高层建筑热水管道安装

1. 工艺流程：预制加工→预埋预留→干管安装→支管安装→管道试压→管道防腐和保温→管道冲洗。

2. 采用碱液（氢氧化钠、磷酸三钠、水玻璃、适量水）去污方法对金属管道表面进行去污清洗后要做充分冲洗，并做钝化处理。

3. 热水供应管道应尽量利用自然弯补偿热伸缩，直线段过长则应设置补偿器，补偿器形式、规格、位置应符合设计要求，并按有关规定进行预拉伸。

4. 热水供应系统安装完毕，管道保温之前应进行水压试验。热水供应系统水压试验压力应为系统顶点的工作压力加 0.1MPa，同时在系统顶点的试验压力不小于 0.3MPa。

1. 工艺流程。
2. 工作压力加 0.1MPa，不小于 0.3MPa。

知识点四 高层建筑采暖管道安装

1. 工艺流程：安装准备→预制加工→卡架安装→干管安装→立管安装→支管安装→采暖器具安装→试压→冲洗→防腐→保温→调试。

2. 滑动支架应灵活，滑托与滑槽两侧间应留有 3~5mm 的间隙，纵向移动量应符合要求；无热伸长管道的吊架、吊杆应垂直安装；有热伸长管道的吊架、吊杆应向热膨胀的反方向偏移。

3. 套管安装：管道穿过墙壁和楼板，应设置金属或塑料套管。

4. 坡度应符合设计及规范的规定：

（1）汽、水同向流动的热水采暖管道和汽、水同向流动的蒸汽管道及凝结水管道，坡度应为3‰，不得小于2‰。

（2）汽、水逆向流动的热水采暖管道和汽、水逆向流动的蒸汽管道，坡度不应小于5‰。

（3）散热器支管的坡度应为1%，坡度朝向应利于排气和泄水。

5. 金属管道和配件安装前除锈后涂刷一层底漆，第二遍须待刷面漆之前完成。面漆要求在采暖、卫生工程全部完成后，室内刮大白，装饰工程完工并验收合格后进行。

1. 工艺流程。
2. 有热伸长管道的吊架、吊杆应向热膨胀的反方向偏移。
3. 采暖管道安装坡度。

真题回顾

1. 按照建筑给水、排水、供热及采暖工程的一般施工程序，在完成了管道安装之后，下一步应进行的施工程序是（　　）。

A. 管道附件检验　　　　　　　　　　B. 管道防腐绝热

C. 管道系统清洗　　　　　　　　　　D. 管道系统试验

【答案】 D

【解析】 建筑设备管道系统中的给水、排水、供热及采暖管道的一般施工程序：施工准备→配合土建预留、预埋→管道支架制作→附件检查→管道系统试验→防腐绝热→系统清洗→竣工验收。故答案选 D。

2. 高层建筑的排水通气管，应满足（　　）的要求。

A. 不能与风道连接   B. 不能与烟道连接   C. 不能穿过屋面

D. 出口处不能有风   E. 出口处必要时设置防雷装置

【答案】ABE

【解析】排水通气管不得与风道或烟道连接，并应根据防雷要求设置防雷装置。故答案选 ABE。

3. 室内卫生器具的排水支管隐蔽前，必须做（   ）。

A. 压力试验   B. 灌水试验

C. 通球试验   D. 泄漏试验

【答案】B

【解析】隐蔽或埋地的室内排水管道在隐蔽前必须做灌水试验，灌水高度应不低于底层卫生器具的上边缘或房屋地面高度。故答案选 B。

4. 安装在易受震动场所的雨水管道使用（   ）。

A. 钢管   B. 铸铁管   C. 塑料管   D. 波纹管

【答案】A

【解析】易受震动的雨水管道应使用钢管。故答案选 A。

5. 高层建筑的采暖系统安装工艺流程中，采暖器具安装后的工序有（   ）。

A. 支架安装   B. 支管安装   C. 系统试压

D. 系统冲洗   E. 管道保温

【答案】CDE

【解析】高层建筑采暖管道安装工艺流程为：安装准备→预制加工→卡架安装→干管安装→立管安装→支管安装→采暖器具安装→试压→冲洗→防腐→保温→调试。故答案选 CDE。

6. 高层建筑给水及排水铸铁管的柔性连接应采用（   ）。

A. 石棉水泥密封   B. 橡胶圈密封

C. 铅密封   D. 膨胀性填料密封

【答案】B

【解析】承插连接有柔性连接和刚性连接两类，柔性连接采用橡胶圈密封。故答案选 B。

7. 某机电设备安装公司承包了一台带热段的分离塔和附属容器、工艺管道的安装工程。

在工程实施过程中，出现了以下事件：

事件：管道系统压力试验中，塔进、出口管道上多处阀门发生泄漏。检查施工记录，该批由建设单位供货的阀门在安装前未进行试验。安装公司拆卸阀门并处理后重新试压合格，工期比原计划延误 6 天。

【问题】

阀门安装前应由哪个单位进行何种试验？该管道使用的阀门试验比例是多少？

【参考答案】

（1）阀门安装前应由安装单位进行强度和严密性试验。

（2）对于安装在主干管上起切断作用的闭路阀门，应逐个做强度和严密性试验。故该管道使用的阀门试验比例是 100%。

8. 2012 年 7 月，计算机中心空调水管上的平衡调节阀出现故障，3~5 层计算机中心机房不制冷，建设单位通知 A 施工单位进行维修，A 施工单位承担了维修任务，更换了平衡调节阀，但以保修期满为由，要求建设单位承担维修费用。

【问题】

平衡调节阀系统安装前应做什么试验？

【参考答案】

平衡调节阀安装前应做强度和严密性试验。

9. 某安装公司承接一高层商务楼的机电工程改建项目，该高层建筑位于闹市中心，有地上 30 层，地下 3 层。工程改建的主要项目有变压器成套配电柜的安装调试；母线安装；主干电缆敷设；给水主管、热水管道的安装；空调机组和风管的安装；冷水机组、水泵、冷却塔和空调水主管的安装；变压器成套配电柜冷水机组和水泵安装在地下 2 层，需从建筑物原吊装孔吊入，冷却塔安装在顶层。

改建项目完工后，按施工方案进行检查和试验，其中因热水管道的试验压力设计未注明，项目部按施工验收规范进行水压试验，并验收合格。

【问题】

热水管道水压试验的压力要求有哪些？

【参考答案】

当设计未注明时，热水管道水压试验的压力应为系统顶点的工作压力加 0.1MPa，同时在系统顶点的试验压力不小于 0.3MPa。

 知识拓展

一、单项选择题

1. 按照建筑给水、排水、供热及采暖工程的一般施工程序，管道安装的紧前工序是（　　）。

A. 支架制作
B. 附件检查
C. 系统试验
D. 系统清洗

2. 建筑管道安装编制施工组织设计时应考虑的配管原则是（　　）。

A. 小管让大管
B. 风管让水管
C. 水管让电管
D. 无压管让有压管

3. 供热管道阀门的强度试验压力为最大允许工作压力的（　　）倍。

A. 1.1
B. 1.15
C. 1.25
D. 1.5

4. 悬吊式雨水管道不能使用（　　）。

A. 铸铁管
B. 钢管
C. 塑料管
D. 混凝土管

二、多项选择题

1. 管道的防腐方法主要有（　　）。

A. 涂漆
B. 镀铜
C. 衬里
D. 静电保护
E. 阳极保护

2. 高层建筑的给水、排水管道安装要求描述正确的有（　　）。

A. 管径为 200mm 的镀锌钢管应采用法兰连接
B. 给水铸铁管管道应采用热熔连接
C. 给水水平管道应有 2‰~5‰ 的坡度坡向泄水装置

D. 金属排水管道上的卡箍应固定在承重结构上

E. 在经常有人停留的平屋顶上，排水通气管应高出屋面2m

三、案例分析题

【背景资料】

某机电安装公司承建一高层建筑热水管道安装工程。该公司按相关规定组建了项目部，并编制了相应的施工组织设计、施工方案。按实际测量尺寸预制加工管段，并分组编号进行安装，经过试压并合格，冲洗后准备提请验收。

【问题】

本工程施工中安装公司在管道安装过程中的行为有何不妥？请说明理由。

【参考答案】

一、单项选择题

1. B　2. A　3. D　4. D

二、多项选择题

1. ACD　2. ACDE

三、案例分析题

试压并合格，冲洗后准备提请验收。不妥。

理由：根据高层建筑热水管道安装工艺流程：预制加工→预埋预留→干管安装→支管安装→管道试压→管道防腐和保温→管道冲洗。试压合格后应进行必要的防腐和保温，才能进行冲洗，进而申请验收。

第二节　建筑电气工程施工技术

大纲考点1：电气设备、器具施工技术

知识点一 建筑电气工程组成及质量要求

1. 组成

室外电气、变配电、供电干线、电气动力、电气照明、备用电源和不间断电源、防雷及接地等工程。

2. 主要质量要求

（1）整个建筑物的接地系统可能为防雷接地、工作接地、保护接地、抗干扰接地等所共用。

（2）交接试验是建筑电气工程安装结束后全面检测测试的重要工序，以判定工程是否符合规定要求，是否可以通电投入运行。只有交接试验合格，建筑电气工程才能受电试运行。交接试验的结果，要出具书面试验报告。

1. 组成。

2. 接地系统可能为防雷接地、工作接地、保护接地、抗干扰接地等所共用。

3. 交接试验。

知识点二　建筑电气工程施工程序

1. 变配电工程的施工程序

（1）成套配电柜（开关柜）安装顺序：开箱检查→二次搬运→安装固定→母线安装→二次小线连接→试验调整→送电运行验收。

（2）变压器施工顺序：设备开箱检查→变压器二次搬运→变压器稳装→附件安装→变压器检查及交接试验→送电前检查→送电运行验收。

2. 供电干线的施工程序

（1）封闭插接母线安装流程：设备点件检查→支架制作及安装→封闭插接母线安装→绝缘测试→送电验收。

（2）电缆敷设施工程序：电缆验收→电缆搬运→电缆绝缘测定→电缆盘架设电缆敷设→挂标志→质量验收。

3. 电气动力工程的施工程序

（1）明装动力配电箱施工程序：支架制作安装→配电箱安装固定→导线连接→送电前检查→送电运行。

（2）动力设备施工程序：设备开箱检查→安装前的检查→电动机安装接线→电动机干燥→控制、保护和启动设备安装→送电前检查→送电运行。

4. 电气照明工程的施工程序

（1）暗装动力及照明配电箱施工程序：配电箱安装固定→导线连接→送电前检查→送电运行。

（2）照明灯具施工程序：灯具开箱检查→灯具组装→灯具安装接线→送电前检查→送电运行。

5. 室内配线的施工程序

（1）明配管施工程序：测量定位→支架制作、安装→导管预制→导管连接→接地线跨接→刷漆。

（2）线槽配线施工程序：测量定位→支架制作→支架安装→线槽安装→接地线连接→槽内配线→线路测试。

6. 防雷、接地装置的施工程序

接地体安装→接地干线安装→引下线敷设→均压环安装→避雷带（避雷针、避雷网）安装。

变配电工程，供电干线，电气动力工程，电气照明工程，室内配线，防雷、接地装置的施工程序。

大纲考点2：防雷、接地装置施工技术

 **知识点 一 防雷保护装置的组成**

1. 接闪器

接受雷电的导体，凸出于建筑物，主要有避雷针、避雷带、避雷网。

2. 引下线

由接闪器导雷引入大地构成路径的导体，可明敷于建筑物表面由上而下的圆钢、扁钢、裸导线等构成的避雷引下线；目前，广泛利用建筑物钢筋混凝土结构中的钢筋作引下线。

3. 接地装置

埋入地内 -0.7m 以下的接地极组，是导雷入地的散流极。

（1）人工接地体：电气施工专门安装的。

（2）自然接地体：利用建筑物钢筋混凝土桩基、底板内钢筋、埋设的金属管道作为接地装置散流极。

（3）成品：接地模块。

采 分 点

1. 避雷针、避雷带、避雷网。

2. 明敷于建筑物表面由上而下的圆钢、扁钢、裸导线等构成的避雷引下线，钢筋。

3. 自然接地体。

知识点 二 防雷装置施工技术要求

1. 避雷针

（1）材料：镀锌（或不锈钢）圆钢和管壁厚度不小于3mm的镀锌钢管（或不锈钢管）。

（2）与引下线之间的连接应采用焊接。避雷针的引下线及接地装置使用的紧固件，都应使用镀锌制品。若采用没有镀锌的地脚螺栓，应采取防腐措施。

2. 避雷带

（1）避雷带应热镀锌。

（2）避雷带之间的连接应采用搭接焊接。

（3）避雷带搭接长度符合规定。扁钢之间搭接为其宽度的2倍，三面施焊；圆钢之间搭接为圆钢直径的6倍，双面施焊；圆钢与扁钢搭接为圆钢直径的6倍，双面施焊。

（4）一类防雷建筑的屋顶避雷网格间距为5m×5m；二类防雷建筑的为10m×10m；三类防雷建筑的为20m×20m。

3. 均压环

均压环的设置由设计确定。如果设计不明确，建筑物超过30m时，应在建筑物30m以上设置均压环。建筑物层高小于等于3m的每两层设置一圈均压环；层高大于3m的每层设置一圈均压环。

4. 防雷引下线的施工技术要求

引下线的间距应由设计确定。如果设计不明确时，可按规范要求确定，第一类防雷建筑的引下线间距不应大于12m，第二类防雷建筑的引下线间距不应大于18m，第三类防雷建筑的引下线间距不应大于25m。

5. 避雷器

（1）安装前检查。

①避雷器不得任意拆开、破坏密封和损坏元件。②瓷件无裂纹、破损，瓷套与铁法兰件的黏合应牢固，法兰泄水孔应畅通。③磁吹阀式避雷器的防爆片应无损坏和裂纹。④用以保护金属氧化物避雷器防爆片的上下盖子应取下，防爆片应完整无损。⑤金属氧化物避雷器的安全装置应完整无损。⑥避雷器额定电压与线路电压应相同。⑦将避雷器向不同方向轻轻摇动，内部应无松动的响声。

（2）电气试验。

①用2500V兆欧表测量绝缘电阻，一般应不小于2500MΩ。②FS型避雷器需做工频放电试验，额定电压是10kV的，工频放电电压为26～31kV。③FZ型避雷器一般可不做工频放电试验，但应做避雷器泄漏电流的测量。

（3）安装要求。

①避雷器运输过程中应立放，不得倒置和碰撞。②避雷器组装时，各节的位置应符合出厂标志的编号。③带串并联电阻的阀式避雷器安装时，同相组合单元间的非线性系数差值应符合现行国家标准，一般不应大于0.04。④避雷器应垂直安装，倾斜不得大于15°，若有倾斜，可在法兰间加金属片校正，但要保证导电良好。⑤避雷器安装位置应尽量最接近被保护设备，带电部分距地面如低于3m，应设遮拦。

各个防雷装置施工技术要求涉及的数据。

知识点 三 接地装置施工技术要求

1. 人工接地体（极）

金属接地体（极）、接地模块、离子接地体。

（1）垂直埋设的金属接地体一般采用镀锌角钢、镀锌钢管、镀锌圆钢等；镀锌钢管的壁厚为3.5mm，镀锌角钢的厚度为4mm，镀锌圆钢的直径为12mm，垂直接地体的长度一般为2.5m。

人工接地体一般直接埋入地下，但不应埋设在垃圾堆、炉渣和强烈腐蚀性的土壤处。埋设后接地体的顶部距地面不小于0.6m，为减小相邻接地体的屏蔽效应，接地体的水平间距应不小于5m。

（2）水平接地体敷设于地下，距地面至少为0.6m。

（3）接地体的连接应牢固可靠，应用搭接焊接，接地体采用扁钢时，其搭接长度为扁钢宽度的2倍，并有三个邻边施焊；若采用圆钢，其搭接长度为圆钢直径的6倍，并在两面施焊。

接地体连接的焊接处焊缝应饱满并有足够的机械强度，不得有夹渣、咬肉、裂纹、虚焊、气孔等缺陷，焊缝处的药皮敲净后，并做防腐处理，接地体连接完毕后，应测试接地电阻，接地电阻应符合规范标准要求。

2. 自然接地体（极）

（1）利用建筑物底板钢筋做水平接地体。按设计要求，将底板内主钢筋（不少于两根）搭接焊接。

（2）利用工程桩钢筋做垂直接地体。按设计要求，把工程桩内四个角的钢筋搭接焊接，再与底板主钢筋（不少于两根）焊接牢固。

3. 接地电阻一般用接地电阻测量仪测量。

电气设备的独立接地体，其接地电阻应小于4Ω，共用接地体电阻应小于1Ω。

接地装置种类及施工技术涉及数据。

真题回顾

1. 建筑电气装置施工中成套配电柜安装固定后的紧后工序是（   ）。

A. 开箱检查   B. 母线安装

C. 调整试验   D. 送电运行

【答案】B

【解析】成套配电柜（开关柜）安装顺序：开箱检查→二次搬运→安装固定→母线安装→二次小线连接→试验调整→送电运行验收。故答案选B。

2. 室内照明灯具的施工程序中，灯具安装接线的紧后工序是（   ）。

A. 导线并头   B. 绝缘测试

C. 送电前检查   D. 灯管安装

【答案】C

【解析】照明设备施工程序：灯具开箱检查→灯具安装→灯具安装接线→送电前检查→送电运行。故答案选C。

3. 利用建筑物底板内钢筋作为接地体时，整个接地系统完工后，应抽检系统的（   ）。

A. 钢筋的直径   B. 钢筋焊接点   C. 绝缘电阻值

D. 导通状况   E. 接地电阻值

【答案】DE

【解析】整个防雷接地系统完工后应抽检系统的导通状况和对接地装置接地电阻值的测定，其结构必须符合设计要求。故答案选DE。

4. 高层建筑为防止侧击雷电，应在环绕建筑物周边设置（   ）。

A. 避雷针   B. 均压环

C. 接地线   D. 引下线

【答案】B

【解析】均压环是高层建筑为防测击雷而设计的环绕建筑物周边的水平避雷带。故答案选B。

知识拓展

一、单项选择题

1. 电加热器及控制设备属于建筑电气工程的（　　）。

　　A. 供电设备部分 　　　　　　　　　B. 用电设备电气部分

　　C. 布线系统部分 　　　　　　　　　D. 配电设备部分

2. 变压器施工顺序中变压器附件安装的紧后工序是（　　）。

　　A. 变压器检查 　　　　　　　　　　B. 变压器稳装

　　C. 送电前检查 　　　　　　　　　　D. 送电运行验收

3. 被安装的设备、器具和材料，其规格、型号和性能，必须符合（　　）要求，在安装就位前要认真检查核对。

　　A. 业主 　　　　　　　　　　　　　B. 监理

　　C. 施工 　　　　　　　　　　　　　D. 设计

4. 如整个建筑物共用一个接地系统，其接地电阻值应满足不同专业对接地装置接地电阻（　　）要求。

　　A. 规范值 　　　　　　　　　　　　B. 最小值

　　C. 平均值 　　　　　　　　　　　　D. 最大值

5. 避雷针属于防雷保护装置的（　　）部分。

　　A. 接闪器 　　　　　　　　　　　　B. 引下线

　　C. 人工接地体 　　　　　　　　　　D. 自然接地体

6. 明装的接闪器和引下线应采用热镀锌材料组成，以（　　）连接为宜。

　　A. 法兰 　　　　　　　　　　　　　B. 螺纹

　　C. 卡箍 　　　　　　　　　　　　　D. 机械

二、多项选择题

1. 防雷装置的引下线主要由明敷于建筑物表面由上而下的（　　）构成。

　　A. 钢管 　　　　　　B. 线槽 　　　　　　C. 扁钢

　　D. 圆钢 　　　　　　E. 裸导线

2. 建筑电气工程交接试验的主要内容包括（　　）。

　　A. 检测绝缘电阻 　　B. 交、直流耐压试验 　　　　　C. 导电体直流电阻

　　D. 检测绝缘强度 　　E. 控制系统模拟动作

【参考答案】

一、单项选择题

1. B　2. A　3. D　4. B　5. A　6. D

二、多项选择题

1. CDE　2. ABC

第三节　通风与空调工程施工技术

 大纲考点1：通风与空调工程施工程序

知识点一 通风与空调系统的组成与类别

1. 通风系统的组成与类别

（1）组成：

①进气处理设备，如空气过滤设备、热湿处理设备和空气净化设备等。②送风机或排风机。③风道系统，如风管、送风口、排风口、排气罩等。④排气处理设备，如除尘器、有害气体净化设备、风帽等。

（2）类别：

①按作用范围分为局部通风和全面通风。②按工作动力可分为自然通风和机械通风。③按介质传输方向分为送（或进）风和排风。④按功能、性质可分为一般（换气）通风、工业通风、事故通风、消防通风和人防通风等。

2. 空调系统的组成与类别

（1）组成：

①空气处理设备：空气加热或冷却设备、空气加湿或去湿设备和空气净化设备等。②热源和冷源：热源有提供热水或蒸汽的锅炉、电加热器等。目前用得较多的冷源是蒸汽压缩式或吸收式冷水机组。③空调风系统：由风机和风管系统组成。④水系统：包括将冷冻水（或热水）从制冷系统（或热源）输送到空气处理设备的水系统和制冷设备的冷却水系统，由水泵和水管系统组成。⑤控制、调节装置：装置的作用是调节空调系统的冷量、热量、风量等，使空调系统的工作适应空调工况的变化，从而将室内空气状况控制在要求的范围内。

（2）类别：

①按空调系统的用途：舒适性空调系统、工艺性空调系统。②按负担负荷介质：全空气系统、全水系统、空气—水系统及冷剂系统。③按系统使用空气来源：直流式系统、封闭式系统、回风式系统。④按空气处理设备的集中程度：集中式空调系统、半集中式空调系统及分散式空调系统。⑤按风管中空气流速：低速系统（主风管风速：民用低于10m/s，工业低于15m/s）和高速系统（主风管风速：民用高于12m/s，工业高于15m/s）。

 **采分点**

1. 通风系统的类别。

2. 空调系统的组成。

1. 施工内容

该通风与空气处理设备的安装、风管及其他管路系统的预制与安装、自控系统的安装、系统调试及工程试运行。

2. 施工程序

施工准备→风管及部件加工→风管及部件的中间验收→风管系统安装→风管系统严密性试验→空调设备安装→空调水系统安装→管道严密性及强度试验→管道冲洗→管道防腐与绝热→风管系统测试与调整→空调系统试运行及调试→竣工验收→空调系统综合效能测试。

3. 系统运行与调试

（1）通风系统连续试运行不少于 2h，空调系统带冷（热）源的连续试运行不少于 8h。

（2）系统无生产负荷下的联合试运转与调试应包括的内容。

①监测与控制系统的检验、调整与联动运行。②系统风量的测定和调整（通风机、风口、系统平衡）。③空调水系统的测定和调整。④室内空气参数的测定和调整。⑤防排烟系统测定和调整。

1. 施工程序。
2. 系统运行与调试。

1. 通风与空调工程的风管系统

按其工作压力（P）可划分为低压系统（$P \leqslant 500\text{Pa}$）、中压系统（$500 < P \leqslant 1500\text{Pa}$）与高压系统（$P > 1500\text{Pa}$）。

2. 制作的一般要求

（1）风管系统的制作与安装，应该按照批准的施工图纸、合同约定或工程洽商记录、相关的施工方案及标准规范的规定进行。

（2）制作风管所采用的板材、型材以及其他成品材料，应符合国家相关产品标准的规定及设计要求，并具有相应的出厂检验合格证明文件。例如，非金属复合风管板材的覆面材料必须为不燃材料。

（3）风管制作通常采用现场半机械手工制作。

①板材的拼接缝应达到缝线顺直、平整、严密牢固、不露保温层，满足和结构连接的强度要求。②风管针对其工作压力等级、板材厚度、风管长度与断面尺寸，采取相应的加固措施。③矩形内斜线和内弧形弯头应设导流片，以减少风管局部阻力和噪声。

3. 安装要点

（1）风管安装前应清理安装部位或操作场所中的杂物，检查风管及其配件的制作质量、风管支、吊架的制作与安装质量。切断支、吊、托架的型钢及其开螺栓孔采用机械加工，不得用电气焊切割；支、吊架不宜设置在风口、阀门、检查门及自控装置处。

（2）风管的组对、连接长度应根据施工现场的情况和吊装设备而进行确定。

（3）风管安装就位的程序通常为先上层后下层，先主干管后支管，先立管后水平管。风管穿过需要封闭的防火防爆楼板或墙体时，应设钢板厚度不小于 1.6mm 的预埋管或防护套管，风管与防护套管之间应采用不燃柔性材料封堵。

（4）风管系统安装完后，必须进行严密性检验，主要检验风管、部件制作和加工后的咬口缝、铆接孔、风管的法兰翻边、风管管段之间的连接严密性，检验以主、干管为主，检验合格后方能交付下道工序。

（5）风管系统的严密性检验。

①低压风管采用漏光法检测。②中压系统采用漏光法检测 + 漏风量测试抽检。③高压系统全数进行漏风量测试。

4. 通风与空气处理设备的安装

（1）现场组装轴流风机的叶片时，若各叶片的角度不符合设备的技术文件的规定，将影响风机的出口风压和风量；叶片角度组装的不一致，将造成风机运转产生脉动现象。

（2）为减少离心风机运转时产生的震动对其他精密设备和建筑结构的影响，降低环境噪声，在风机底座支架与基础之间放置各组减震器，要求基础表面平整、注意减振器的选择和安放位置，使受力的各组减震器承载荷重的压缩量均匀，不得偏心。

5. 通风与空调工程调试的要求

（1）主要内容。

风量测定与调整、单机试运转、系统无生产负荷联合试运转及调试。

（2）施工单位通过系统无生产负荷联合试运转与调试后，即可进入竣工验收。

空调系统带冷（热）源的正常联合试运转应视竣工季节与设计条件决定，夏季可仅做带冷源试运转，冬季仅做带热源试运转。

（3）通风与空调工程带生产负荷的综合效能试验与调整，应在已具备生产试运行的条件下进行，由建设单位负责，设计、施工单位配合。综合效能试验测定与调整的项目，应由建设单位根据工程性质、生产工艺的要求进行确定。

采 分 点

1. 低压（$P \leqslant 500\text{Pa}$）、中压（$500 < P \leqslant 1500\text{Pa}$）与高压（$P > 1500\text{Pa}$）。
2. 风管安装就位的程序通常为先上层后下层，先主干管后支管，先立管后水平管。
3. 严密性检验。①低压风管采用漏光法检测；②中压系统采用漏光法检测 + 漏风量测试抽检；③高压系统全数进行漏风量测试。
4. 组装的不一致，将造成风机运转产生脉动现象；减震器的选择和安放位置。
5. 施工单位通过系统无生产负荷联合试运转与调试后，即可进入竣工验收。

 大纲考点2：洁净空调工程施工技术

知识点 洁净空调系统施工要点

1. 风管制作的技术要点

主要是对风管表面的清洁程度和严密性有更高要求。

（1）洁净空调系统制作风管的刚度和严密性，均按高压和中压系统的风管要求进行，其中洁净度等级 N1 ~ N5 级的，按高压系统的风管制作要求；N6 ~ N9 级的按中压系统的风管制作要求。

（2）加工镀锌钢板风管应避免损坏镀锌层，如有损坏应做防腐处理。风管不得有横向接缝，尽量减少纵向拼接缝。矩形风管边长不大于800mm时，不得有纵向接缝。风管的所有咬口缝、翻边处、铆钉处均必须涂密封胶。

2. 高效过滤器的安装要点

（1）空气过滤器分为五级。

级别	截流微粒情况及应用	
粗效	>5μm 上悬浮性微粒	>10μm 降尘性微粒
中效	1~10μm 悬浮性微粒，用于高效过滤器预过滤器	
高中效	1~5μm 悬浮性微粒，作为一般净化系统的末端过滤器	
亚高效	<1μm，作为洁净室末端过滤器/高效过滤器预过滤器	
高效	<0.5μm，洁净室最末端过滤器	

（2）高效过滤器安装前，洁净室内装修工程必须全部完成，经全面清扫、擦拭，空吹12~24h后进行。安装前应进行外观检查，重点检查过滤器有无破损漏泄等，合格后进行仪器检漏；安装时要保证滤料的清洁和严密。

3. 洁净空调工程调试

单机试运转，试运转合格后，进行带冷（热）源的不少于8h的系统正常联合试运转；系统的调试应在空态或静态下进行，其检测结果应全部符合设计要求。

1. N1~N5级的按高压；N6~N9级的按中压。

2. 高效过滤器安装前，经全面清扫、擦拭，空吹12~24h后进行。

3. 进行带冷（热）源的不少于8h的系统正常联合试运转。

真题回顾

1. 洁净度等级为 N3 的空调风管的严密性检查方法是（　　）。

A. 侧漏法检测

B. 漏风量检测

C. 漏光法检测合格后，进行漏风量测试抽检

D. 漏光法检测合格后，全数进行漏风量测试

【答案】D

【解析】洁净度等级 N3 属于高压系统，高压系统全数进行漏风量测试。故答案选 D。

2. 通风与空调施工中，安装单位应承担的协调配合工作有（　　）。

A. 向设备供应商提供设备的到货时间

B. 与装饰单位协调风口开设位置

C. 向电气单位提供设备的电气参数

D. 复核及整改土建施工完毕的预留孔洞尺寸

E. 负责各机电专业管线综合布置的确定

【答案】AC

【解析】通风与空调工程施工应注意与土建工程、装饰装修工程、机电安装其他专业工程以及设备供应商的协调配合。例如，配合土建预留、预埋时，注意预留孔、洞的形状、尺寸及位置，预埋件的位置和尺寸等；各类管线的综合布置及施工顺序的确定；及时为电气专业提供有关设备的电气参数、控制点及控制要求等数据；安装风机盘管、风口（包括送、回风口及新风入口等）及开设检修门时，注意对装饰装修工程的成品保护；及时向设备供应商提供设备到货时间、安装要求及相应数据等。故答案选AC。

3. 某机电设备安装公司承担了理工大学建筑面积为2万平方米的图书馆工程的通风空调系统施工任务。该工程共有S1～S6六个集中式全空调系统，空调风系统设计工作压力为600Pa。空气处理机组均采用带送风机段的组合式空调机，由安装公司采购并组成项目部承担安装任务。

当施工进入空调系统调试阶段时，系统出现两个问题：①空气处理机组运转时晃动；②S1系统调试中在风管所有阀门全开情况下，实测送入空调区风量小于设计风量且相差较大，而该系统风机出风口实测值符合设计要求。

【问题】

（1）空气处理机组运转时产生晃动的原因是什么？如何解决？

（2）分析S1系统送入空调区的风量与设计风量相差较大的主要原因。

【参考答案】

（1）空气处理机组运转时产生晃动的原因是：在现场组装时叶片角度组装的不一致，将造成风机运转时产生脉动现象，而表现出晃动。

解决办法：安装应符合设备技术文件的规定和施工质量验收规范的要求，按此要求重新安装叶片，安装中注意叶片角度组装得一致。

（2）S1系统送入空调区的风量与设计风量相差较大的主要原因：风管漏风。理由：在现场组装轴流风机的叶片时，若叶片的角度不符合设备的技术文件规定，将影响风机的出口风量。

4. 某总承包单位将一医院的通风空调工程分包给某安装单位，工程内容有风系统、水系统和冷热（媒）设备。设备有7台风冷式热泵机组、9台水泵、123台吸顶式新风空调机组、1237台风机盘管、42台排风机，均由业主采购。通风空调工程的电气系统由总承包单位施工。通风空调设备安装完工后，在总承包单位的配合下，安装单位对通风空调的风系统、水系统和冷热（媒）系统进行了系统调试。调试人员在风机盘管，新风机和排风机单机试车合格后，用热球风速仪对各风口进行测定与调整及其他内容的调试，在全部数据达到设计要求后，通风空调工程在夏季做了带冷源的试运转，并通过竣工验收。

医院营业后，在建设单位负责下，通风空调工程进行了带负荷综合效能试验与调整。

【问题】

（1）风管系统调试后还有哪几项调试内容？需哪些单位配合？

（2）通风空调的综合效能调整需具备什么条件？调试的项目应根据哪些要求确定？

【参考答案】

（1）解答如下：①风管系统试验后，还应进行：防排烟系统、防尘系统、空调系统、净化空气系统、制冷设备系统和带生产负荷的综合效能试验与调整。②需建设单位、设计单位、施工单位配合。

（2）解答如下：①通风与空调工程带生产负荷的综合效能试验与调整，应在已具备生产试运行的条件下进行，由建设单位负责，设计、施工单位配合。②综合效能试验测定与调整的项目的依据是工程性质、生产工艺的要求。

 知识拓展

一、单项选择题

1. 通风与空调工程的施工程序中风管系统严密性试验的紧前工序是（　　）。

A. 风管系统安装
B. 空调设备及空调水系统安装
C. 风管系统测试与调整
D. 空调系统调试

2. 防、排烟系统连接可采用的密封材料是（　　）。

A. 耐温材料
B. 软聚氯乙烯板
C. 耐酸橡胶板
D. 耐热橡胶板

3. 非金属复合风管板材的覆面材料必须为（　　）材料。

A. 防火
B. 难燃
C. 难燃 B1 级
D. 不燃

4. 洁净度等级为 N7 的风管的刚度和严密性试验可采用（　　）。

A. 漏气法检测
B. 漏光法检测
C. 漏风量测试
D. 漏光法检测加漏风量测试抽检

5. 洁净空调工程调试中进行带冷（热）源的联合试运转应不少于（　　）。

A. 2h
B. 4h
C. 8h
D. 12h

二、多项选择题

1. 关于洁净通风空调风管制作技术要点描述正确的有（　　）。

A. 洁净度等级 N1～N5 级的按高压系统的风管制作要求
B. 洁净空调系统风管的制作应在开放通风、清洁的环境中进行
C. 矩形风管边长为 700mm，不得有纵向接缝
D. 风管的翻边处、铆钉处必须涂密封胶
E. 风管制作完成后，用无腐蚀性清洗液将内表面清洗干净后立即封口

2. 风管系统完装后进行严密性检验主要检验风管、部件制作加工后的（　　）。

A. 铆接孔
B. 咬口缝
C. 板材的拼接缝
D. 风管的法兰翻边
E. 风管管段之间封堵材料的性质

三、案例分析题

【背景资料】

某施工单位承建一南方沿海城市的大型体育馆机电安装工程。该工程各类动力设备包括冷冻机组、水泵、集中空调机组、变配电装置等，均布置在有通风设施和排水设施的地下室。

通风与空调系统的风管设计工作压力为 1200Pa。项目部决定风管及部件在场外加工。安装完成后施工单位组织进行了系统调试，调试内容包括：单机试运转、系统无生产符合联合

试运转。

【问题】

1. 风管及部件进场做什么检验？风管系统安装完毕后做什么检验？

2. 系统调试内容是否完整，还应包括哪些内容？

【参考答案】

一、单项选择题

1. A 2. D 3. D 4. D 5. C

二、多项选择题

1. ACD 2. ABD

三、案例分析题

1. 解答如下：（1）风管及部件进场时进行外观检查；风管漏光法检测。

（2）因该风管系统设计工作压力为1200Pa，属中压风管，风管系统安装完毕后应做严密性试验即风管漏光法检测合格后做漏风量测试的抽检。

2. 系统调试内容不完整，还应包括：风量测定与调整，按竣工季节与设计条件决定做带冷（热）源的正常联合试运转。

第四节　建筑智能化工程施工技术

大纲考点1：建筑智能化工程施工技术要点

知识点　建筑智能化工程实施要点

1. 组成

（1）通信系统的组成及其功能。

电话、卫星、无线信号覆盖、卫星电视、有线电视、电视会议、背景音响及广播等系统。电话通信主要包括用户交换设备、通信线路和用户终端设备。

（2）信息网络系统的组成及其功能。

计算机网络设备（交换机、路由器、防火墙、网管、文件服务器等）、应用软件、管理软件及网络安全等。

（3）综合布线系统的组成及其功能。

工作区子系统、水平布线子系统、设备间子系统、垂直干线子系统、管理间子系统、建筑群子系统。其是建筑物和建筑群之间的传输网络，传输语音、数据、图像及各类控制信号。

（4）火灾自动报警及消防联动系统的组成及其功能。

火灾探测器、输入模块、报警控制器、联动控制器和控制模块等。

主要功能：火灾参数检测、火灾信息处理与自动报警、消防设备联动与协调控制，消防系统的计算机管制等。

（5）安全防范系统的组成及其功能。

①门禁系统（出入口管理系统）：对讲机、电控锁（钥匙电控锁、磁卡电控锁、IC卡电控锁、密码电控锁和指纹电控锁等）。②入侵报警系统（周界防越报警系统）：有声报警（电笛、警铃、频闪灯等）和无声报警（向监控中心或向公安局110发出报警信号）。③电视监控系统：模拟式和数字式。④巡更系统。⑤停车场自动管理系统。

（6）建筑设备自动监控系统的组成及其功能。

由中央工作站计算机、现场控制器、传感器、执行器等设备及相应的软件组成。对建筑物内空调通风、给排水、变配电和照明设备进行监控及自动化管理。

①检测元件：非电量传感器：有温度、湿度、压力、液位和流量传感器等。

a. 电量变送器：电压、电流、频率、有功功率、功率因数变送器等。

b. 温度传感器常用的有风管型和水管型两种。由传感元件和变送器组成，以热电阻或热电偶作为传感元件，有1kΩ镍电阻、1kΩ和100Ω铂电阻等类型，通过变送器将其阻值变化信号转换成与温度变化成比例的$0 \sim 10V\ DC$（$4 \sim 20mA$）电信号。

例如，使用4个1kΩ（21℃）镍电阻检测一个大空间的平均温度，连接方式是2个串联后再并联，电阻串并联后仍然为1kΩ（21℃）。当房间的温度不均匀变化，4个镍电阻串、并联后得到平均阻值，通过变送器转换成平均温度的电信号。采用多个传感元件串、并联，可减少变送器的数量，降低工程投资。

②执行元件。

a. 电动调节阀，将电信号转换为阀门的开度。

b. 电动风门驱动器用来调节风门，以调节风管的风量和风压。

（7）办公自动化系统的组成及其功能

硬件：计算机、扫描机、打印机、绘图机；软件：系统软件、应用软件、测试软件。

（8）建筑智能化系统集成

以建筑设备自动监控系统为基础，采用接口和协议方式，把火灾报警及消防联动系统、安全防范系统等集成在建筑设备自动监控系统中进行管理。

（9）住宅（小区）智能化系统

火灾自动报警系统及消防联动系统、安全防范系统、通信网络系统、信息网络系统、监控与管理系统、家庭控制器、室外设备及管网监测等。

2. 施工实施要点

（1）智能化系统的深化设计应具有开放结构，协议和接口都应标准化和模块化。

（2）工程施工前应做好工序交接工作，做好与建筑结构，建筑装饰装修，建筑给水排水，建筑电气，通风与空调和电梯等分部工程的接口确认。

3. 系统设备接口界面的确定

建筑设备监控系统与大型建筑设备实现接口方式的通信，必须约定通信协议，当对外采用非标准通信协议时需要设备供应商提供数据格式，由建筑设备监控系统承包商进行转换。

1. 组成。

2. 开放结构，协议和接口都应标准化和模块化。

3. 设备供应商提供数据格式，由建筑设备监控系统承包商进行转换。

大纲考点2：建筑智能化工程施工技术要点

产品选择及质量检验

1. 设备的质量检测重点应包括安全性、可靠性及电磁兼容性等项目。对不具备现场检测条件的产品，可要求进行工厂检测并出具检测报告。

2. 进口设备应提供质量合格证明、检测报告及安装、使用、维护说明书等文件资料，还应提供原产地证明和商检证明。

知识点二 智能化系统设备、元件安装技术要点

1. 现场控制器

应安装在需监控的机电设备附近，一般在弱电竖井内、冷冻机房、高低压配电房等处，便于调试和维护的地方。

2. 探测、测量元件的安装

（1）温度传感器一般由传感元件和变送器组成，以热电阻或热电偶作为传感元件，通过变送器将其阻值变化信号转换成与温度变化成比例的 0～10V DC（4～20mA）电信号。

镍温度传感器的接线电阻应小于3Ω，铂温度传感器的接线电阻应小于1Ω。

（2）风管型温、湿度传感器的安装应在风管保温层完成后进行。

（3）水管型温度传感器的安装开孔与焊接工作，必须在管道的压力试验、清洗、防腐和保温前进行，且不宜在管道焊缝及其边缘上开孔与焊接。

（4）水管型温度传感器的感温段大于管道口径的1/2时，可安装在管道的顶部。感温段小于管道口径的1/2时，应安装在管道的侧面或底部。

3. 主要控制设备的安装

（1）电磁阀安装前应按说明书规定检查线圈与阀体间的电阻，宜进行模拟动作试验。

（2）电动调节阀由驱动器和阀体组成，将电信号转换为阀门的开度。电动阀门驱动器的行程、压力和最大关紧力（关阀的压力）必须满足设计要求。安装前宜进行模拟动作和压力试验。

（3）电动风门驱动器的技术参数有输出力矩、驱动速度、角度调整范围、驱动信号类型等。

（4）风阀控制器安装前应检查线圈和阀体间的电阻、供电电压、输入信号等是否符合要求。宜进行模拟动作检查。

知识点三 线缆施工技术要点数字信号可采用非屏蔽线，在强干扰环境中或远距离传输时，宜选用光纤

知识点四 智能化系统检测技术

1. 计算机网络系统检测包括连通性检测、路由检测、容错功能检测、网络管理功能检测。

2. 建筑设备监控系统检测：智能化工程安装后，系统承包商要对传感器、执行器、控制

器及系统功能进行现场测试。

3. 安全技术防范系统。

（1）重点检测防范部位和要害部门的设防情况，有无防范盲区。安全防范设备的运行是否达到设计要求。

（2）监视系统的摄像机功能检测，图像质量检测，数字硬盘录像监控检测。安全防范系统的探测器盲区检测，检测防拆报警功能、信号线开路、短路报警功能和电源线被剪功能。

4. 综合布线系统的光纤布线应全部检测，对绞线缆布线以不低于10%的比例进行随机抽样检测，抽样点必须包括最远布线点。

知识点 五　竣工验收要点

1. 系统竣工验收顺序：应按"先产品，后系统；先各系统，后系统集成"的顺序进行。

2. 系统验收方式：分项验收，分部验收；交工验收，支付验收。

3. 各系统竣工验收条件：系统安装、检测、调试完成后，已进行了规定时间的试运行；已提供了相应的技术文件和工程实施及质量控制记录。

4. 竣工验收资料内容：工程合同技术文件；竣工图纸；系统设备产品说明书；系统技术、操作和维护手册；设备及系统测试记录；工程实施及质量控制记录；相关工程质量事故报告表。

 采 分 点

1. 设备的质量检测重点。

2. 进口设备应提供质量合格证明、检测报告及安装、使用、维护说明书等文件资料，还应提供原产地证明和商检证明。

3. 电动阀门驱动器的行程、压力和最大关紧力（关阀的压力）必须满足设计要求。

4. 安全防范系统的探测器盲区检测，检测防拆报警功能、信号线开路、短路报警功能和电源线被剪功能。

5. 对绞线缆布线以不低于10%的比例进行随机抽样检测。

6. 系统竣工验收顺序：应按"先产品，后系统；先各系统，后系统集成"的顺序进行。

真题回顾

1. 建筑智能化的监控系统中，电动阀门驱动器的（　　）必须满足设计要求，在安装前宜进行模拟和压力试验。

A. 尺寸　　　　　　B. 行程　　　　　　C. 压力

D. 重量　　　　　　E. 最大关紧力

【答案】BCE

【解析】电动阀门驱动器的行程、压力和最大关紧力（关阀的压力）必须满足设计要求，在安装前宜进行模拟动作和压力试验。故答案选BCE。

2. 空调设备自动监控中的温度传感器是通过变送器将其阻值变化信号转换成（　　）电信号。

A. 0～10mA　　　　B. 0～20mA　　　　C. 0～10V AC　　　　D. 0～10V DC

【答案】D

【解析】温度传感器通过变送器将其阻值变化信号转换成与温度变化成比例的 0～10V DC（4～20mA）电信号。故答案选 D。

3. 将 4 个 1kΩ（21℃）镍电阻两两串联再并联后，检测一个大房间的平均温度（21℃），传递到变送器的电阻值是（　　）。

A. 0.5 kΩ

B. 1.0 kΩ

C. 2.0 kΩ

D. 4.0 kΩ

【答案】B

【解析】使用 4 个 1KΩ（21℃）的镍电阻检测一个大空间的平均温度，连接方式是 2 个串联后并联，电阻串、并联后仍然为 1KΩ（21℃）。故答案选 B。

4. 某系统工程公司项目部承包一大楼空调设备的智能监控系统安装调试。监控设备、材料有直接数字控制器、电动调节阀、风门驱动器、各类传感器温度、压力、流量及各种规格的线缆双绞线、同轴电缆。合同规定：设备、材料为进口产品，并确定产品的品牌、产地、技术及标准要求。由外商代理负责供货，并为设备及运输购买了保险。

【问题】

选择监控设备产品应考虑哪几个技术因素？

【参考答案】

选择监控设备产品应考虑的技术因素包括：①产品的品牌和生产地，应用实践以及供货渠道和供货周期等信息；②产品支持的系统规模及监控距离；③产品的网络性能及标准化程度。

5. A 施工单位于 2009 年 5 月承接某科研单位办公楼机电安装项目，合同约定保修期为 1 年，工程内容包括：给排水、电气、消防通风、空调；建筑质量系统一类中，办公楼实验中心采用一组（5 台）模块或水冷机组作为冷热源，计算机中心采用 10% 余热回收水冷机组作为冷热源，空调抹灰水采用同程式系统，各层回水管的水平干管上设置建设单位，A 施工单位采购的新型压力及流量自控或平衡调节阀，实验中心的热水系统由建设单位指定 B 单位分包施工，大楼采用环宇自动系统对通风空调、电气、消防管道建筑设备进行控制。

2011 年 4 月，由建设单位组织对建筑智能化系统进行验收，项目于 2011 年 5 月通过整体验收。

【问题】

简述建筑智能化系统竣工验收顺序。

【参考答案】

建筑智能化系统竣工验收应按"先产品，后系统；先各系统，后系统集成"的顺序进行。

 知识拓展

一、单项选择题

1. 进行建筑智能化工程施工，确定了设备供应商和工程承包商后应紧接着进行（　　）。

A. 招标文件制定

B. 组建项目部

C. 施工图深化设计

D. 管理人员培训

2. 建筑设备监控系统与变配电设备实现接口方式的通信，必须事先约定通信协议。当采用非标准通信协议时，应由（　　）提供数据格式，由建筑设备监控系统承包商进行转换。

A. 建筑承包商　　　　　　　　　　B. 设备采购方

C. 设备供应商　　　　　　　　　　D. 监控系统承包商

3. 铂温度传感器的接线电阻应小于（　　）。

A. 1Ω　　　　　　　　　　　　　　B. 3Ω

C. 10Ω　　　　　　　　　　　　　 D. 20Ω

二、多项选择题

1. 建筑智能化工程进口设备应提供（　　）。

A. 质量合格证明　　　　B. 商检证明　　　　C. 原产地证明

D. 代理商证明　　　　　E. 安装说明书

2. 关于智能化系统设备、元件安装技术要点描述正确的有（　　）。

A. 现场控制器应安装在需监控的机电设备附近

B. 镍温度传感器的接线电阻应小于1Ω

C. 风管型温、湿度传感器的安装应在风管保温层完成后进行

D. 水管型温度传感器的感温段大于管道口径的1/2时，可安装在管道的底部

E. 电磁流量计在垂直管道安装时，液体流向自下而上

三、案例分析题

【背景资料】

机电安装公司A承建某城市一大型体院场馆工程中的建筑智能化工程，工程内容主要有：通信网络系统、建筑设备监控系统、火灾报警及消防联动系统、安全防范系统等，合同规定，主要设备由业主负责从国外采购。设备到货后，业主和施工单位、监理单位、设计单位及设备供应商共同组织了现场检查和验收。

【问题】

1. 该工程智能化产品和设备机厂应提供哪些资料？

2. 该工程设备进场检测重点应包括哪些内容？

【参考答案】

一、单项选择题

1. C　2. C　3. A

二、多项选择题

1. ABCE　2. ACE

三、案例分析题

1. 进口设备应提供质量合格证明、检测报告及安装、使用、维护说明书等文件资料，还应提供原产地证明和商检证明。

2. 该工程设备进场检测重点应包括：安全性、可靠性和电磁兼容性等项目。

第五节　消防工程施工技术

大纲考点1：消防工程的组成

水灭火系统（分为消火栓灭火系统和自动喷水灭火系统）、干粉灭火系统、泡沫灭火系统、气体灭火系统、火灾自动报警系统、防排烟系统、应急疏散系统、消防通信系统、消防广播系统、防火分隔设施（防火门、防火卷帘）等。

大纲考点2：消防工程的验收要求

知识点（一）　《中华人民共和国消防法》和《建设工程消防监督管理规定》规定

1. 国务院公安部门规定：大型的人员密集场所和其他特殊建设工程，建设单位应当向公安机关消防机构申请消防验收。

2. 其他建设工程，建设单位在验收后应当报公安机关消防机构备案，公安机关消防机构应当进行抽查。

3. 依法应当进行消防验收的建设工程，未经消防验收或者消防验收不合格的，禁止投入使用；其他建设工程经依法抽查不合格的，应当停止使用。

知识点（二）　消防设计审核的规定

具有下列情形之一的场所，建设单位应向公安机关消防机构申请消防设计审核。

1. 人员密集场所

（1）建筑总面积大于20000m²的体育场馆、会堂、公共展览馆、博物馆的展览厅。

（2）建筑总面积大于15000m²的民用机场航站楼、客运车站候车室、客运码头候船厅。

（3）建筑总面积大于10000m²的宾馆、饭店、商场、市场。

（4）建筑总面积大于2500m²的影剧院，公共图书馆的阅览室，营业性室内健身、休闲场馆，医院的门诊楼，大学的教学楼、图书馆、食堂，劳动密集型企业的生产加工车间，寺庙、教堂。

（5）建筑总面积大于1000m²的托儿所、幼儿园的儿童用房，儿童游乐厅等室内儿童活动场所，养老院、福利院、医院、疗养院的病房楼，中小学校的教学楼、图书馆、食堂，学校的集体宿舍，劳动密集型企业的员工集体宿舍。

（6）建筑总面积大于500m²的歌舞厅、录像厅、放映厅、卡拉OK厅、夜总会、游艺厅、桑拿浴室、网吧、酒吧，具有娱乐功能的餐馆、茶馆、咖啡厅。

2. 特殊建设工程

（1）国家机关办公楼、电力调度楼、电信楼、邮政楼、防灾指挥调度楼、广播电视楼、档案楼。

（2）单体建筑面积大于 40000m² 或建筑高度超过 50m 的其他公共建筑。

（3）城市轨道交通、隧道工程、大型发电、变配电工程。

（4）生产、存储、装卸易燃易爆危险物品的工厂，仓库和专用车站、码头、易燃易爆气体和液体的充装站、供应站、调压站。

3. 受理与验收

公安消防机构自受理消防验收申请之日起 20 个工作日内组织消防验收，并出具消防验收意见。

◆采◆分◆点◆

1. 大型的人员密集场所和其他特殊建设工程，建设单位应当向公安机关消防机构申请消防验收。

2. 其他建设工程，抽查。

3. 禁止投入使用；停止使用。

4. 建设单位、使用单位向场所所在地的县级以上地方人民政府公安机关消防机构申请。

5. 消防设计审核的规定。

知识点 三 消防工程验收所需资料及验收程序

1. 送交申报表前，建设单位应组织施工单位、设计单位、监理单位自查、自验，填写自验意见

2. 所需资料

（1）原公安消防机构审核的所有《建筑工程消防设计审核意见书》。

（2）提供经公安消防部门批准的建筑工程消防设计施工图纸，竣工图纸。

（3）提供建筑消防设施（消防产品）、防火材料、电气检测等合格证明，包括产品合格证、认证证书、检测报告等。

（4）提供装修材料燃烧性能等级证明。

（5）提供建筑消防设施技术检测报告（限含有建筑自动消防设施的建筑工程）。

（6）提供电气设施消防安全检测报告（限装饰装修工程）。

（7）经建设单位负责人签字认可的施工安装单位对隐蔽工程、固定灭火系统、自动报警系统、防排烟系统的安装、调试、开通记录。

（8）本单位或工程的各项防火安全管理制度、应急方案、防火安全管理组织机构及消防控制中心的自动消防系统操作人员名单。

3. 验收程序

公安消防监督机构在接到建设单位消防验收申请时。应当查验建筑消防设施技术测试报告等消防验收申报材料，材料齐全后，应当在十日之内按照国家消防技术标准进行消防验收，并在消防验收后七日之内签发《建筑工程消防验收意见书》。

◆采◆分◆点◆

1. 建设单位应组织施工单位、设计单位、监理单位自查、自验。

2. 建筑消防设施（消防产品）、防火材料、电气检测等合格证明，包括产品合格证、认

证证书、检测报告。

3. 建设单位消防验收申请，十日之内，七日之内。

 知识点四 消防工程验收的组织

1. 消防工程验收的组织形式

消防工程验收由建设单位组织、监理单位主持，公安消防监督机构指挥，施工单位操作，设计单位等参与。

2. 消防工程的验收条件

（1）技术资料应完整、合法、有效。严格按照经过公安消防部门审核批准的设计图纸进行施工，不得随意更改。

（2）完成消防工程合同规定的工作量和变更增减的工作量，具备分部工程的竣工验收条件。

（3）单位工程或与消防工程相关的分部工程已具备竣工验收条件或已进行验收。

（4）已经委托具备资格的建筑消防设施检测单位进行技术测试，并已取得检测资料。

（5）施工单位应提交：竣工图、设备开箱记录、施工记录（包括隐蔽工程验收记录）、设计变更文字记录、调试报告、竣工报告。

（6）建设单位应正式向当地公安消防机构提交申请验收报告并送交有关技术资料。

◆ **采** ◆ **分** ◆ **点** ◆

1. 组织形式。

2. 经公安消防部门审核批准的设计图纸。

3. 施工单位应提交：竣工图……调试报告、竣工报告。

知识点五 消防验收的顺序

1. 验收受理

由建设单位向公安消防机构提出申请，要求对竣工工程进行消防验收，并提供有关书面资料。

2. 现场检查

公安消防机构受理验收申请后，按计划安排时间到报验工程现场进行检查，由建设单位组织设计、监理和施工等单位共同参加。现场检查主要是核查工程实体是否符合经审核批准的消防设计。

3. 现场验收

现场测试，测试结果形成记录，并经参加现场验收的建设单位人员签字确认。

4. 结论评定

现场检查、现场验收结束后，依据消防验收有关评定规则，比对检查验收过程中形成的记录进行综合评定，得出验收结论，并形成消防验收意见书。

5. 工程移交

公安消防机构组织主持的消防验收完成后，由建设单位、监理单位和施工单位将整个工程移交给使用单位或生产单位。工程移交包括工程资料移交和工程实体移交两个方面。

（1）工程资料移交包括消防工程在设计、施工和验收过程中所形成的技术、经济文件。

（2）工程实体移交表明工程的保管要从施工单位转为使用单位或生产单位，因而要按工程承包合同约定办理工程实体的移交手续。

 采 分 点

1. 建设单位向公安消防机构提出申请。
2. 建设单位组织设计、监理和施工等单位共同参加。
3. 由建设单位、监理单位和施工单位将整个工程移交给使用单位或生产单位。
4. 工程移交包括工程资料移交和工程实体移交两个方面。

知识点六 施工过程中的消防验收

1. 隐蔽工程消防验收

消防工程施工中，在与土建工程配合时，部分工程实体将被隐蔽起来，在整个工程建成后，其实很难被检查和验收的，于是这部分消防工程要在被隐蔽前进行消防验收，称为隐蔽工程消防验收。

2. 粗装修消防验收

粗装修消防验收属于消防设施的功能性验收。验收合格后，建筑物尚不具备投入使用的条件。

3. 精装修消防验收

适用于房屋建筑全面竣工。验收合格，房屋建筑具备投入使用条件。

真题回顾

1. 属于气体灭火系统设备的是（　　）。

A. 储存容器
B. 发生装置
C. 比例混合器
D. 过滤器

【答案】A

【解析】气体灭火系统包括储存容器、容器阀、选择阀、液体单项阀、喷嘴和阀驱（起）动装置等系统组件。故答案选A。

2. 某机电工程项目经招标由具有机电安装工程总承包一级资质的A安装工程公司总承包，其中锅炉房工程和涂装工段、消防工程由建设单位直接发包给具有专业资质的B机电安装工程公司施工。A、B公司都组建了项目部。在施工过程中发生如下事件：

涂装工段工程验收后建设单位向公安消防监督机构提交工程消防验收申请，要求公安消防监督机构进行消防验收，由于B公司提交的资料不全公安消防机构不受理。

【问题】

B公司应提交哪些资料，公安消防机构才受理？

【参考答案】

B公司应提供：竣工图、设备开箱记录、施工记录（包括隐蔽工程验收记录）、设计变更文字记录、调试报告、竣工报告。

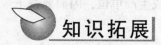 知识拓展

一、单项选择题

1. 公安消防监督机构在消防验收后（　　）内签发《建筑工程消防验收意见书》。

A. 7 日　　　　　　　B. 14 日　　　　　　　C. 28 日　　　　　　　D. 60 日

2. 消防工程验收应由（　　）组织向公安消防机构申请。

A. 建设单位　　　　　　　　　　　B. 设计单位

C. 监理单位　　　　　　　　　　　D. 施工单位

二、多项选择题

1. 关于消防工程验收的组织形式描述正确的有（　　）。

A. 建设单位组织　　　　　　　　　B. 监理单位指挥

C. 施工单位操作　　　　　　　　　D. 设计单位参与

E. 消防产品质量监督部门专业技术人员参加

2. 消防工程验收施工单位应提供（　　）。

A. 竣工图　　　　　　B. 施工记录　　　　　　C. 设计变更

D. 调试报告　　　　　E. 索赔申请书

三、案例分析题

（一）背景资料

某机电总承包公司通过投标承接一栋超高层办公楼的机电安装工程。

消防工程完工后，总承包公司向建设单位和公安消防机构提出申请，要求对竣工工程进行消防验收，征得公安消防机构同意后，建设单位组织监理、总承包公司和分包单位共同参加现场检查和现场验收。

【问题】

指出消防系统工程验收中不正确之处，正确的消防系统工程验收应如何进行？

（二）背景资料

某公司承担一机电改建工程，工程量主要为新建 4 台 5000m³ 原油罐及部分管线，更换 2 台重 300t、高 45m 的反应器，反应器施工方法为分段吊装组焊。

罐区主体工程完成后，消防系统的工程除了消防泵未安装外，其余报警装置已调试完，消防管线试压合格，业主决定投用 4 台原油罐，为了保证安全，购买一批干粉消防器材放在罐区作为火灾应急使用。

【问题】

在背景材料给定的条件下，可否让 4 台原油罐投入使用？说明理由。

【参考答案】

一、单项选择题

1. A　2. A

二、多项选择题

1. ACDE　2. ABCD

三、案例分析题

（一）解答如下：

（1）不正确之处有三处：

①总承包公司向建设单位和公安消防机构提出验收要求。

②建设单位组织现场检查和现场验收。

③现场检查和验收的单位只有建设单位、监理单位、总承包公司和分包单位（缺少设计单位）。

（2）消防系统工程竣工后，由建设单位向公安消防机构提出申请，要求对竣工工程进行消防验收；公安消防机构受理验收申请后，按计划安排时间，由建设单位组织设计、监理、施工等单位共同参加，进行现场检查、现场验收，得出验收结论，并形成消防验收意见书，最后整个工程将由建设单位、监理单位和施工单位移交给使用单位或生产单位。

（二）解答如下：

不能投入使用。

理由：因消防泵未安装，消防系统未经检验检测合格，不能正常运行和发挥作用。《中华人民共和国消防法》规定：依法应当进行消防验收的建设工程，未经消防验收或消防验收不合格，禁止投入使用。

第六节　电梯工程施工技术

 大纲考点 1：电梯工程的组成和施工程序

知识点一 电梯的组成

1. 分类

（1）Ⅰ类，乘客电梯。

（2）Ⅱ类，客货两用电梯。

（3）Ⅲ类，运送病床（包括病人）及医疗设备。

（4）Ⅳ类，载货电梯，运输通常有人伴随的货物。

（5）Ⅴ类，杂物电梯，不允许人员进入。

（6）Ⅵ类，其他电梯，为适应交通流量和频繁使用而特别设计的，如速度为 2.5m/s 以及更高速度的电梯。

2. 主要参数

额定载重量和额定速度。

分类及参数。

知识点 二　施工程序

1. 手续和安全管理

（1）施工前书面告知。电梯安装的施工单位应当在施工前将拟进行安装的电梯情况书面告知工程所在的直辖市或设区市的特种设备安全监督管理部门，告知后即可施工。

（2）书面告知应提交的材料。包括：《电梯安装告知书》；施工单位及人员资格证件；施工组织与技术方案；工程合同；安装监督检验约请书；电梯制造单位的资质证件。

2. 电梯安装施工程序

（1）设备进场验收。

（2）对电梯井道土建工厂进行检测鉴定。

（3）对层门的预留孔洞设施防护栏杆，机房通向井道的预留孔设置临时盖板。

（4）井道放基准线后安装导轨。

（5）机房设备安装，井道内配管配线。

（6）轿厢组装后安装层门等相关附件。

（7）通电空载试运行合格后负载试运行，并检测各安全装置动作是否正常正确。

（8）整理各项记录，准备申报准用。

3. 电梯准用程序

（1）电梯安装单位自检试运行结束后，整理记录，并向制造单位提供，由制造单位负责进行检验和调试。

（2）检验和调试符合要求后，向经国务院特种设备安全监督管理部门核准的检验检测机构报验要求监督检验。

（3）监督检验合格，电梯可以交付使用。获得准用许可后，按规定办理交工验收手续。

1. 书面告知应提交的材料。
2. 电梯安装施工程序。
3. 监督检验。

 大纲考点2：电梯工程验收要求

知识点 一　技术资料

1. 电梯制造资料

（1）制造许可证明文件。

（2）整机型式试验合格证明书或报告书。

（3）产品质量证明文件。

（4）安全保护装置和主要部件的型式试验合格证，以及限速器和渐进安全钳的调试证书。

（5）机房或者机器设备间及井道布置图。

（6）电气原理图，包括动力电路和连接电气安全装置的电路。

（7）安装使用维护说明书。

2. 安装单位提供的安装资料

（1）安装许可证和安装告知书，许可证范围能够覆盖所施工电梯的相应参数。

（2）审批手续齐全的施工方案。

（3）施工现场作业人员持有的特种设备作业证。

（4）施工过程记录和自检报告，要求检查和试验项目齐全、内容完整。

（5）变更设计证明文件（如安装中变更设计时），履行了由使用单位提出、经整机制造单位同意的程序。

（6）安装质量证明文件，包括电梯安装合同编号、安装单位、安装许可证编号、产品出厂编号、主要技术参数等内容，并且有安装单位公章或者检验合格章以及竣工日期。

上述文件如为复印件则必须经安装单位加盖公章或者检验合格章。

1. 电梯制造资料。

2. 安装单位提供的安装资料。

知识点二 电力驱动曳引式或强制式电梯安装工程验收要求

1. 构成

设备进场验收；土建交接检验验收；驱动主机安装验收；导轨安装验收；门系统安装验收；轿厢系统安装验收；对重（平衡重）系统安装验收；安全部件安装验收；悬挂装置、随行电缆、补偿装置安装验收；电气装置安装验收；电梯整机验收。

2. 土建交接检验

（1）机房有良好的防渗、防漏水保护。

（2）主电源开关应能够切断电梯正常使用情况下最大电流，对有机房电梯开关应能从机房入口处方便接近；对无机房电梯该开关设置应在井道外工作人员便于接近的地方。

（3）当井道底坑下有人员能到的空间存在，且对重（平衡重）上未设有安全钳装置时，对重缓冲器必须能安装在（或平衡重运行区域下边）一直延伸到坚固地面上的实心桩墩上。

（4）电梯安装之前，所有厅门预留孔必须设有高度不小于1200mm的安全保护围封（安全防护门），并应保证有足够的强度，保护围封下部应有高度不小于100mm的踢脚板，并应采用左右开启方式，不能上下开启。

（5）当相邻两层门地坎间的距离大于11m时，其间必须设置井道安全门，井道安全门严禁向道内开启，且必须装有安全门处于关闭时电梯才能运行的电气装置。当相邻轿厢间有相互救援轿厢安全门时，可不执行本款。

（6）井道内应设置永久电气照明，电压宜采用36V安全电压，井道内照度不得小于50lx，井道内最高点和最低点0.5m各装一盏灯，中间灯距不超过7m。

（7）轿厢缓冲器支座下的底坑地面应能承受满载轿厢静载4倍作用力。

3．驱动主机安装

紧急操作装置动作必须正常；制动器动作应灵活。

4．导轨安装

（1）安装位置必须符合土建布置图要求。

（2）支架在井道壁上的安装应牢固可靠。

（3）轿厢导轨和设有安全钳的对重（平衡重）导轨工作面接头处不应有连续缝隙。

5．门系统安装

（1）层门地坎至轿厢之间水平距离偏差：0 ～ +3mm，且最大距离严禁超过35mm。

（2）层门强迫关门装置须动作正常，层门锁钩须动作灵活，在证实锁紧的电气安全装置动作前，锁紧元件的最小啮合长度为7mm。

（3）层门指示灯盒，召唤盒和消防开关盒安装正确。

6．轿厢系统安装

（1）当距轿底在1.1m以下使用玻璃轿壁时，必须在距轿底0.9～1m的高度安装扶手，且扶手必须独立固定，不得与玻璃有关。

（2）当轿厢有反绳轮时，反绳轮应设置防护装置和挡绳装置。

7．电梯整机验收

（1）限速器、安全钳、缓冲器、门锁装置必须与其型式试验证书相符。

（2）层门与轿门试验时，每层层门能够用三角钥匙正常开启，当一个层门或轿门（在多扇门中任何一扇门）非正常打开时，电梯严禁启动或继续运行。

（3）运行试验：轿厢分别在空载、额定载荷工况下，按产品设计规定的每小时启动次数和负载持续率各运行1000次（每天不少于8h）。

知识点 三 自动扶梯、自动人行道安装工程质量验收

1．设备进场验收

（1）技术资料中必须提供梯级或踏板的型式试验报告复印件，或胶带的断裂强度证明文件复印件；对公共交通型自动扶梯、自动人行道应有扶手带的断裂强度证书复印件。

（2）随机文件：土建布置图、产品出厂合格证、装箱单、安装和使用维护说明书，动力电路和安全电路的电气原理图。

2．土建交接验收

（1）自动扶梯的梯级或自动人行道的踏板或胶带上空。垂直净高度严禁小于2.3m。

（2）安装前井道周围必须设置保证安全的栏杆或屏障，其高度严禁小于1.2m。

（3）安装前土建施工单位提供明显的水平基准线标识。

（4）电源零线和接地线应始终分开，接地装置的接地电阻值不应大于4Ω。

验收要求涉及数据。

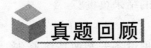

真题回顾

一、单项选择题

曳引式电梯设备进场验收合格后，在驱动主机安装前的工序是（   ）。

A. 土建交接检验　　　　　　　　B. 轿厢导轨安装

C. 随行电缆安装　　　　　　　　D. 安全部件安装

【答案】A

【解析】曳引式电梯设备安装工程验收要求：设备进场验收→土建交接检验验收→驱动主机安装验收→导轨安装验收→门系统安装验收→轿厢系统安装验收→对重（平衡重）系统安装验收→安全部件安装验收→悬挂装置、随行电缆、补偿装置安装验收→电气装置安装验收→电梯整机验收。

二、案例分析题

某安装公司承接了商场（地上5层，地下2层，每层垂直净高5.0m）的自动扶梯安装工程，工程有自动扶梯36台，规格：0.65m/s，梯级宽1000mm，驱动功率10kW。合同签订后，安装公司编制了自动扶梯施工组织与技术方案、作业进度计划等，将拟安装的自动扶梯工程《安装告知书》提交给工程所在地的特种设备安全监督管理部门。

在自动扶梯安装前，施工人员熟悉自动扶梯安装图纸、技术文件和安装要求等，依据自动扶梯安装工艺流程（施工图交底→设备进场验收→土建交接检验→桁架吊装就位→电器安装→扶手带安装→梯级安装→试运行调试→竣工验收）进行施工。

自动扶梯设备进场时，安装公司会同建设单位、监理和制造厂共同开箱验收，核对设备、部件、材料的合格证明书和技术资料（包括复印件）等是否合格齐全。

在土建交接检验中，检查了建筑结构的预留孔、垂直净空高度、基准线设置（见下图）等，均符合自动扶梯安装要求。

在自动扶梯制造厂的指导和监控下，安装公司将桁架吊装到位，自动扶梯的电器、扶手带、梯级等部件的安装完成后，各分项工程验收合格。自动扶梯校验、调试及试运行验收合格。

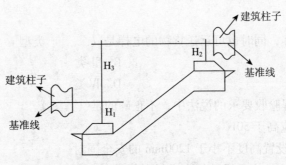

自动扶梯桁架示意图

【问题】

1. 安装公司在提交《安装告知书》时还应提交哪些材料？

2. 自动扶梯技术资料中必须提供哪几个文件复印件？

3. 在土建交接检验中，有哪几项检查内容直接关系到桁架能否正确安装使用？

4. 本工程有哪几个分项工程质量验收？由哪个单位对校验和调试的结果负责？

【参考答案】

1. 安装公司在提交《安装告知书》时还应提交的材料包括：《特种设备安装改造维修告知书》；施工单位及人员资格证件；施工组织与技术方案（包括项目相关责任人员任命、责任人员到岗质控点位图）；工程合同；安装改造维修监督检验约请书；机电类特种设备制造单位的资质证件。

2. 自动扶梯技术资料中必须提供的文件复印件包括：

梯级或踏板的型式试验报告复印件，或胶带的断裂强度证明文件复印件；对公共交通型自动扶梯、自动人行道应有扶手带的断裂强度证书复印件。

3. 在土建交接检验中，直接关系到桁架能否正确安装使用的检查内容：

（1）自动扶梯的梯级或自动人行道的踏板或胶带上空，垂直净高度严禁小于 2.3m。

（2）在安装之前，井道周围必须设有保证安全的栏杆或屏障，其高度严禁小于 1.2m。

（3）根据产品供应商的要求应提供设备进场所需的通道和搬运空间。

（4）在安装之前，土建施工单位应提供明显的水平基准线标识。

（5）电源零线和接地线应始终分开，接地装置的接地电阻值不应大于 4Ω。

4. 本工程分项工程质量验收

自动扶梯安装子分部工程划分为设备进场验收，土建交接检验，整机安装验收等分项工程，电梯准用程序：

（1）电梯安装单位自检试运行结束后，整理记录，并向制造单位提供，由制造单位负责进行检验和调试。

（2）检验和调试符合要求后，向经国务院特种设备安全监督管理部门核准的检验检测机构报验要求监督检验。

（3）监督检验合格，电梯可以交付使用。获得准用许可后，按规定办理交工验收手续。

 知识拓展

一、单项选择题

1. 主要为运送乘客，同时也可运送货物的电梯是（　　）类型。

A. Ⅰ类　　　　　　　　　　　　　B. Ⅱ类

C. Ⅲ类　　　　　　　　　　　　　D. Ⅳ类

2. 曳引式电梯工程验收要求的说法中，不正确的是（　　）。

A. 井道内照度不应高于 50lx

B. 层门预留孔须设置高度不小于 1200mm 的安全围封

C. 轿厢空载运行应按产品设计规定进行，每天不少于 8h

D. 相邻两层门地坎间距大于 11m 时，其间必须设置井道安全门

二、多项选择题

电梯的主要参数是（　　）。

A. 额定速度　　　　B. 额定载重量　　　　C. 提升高度

D. 楼层间距　　　　E. 类型型号

三、案例分析题

【背景资料】

某安装公司承接一座商务楼（地上 30 层、地下 2 层）的电梯安装工程，工程有 32 层 32 站曳引式电梯 8 台，工期为 90 天，开工时间为 3 月 18 日，其中 6 台客梯需智能群控，两台消防电梯需在 4 月 30 日交付使用，并通过消防验收，在工程后期作为施工电梯使用。电梯井道的脚手架、机房及层门预留孔的安全技术措施由建筑公司实施。

安装公司项目部进场后，将拟安装的电梯工程，书面告知了电梯安装工程所在地的特种设备安全监督管理部门，并按合同要求编制了电梯施工方案和电梯施工进度计划。电梯安装前，项目部对机房的设备基础、井道的建筑结构进行检测，土建施工质量均符合电梯安装要求；曳引电机、轿厢、层门等部件外观检查合格，并采用建筑塔吊及施工升降机将部件搬运到位。安装中，项目部重点关注了层门等部件的安全技术要求，消防电梯施工进度计划完成，并验收合格。

施工进度到客梯单机试运行调试时，有一台客梯轿厢晃动厉害，经检查，导轨的安装精度没有达到技术要求，安装人员对导轨重新校正固定，单机试运行合格，但导轨的校正固定，使单机试运行比原工序多用了 3 天，其后面的工序（群控试运行调试、竣工验收）均按工序时间实施，电梯安装工程比合同工期提前完工，交付业主。

【问题】

1. 电梯安装前，项目部应提供哪些安装资料？

2. 项目部在机房、井道的检查中，应关注哪几项安全技术措施？

3. 电梯完工后应向哪个机构申请消防验收？写出电梯层门的验收要求。

【参考答案】

一、单项选择题

1. B 2. A

二、多项选择题

AB

三、案例分析题

1. 电梯安装前，项目部应提供安装资料包括：

（1）安装许可证和安装告知书，许可证范围能够覆盖所施工电梯的相应参数。

（2）审批手续齐全的施工方案。

（3）施工现场作业人员持有的特种设备作业证。

（4）施工过程记录和自检报告，要求其检查和试验项目齐全、内容完整。

（5）变更设计证明文件（如安装中变更设计时），履行了由使用单位提出、经整机制造单位同意的程序。

（6）安装质量证明文件，包括电梯安装合同编号、安装单位、安装许可证编号、产品出厂编号、主要技术参数等内容，并且有安装单位公章或者检验合格章以及竣工日期。

上述文件如为复印件则必须经安装单位加盖公章或者检验合格章。

2. 应关注以下几项安全技术措施：

（1）井道检查安全技术措施要点：

①层门洞（预留孔）靠井道壁外侧设置坚固的栏杆，栏杆的高度不小于 1.2mm，并设置警示标志或告诫性文字，防止经层门洞坠落人员及向井道内抛掷杂物。②用临时盖板封堵机

房预留孔，并在机房内墙壁上设有警示标语，以示盖板不能随便移位，防止顶层有杂物向下跌落。③电梯井道内设脚手架进行施工作业时，脚手架搭设后应经验收合格后方可使用。如脚手架、脚手板是可燃材料构成的，要考虑适当的防火措施。④井道内作业人员要熟知高空作业的各项规定，并在作业中认真执行。

（2）机房检查安全技术措施：

①机房应有良好的防渗水、防漏水措施。机房门窗应装配齐全并应防雨、防盗，机房门应为外开防火门。②机房内应当设置永久性电气照明，地板表面的照度不应低于200lx。在机房内靠近入口处的适当高度处设有一个开关，控制机房照明。机房内应至少设置一个2P＋PE型电源插座。应当在主开关旁设置控制井道照明、轿厢照明和插座电路电源的开关。③检验机房的温度、湿度、电压、环境空气条件等应当符合电梯设计文件的规定。

3. 解答如下：

（1）电梯完工后应交公安机关消防机构进行消防验收。

（2）电梯层门验收的要求包括：

①每层层门必须能够用三角钥匙正常开启；②当一个层门或者轿门（在多扇门中任何一扇门）非正常打开时，电梯严禁启动或者继续运行。

机 电 工 程 管 理 与 实 务

■ 第二部分

机电工程施工管理实务

第一章　机电工程施工招标投标管理

大纲考点1：施工招标投标管理要求

知识点一　强制招标范围

1. 大型基础设施、公用事业等关系社会公共利益、公众安全的项目。
2. 全部或者部分使用国有资金投资或者国家融资的项目。
3. 使用国际组织或者外国政府贷款、援助资金的项目。

知识点二　招标分类

1. 方式

公开招标、邀请招标、议标。

2. 范围类型

（1）E——设计、P——采购、C——施工。

（2）国内常用：施工总承包、机电工程总承包、各专业工程承包。

知识点三　管理要求

1. 招标投标过程中的重要时间

（1）发标时间：自招标文件或预审文件出售之日起至停止出售之日止，最短不少于5日。

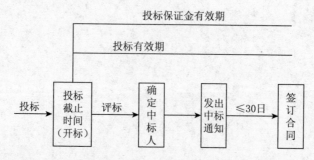

（2）招标文件的澄清和修改：应投标截止时间至少15日前进行。

（3）编制投标文件时间：自招标文件开始发出之日起至投标人提交投标文件截止之日

止，最短不少于 20 日。

2. 评标委员会的组成要求

评标委员会由招标人的代表和有关技术、经济等方面的专家组成，成员人数为 5 人以上单数，其中技术、经济等方面的专家不得少于成员总数的 2/3。

3. 开、评标过程中，有效标书少于 3 家，此次招标无效，需重新招标

4. 投标保证金被没收情形

（1）在提交投标文件截止时间后到招标文件规定的投标有效期终止之前，投标人撤回投标文件的。

（2）中标通知书发出后，中标人放弃中标项目的，无正当理由不与招标人签订合同的。

1. 强制招标范围。

2. 招标方式分类。

3. 15 日前，不得少于 20 日，2/3，有效标书不少于 3 家。

大纲考点 2：施工招标条件与工作重点

知识点一 主要要求

1. 对投标资格进行预审，招标人应向申请参加资格预审的申请人发放或出售资格审查文件。

2. 组织投标人勘察现场，对招标文件进行答疑。

知识点二 应当作废标处理情况

1. 弄虚作假

2. 报价低于其个别成本

3. 投标人不具备资格条件或者投标文件不符合形式要求

4. 未能在实质上响应的投标

（1）无单位盖章并无法定代表人或法定代表人授权的代理人签字或盖章的；

（2）未按规定的格式填写，内容不全或关键字迹模糊、无法辨认的；

（3）投标人递交两份或多份内容不同的投标文件，或在一份投标文件中对同一招标项目报有两个或多个报价，且未声明哪一个有效，按招标文件规定提交备选投标方案的除外；

（4）投标人名称或组织结构与资格预审时不一致的；

（5）未按招标文件要求提交投标保证金的；

（6）联合体投标未附联合体各方共同投标协议的；

（7）逾期送达的或未送达指定地点的；

（8）未按招标文件要求密封的。

应作废标处理情况。

大纲考点 3：施工投标条件与工作重点

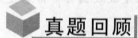 知识点一 投标条件

1. 机电工程项目已具备招标条件。
2. 投标人资格已符合规定，并对招标文件做出实质性响应。
3. 投标人已按招标文件要求编制了投标文件。
4. 投标人已按招标文件要求提交了投标保证金。

知识点二 投标工作重点

1. 投标决策。
2. 重点调查研究。
3. 编制投标文件：
（1）对招标文件的实质性要求做出响应。投标文件一般包括：投标函、投标报价、施工组织设计、商务和技术偏差表。
（2）审查施工方案。
（3）复核或计算工程量。
（4）确定正确的投标策略。

真题回顾

【背景资料】

某中型机电安装工程项目，由政府和一家民营企业共同投资兴建，并组建了建设班子（以下称建设单位），建设单位拟把安装工程直接交给 A 公司承建，上级主管部门予以否定之后，建设单位采用公开招标，选择安装单位，招标文件明确规定，投标人必须具备机电工程总承包二级施工资质，工程报价采用综合单位报价。经资格预审后，共有 A、B、C、D、E 五家公司参与了投标。投标过程中，A 公司提前一天递交了投标书；B 公司在前一天递交了投标书后，在截止投标前 10 分钟，又递交了修改报价的资料；D 公司在标书密封时未按要求加盖法定代表人印章；E 公司未按招标文件要求的格式报价。经评标委员会评定，建设单位确认，最终 C 公司中标，按合同范本与建设单位签订了施工合同。

【问题】

1. 分析上级主管部门否定建设单位指定 A 公司承包该工程的理由。
2. 招标投标中，哪些单位的投标书属于无效标书？此次招投标工作是否有效？说明理由。

【参考答案】

1. 上级主管部门否定建设单位指定 A 公司承包该工程的理由：

按照《招标投标法》及《招标投标法实施条例》的规定，凡在中华人民共和国境内进行下列机电工程建设项目，包括项目的勘察、设计、施工以及与机电工程项目有关的重要设备、材料等的采购，必须进行招标。一般包括：

（1）大型基础设施、公用事业等关系社会公共利益、公共安全的项目。

（2）全部或者部分使用国有资金投资或国家融资的项目。

（3）使用国际组织或者外国政府贷款、援助资金的项目。

本工程由政府和一家民营企业共同投资兴建，属于全部或部分使用国有资金投资或国家融资的项目，必须进行招标。

2. 解答如下：

（1）此次招标投标中，投标书属于无效标书的单位及理由：

D公司的投标书为无效标书，理由：在标书密封时未按要求加盖法定代表人印章，既无单位盖章又无法定代表人签字或盖章；

E公司的投标书为无效标书，理由：未按招标文件要求的格式报价，属于未能在实质上响应招标文件的投标。

（2）此次招投标工作有效。

理由：①有效标书在3家以上；②未发现违规违法行为；③评标公平、公正。

 知识拓展

【背景资料】

某市开发区新建一大型焦化工程项目，业主于2006年6月10日通过报刊、杂志、电视台及工程建设网站发布了关于此工程的招标信息，公告标明投标截止时间为2006年7月10日17时。

经过资格预审，业主发现D投标人一年前承接工程曾发生重大质量问题，A、B、C、E四家投标人经审查合格，购买了标书。

A投标人在购买标书后，对其中的部分工程量描述提出疑问，并将这些疑问以书面形式提交业主，业主以书面形式将答疑独自回复给A投标人。

B投标人在投标截止时间前一天发现技术标部分内容需调整，随即于当日15时递交了一份补充文件，完善了投标文件。

C投标人根据业主及招标文件的要求，根据焦化工程施工特点编制了相应的施工方案，突出自身技术、装备、质量控制、管理上的优势，于截止日期前3天提交了标书。

E投标人于2006年7月9日中午从其公司所在地出发前往业主确定投标所在地，因高速路部分路段封路，到达时已经为18时。业主将标书作废标处理。

评标过程中，评标委员会要求A、B、C投标人分别对施工方案做详细说明，并对焦化工程若干技术要点、难点提出问题，要求其提出具体、可靠的实施措施。评标委员会经过详细评审，通过综合评分法向建设单位顺序推荐了中标候选人。建设单位最终从候选人中选择C投标人作为中标人。经过多次谈判，最终双方于2006年7月30日签订了书面合同。

【问题】

1. A投标人在投标过程中向业主提出疑问，业主回复的行为中，A投标人和业主的做法是否妥当？说明理由。

2. B投标人递交的补充文件是否有效？

3. 评标过程中，评标委员会对A、B、C投标人的要求，投标人应如何应对？

4. D投标人为什么未能通过预审？E投标人递交的投标文件作废标处理是否正确？

【参考答案】

1. A 投标人的行为正确，业主的行为不妥。

理由：由于各种原因，在资格预审文件发售后，购买文件的投标意向者可能对资格预审文件提出各种疑问，投标意向者应将这些疑问以书面形式提交业主，业主应以书面形式回答。为保证竞争的公平性，应使所有投标意向者对该工程的信息量相同，对于任何一个投标意向者问题的答复，均要求同时通知所有购买资格预审文件的投标意向者。

2. B 投标人递交的补充文件有效。

3. A、B、C 投标人应根据该项目是焦化工程的技术特点，制定切实可行的专项施工技术方案，如大型设备吊装、焊接、试压、调试等专项施工技术方案；拟定质量、环境、安全技术保证措施；落实技术交底制度。

4. 解答如下：

（1）预审要审查投标人：具有独立签订合同的权利；具有履行合同的能力，包括专业、技术资格和能力，资金状况，设备和其他设施状况，管理能力，经验、信誉和相应从业人员；没有处于被责令停业、招标资质被取消、财产被接管、冻结、破产状况；在最近三年内没有骗取中标和严重违约及重大工程质量问题；法律和行政法规规定的其他资格条件。D 投标人一年前承接工程曾发生重大质量问题，故未能通过预审。

（2）E 投标人的投标文件作废标处理是正确的。

第二章　机电工程施工合同管理

 大纲考点1：施工分包合同的实施

知识点 一　合同控制

1. 签订分包合同后，加强合同变更管理，若分包合同与总承包合同发生抵触时，应以总承包主合同为准。

2. 分包合同不能解除总承包单位任何义务与责任。分包单位的任何违约或疏忽，均会被业主视为违约行为。因此，总承包单位必须重视并指派专人负责对分包方的管理，保证分包合同和总承包合同的履行。

知识点 二　分包方的权利和义务

1. 只有业主和总承包方才是工程施工总承包合同的当事人，但分包方根据分包合同也应享受相应的权利和承担相应的责任。分包合同必须明确规定分包方的任务、责任及相应的权利，包括合同价款、工期、奖罚等。

2. 分包合同条款应写得明确、具体，避免含糊不清，也要避免与总承包合同中的发包方发生直接关系，以免责任不清。应严格规定分包单位不得再次把工程转包给其他单位。

知识点 三　分包方的职责

1. 保证分包工程的质量、安全和工期，满足总承包合同的要求。
2. 按施工组织总设计编制分包工程施工方案。
3. 编制分包工程的施工进度计划、预算、结算。
4. 及时向总承包方提供分包工程的计划、统计、技术、质量、安全和验收等有关资料。

知识点 四　总承包方的职责

1. 为分包方创造施工条件，包括临时设施、设计图纸及必要的技术文件、规章制度、物资供应、资金等。
2. 对分包单位的施工质量和安全生产进行监督、指导。

1. 总承包方对分包方及分包工程施工进行管理，应从施工准备、进场施工、工序交验、竣工验收、工程保修以及技术、质量、安全、进度、工程款支付等进行全过程的管理。

2. 对分包工程施工管理的主要依据：工程总承包合同；分包合同；承包工程施工中采用的国家、行业标准，有关法律法规及规范、规程、规章制度；总承包方及监理单位的指令。

3. 总承包方应派代表对分包方进行管理，并对分包工程施工进行有效控制和记录，保证分包合同的正常履行，以保证分包工程的质量和进度满足工程要求，从而保证总承包方的利益和信誉。

4. 分包方对开工、关键工序交验、竣工验收等过程经自行检验合格后，均应事先通知总承包方组织预验收，认可后再由总承包方代表通知业主组织检查验收。

5. 当分包方在施工过程中出现技术质量问题或发生违章违规现象时，总承包方代表应及时指出，除轻微情况可用口头指正外，均应以书面形式令其改正并做好记录。

6. 若因分包方责任造成重大质量事故或安全事故，或因违章造成重大不良后果，总承包方可向其主管部门建议终止分包合同，并按合同追究其责任。

7. 分包工程竣工验收后，总承包方应组织有关部门对分包工程和分包单位进行综合评价并做出书面记录，以便为以后选择分包方提供依据。

8. 总承包方要在加强分包合同管理的同时，注意防止分包方索赔事件的发生。

9. 由于业主的原因造成分包方不能正常履行合同而产生的损失，应由总承包方与业主共同协商解决，或依据合同的约定解决。

10. 违法分包行为：

（1）总承包单位将建设工程分包给不具备相应资质条件的单位的。

（2）建设工程总承包合同中未有约定，又未经建设单位认可，承包单位将其承包的部分建设工程交由其他单位完成的。

（3）施工总承包单位将建设工程主体结构的施工分包给其他单位的。

（4）分包单位将其承包的建设工程再分包的。

◇采◇分◇点◇

1. 合同控制。

2. 分包方的权利和义务。

3. 分包方的职责。

4. 总承包方的职责。

5. 工程分包的履行与管理。

大纲考点2：施工合同变更与索赔

知识点 一　索赔的起因

1. 合同对方违约，不履行或未能正确履行合同义务与责任。

2. 合同条文不全、错误、矛盾等，设计图纸、技术规范错误等。

3. 合同变更。

4. 工程环境变化，包括法律、物价和自然条件的变化等。

5. 不可抗力因素，如恶劣气候条件、地震、洪水、战争状态等。

知识点 二 索赔的分类

1. 按索赔的有关当事人：总承包方与业主之间的索赔；总承包方与分包方之间的索赔；总承包方与供货商之间的索赔；总承包方向保险公司的索赔。

2. 按索赔目的：工期索赔和费用索赔。

3. 按索赔发生的原因：延期索赔、工程范围变更索赔、施工加速索赔和不利现场条件索赔。

（1）延期索赔：由于业主的原因不能按时供货，而导致工程延期的风险，或设计单位不能及时提交经批准的图纸导致工程不能按原定计划的时间进行施工所引起的索赔。

（2）工作范围变更索赔：业主和承包方对合同中规定的工作范围理解的不同而引起的索赔，其责任和损失往往不容易确定。

（3）施工加速索赔：经常是延期或工作范围索赔的结果，有时也被称为"赶工索赔"。

（4）不利现场条件索赔：合同的图纸和技术规范中所描述的条件与实际情况有实质性的不同或虽合同中未作描述，而承包方无法预测的索赔。

知识点 三 索赔的前提条件

1. 与合同对照，事件已造成承包商工程项目成本的额外支出，或直接工期损失。

2. 造成费用增加或工期损失的原因，按合同约定不属于承包商的行为责任或风险责任。

3. 承包商按合同规定的程序和时间提交索赔意向通知和索赔报告。

知识点 四 实施索赔具备的条件

1. 发包人违反合同给承包人造成时间、费用的损失。

2. 因工程变更造成的时间、费用的损失。

3. 由于监理工程师的错误造成的时间、费用的损失。

4. 发包人提出提前完成项目或缩短工期而造成承包人的费用增加。

5. 非承包人的原因导致项目缺陷的修复所发生的费用。

6. 非承包人的原因导致工程停工造成的损失。

7. 与国家的政策法规有冲突而造成的费用损失。

知识点 五 索赔的实施

1. 处理过程

意向通知→资料准备→索赔报告的编写→索赔报告的提交→索赔报告的评审→索赔谈判→争端的解决。

2. 索赔费用的分类

索赔费用分为人工费索赔、材料费索赔、施工机械费索赔、管理费索赔。

采 分 点

1. 索赔的原因。
2. 按索赔目的：工期索赔和费用索赔。
3. 按索赔发生的原因：延期索赔、工程范围变更索赔、施工加速索赔和不利现场条件索赔。
4. 施工项目实施索赔应具备的条件。
5. 索赔处理过程。
6. 索赔费用分类：人工费索赔、材料费索赔、施工机械费索赔、管理费索赔。

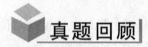 真题回顾

1.【背景资料】

某机电设备安装公司承包了一台带热段的分离塔和附属容器、工艺管道的安装工程。

在工程实施过程中，出现了以下事件：

管道系统压力试验中，塔进、出口管道上多处阀门发生泄漏。检查施工记录，该批由建设单位供货的阀门在安装前未进行试验。安装公司拆卸阀门并处理后重新试压合格，工期比原计划延误 6 天。安装单位就工期延误造成的损失向建设单位索赔，遭到建设单位拒绝。

【问题】

说明建设单位拒绝安装单位索赔的理由。

【参考答案】

建设单位拒绝安装单位索赔的理由为：

安装公司拆卸阀门并处理后重新试压合格，说明阀门质量没问题，泄漏原因是安装质量问题。非发包单位（建设单位）的原因。

2.【背景资料】

某机电工程项目经招标由具备机电安装总承包一级资质的 A 安装工程公司总承包，其中锅炉房工程和涂装工段消防工程由建设单位直接发包给具有专业资质的 B 机电安装工程公司施工。合同规定施工现场管理由 A 安装工程公司总负责。

在施工过程中发生如下事件：

事件：由于锅炉汽包延期一个月到货，致使 B 公司窝工和停工，造成经济损失，B 公司向 A 公司提出索赔被拒绝。

【问题】

在事件中，A 公司为什么拒绝 B 公司提出的索赔要求？B 公司应向哪个单位提出索赔？

【参考答案】

B 公司与 A 公司没有合同关系，他们都是与建设单位独立签订的施工合同，所以 B 公司无权向 A 公司提出索赔。同时锅炉是建设单位采购的，因采购的设备延迟供货，B 公司应向建设单位提出索赔。

3.【背景资料】

某厂新建总装车间工程在招标时，业主要求本工程按综合单价法计价，厂房虹吸雨排水工程按 100 万元专业工程暂估价计入机电安装工程报价。经竞标，A 公司中标机电安装工程，

B 公司中标土建工程，两公司分别与业主签订了施工合同。

在施工过程中发生了以下事件：

事件：施工期间，因车间变电所土建工程延迟 7 天移交，A 公司虽然及时调整了高低压配电柜安装工作（紧后工作，总时差 5 天）的施工，但仍然导致后面的电缆敷设工作（关键工作）延误 2 天，造成 50 名安装工人窝工，窝工工资 200 元/（工·日）。该工程的土建和安装施工网络计划图已经业主和监理公司批准。A 公司向业主递交了索赔报告。

【问题】

事件中，应索赔的工期和费用分别是多少？（不考虑管理费和利润索赔）

【参考答案】

土建工程延迟 7 天移交，导致紧后工作高低压配电柜安装工作延迟 7 天，但其有总时差 5 天，故导致工期延长 2（7 - 5 = 2）天，也就导致后面的关键工作电缆敷设工作延误 2 天，故可以索赔工期 2 天。

可索赔的费用：$50 \times 200 \times 2 = 20000$（元）$= 2$ 万元。

4. 【背景资料】

A 施工单位于 2009 年 5 月承接某科研单位办公楼机电安装项目，合同约定保修期为 1 年，工程内容包括，给排水、电气、消防通风、空调，建筑质量系统一类中，办公楼实验中心采用 1 组（5 台）模块或水冷机组作为冷热源，计算机中心采用 10% 余热回收水冷机组作为冷热源，空调抹灰水采用同程式系统，各层回水管的水平干管上设置由建设单位指定 A 施工单位采购的新型压力及流量自控或平衡调节阀，实验中心的热水系统由建设单位指定 B 单位分包施工，大楼采用环宇自动系统对通风空调，电气，消防管道建筑设备进行控制。

A 施工单位作为总承包方对 B 分包单位的进场施工竣工验收以及技术、质量进度进行了管理。

【问题】

A 施工单位对 B 分包单位的管理还应包括哪些内容？

【参考答案】

A 施工单位对 B 分包单位的管理还应包括施工准备、工序交验、工程保修以及安全、工程款支付等。

5. 【背景资料】

A、B、C、D、E 五家施工单位投标竞争一座排压 8MPa 的天然气加压施工的承建合同，B 施工单位在投标截止时间前两天送了投标文件，在投标截止时间前 1 个小时，递交了其法定代表人签字、单位盖章的标价变更文件，A 施工单位在投标截止时间后 10 分钟才送标书，按招标程序，C 施工单位中标。

【问题】

分别说明 A 单位的标书和 B 单位的变更文件能否被招标单位接受的理由？

【参考答案】

A 施工单位不能被接受。理由：A 施工单位在投标截止时间后 10 分钟才送达标书，因逾期送达，拒收。B 施工单位在投标截止前对原投标报价变更按规定是允许的，可以接受。理由：B 施工单位在投标截止时间前两天已送达了投标文件，在投标截止时间前 1 个小时，递交了其法定代表人签字、单位盖章的标价变更文件，属于有效投标文件。

6.【背景资料】

某中型机电安装工程项目，由政府和一家民营企业共同投资兴建，并组建了建设班子（以下称建设单位），建设单位拟把安装工程直接交给 A 公司承建，上级主管部门予以否定，之后，建设单位采用公开招标，选择安装单位，招标文件明确规定，投标人必须具备机电工程总承包二级施工资质，工程报价采用综合单位报价。经资格预审后，共有 A、B、C、D、E 五家公司参与了投标。投标过程中，A 公司提前一天递交了投标书；B 公司在前一天递交了投标书后，在截止投标前 10 分钟，又递交了修改报价的资料；D 公司在标书密封时未按要求加盖法定代表人印章；E 公司未按招标文件要求的格式报价。经评标委员会评定，建设单位确认，最终 C 公司中标，按合同范本与建设单位签订了施工合同。施工过程中发生下列事件：

事件一：开工后因建设单位采购的设备整体晚到，致使 C 公司延误工期 10 天，并造成窝工费及其他经济损失共计 15 万元；C 公司租赁的大型吊车因维修延误工期 3 天，经济损失 3 万元；因非标准件和钢结构制作及安装工程量变更，增加费用 30 万元；施工过程中遭遇台风暴雨，C 公司延误工期 5 天，并发生窝工费 5 万元，施工机具维修费 5 万元。

事件二：非标准件制作过程中，C 公司对成品按要求做外观检查，检查时质检人员用放大镜观察了焊缝是否有咬边、夹渣、气孔、裂缝表面缺陷，并及时进行了修复，但建设单位要求用焊接检验尺进一步检查焊缝的缺陷。

【问题】

列式计算事件一中 C 公司可向建设单位索赔的工期和费用。

【参考答案】

事件中 C 公司可向建设单位索赔的工期和费用：

（1）开工后因建设单位采购的设备整体晚到，致使 C 公司延误工期 10 天，并造成窝工费及其他经济损失共计 15 万元。这是建设单位导致的延误，可以索赔工期和费用，索赔工期 10 天，索赔费用 15 万元。

（2）C 公司租赁的大型吊车因维修延误工期 3 天，经济损失 3 万元。这是承包人自己原因造成的，所以不能索赔。

（3）因非标准件和钢结构制作及安装工程量变更，增加费用 30 万元。这属于建设单位的原因，所以可以进行索赔，索赔费用 30 万元。

（4）施工过程中遇台风暴雨，C 公司延误工期 5 天，并发生窝工费 5 万元，施工机具维修费 5 万元。这属于不可抗力，不可抗力各自损失各自承担，而工期可以索赔，即工期可以延长 5 天。

（5）合计

共索赔工期：10 + 5 = 15（天）。

共索赔费用：15 + 30 = 45（万元）。

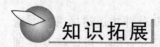 **知识拓展**

（一）

【背景资料】

某机电总承包公司通过投标承接了一栋超高层办公楼的机电安装工程。总承包公司中标后，业主向总承包公司提出超出招标文件中主要合同条款的附加条件，并以此作为签订合同的前提。附加条件包括：①增加净化空调系统工程；②将原计划总工期22个月改为20个月。

总承包公司与业主签订合同后，征得业主同意，将其中的几项部分工程分包给了几家具有相应资质条件的分包单位。为了防止分包单位延误工程进度，合同条款规定了如下内容：

如果分包单位落后于分包合同规定的工程进度，总承包公司可以指示分包单位采取必要的措施来加快工程进度。对由于分包单位的延误所产生的误期损失，总承包公司可以从已完工作所商定的进度款中扣除部分金额作为对分包单位的罚款处理。

【问题】

1. 业主与总承包公司签订合同时哪些做法违反法律规定？法律依据是什么？

2. 总承包公司与分包单位订立的合同中有哪些不利于总承包公司的条款？指出并说明。

3. 根据合同要求，总承包方应承担的职责有哪些？

【参考答案】

1. 业主与总承包公司签订合同时提出了超出招标文件中主合同条款的附加条件，要求总承包公司在合同价不变的条件下增加工程量，工期提前，这种做法违反有关法律规定。

法律依据是《招标投标法》第59条规定"招标人与中标人不按照招标文件和中标人的投标文件订立合同的，或者招标人、中标人订立背离合同实质性内容的协议的，责令改正；可以处中标项目金额千分之五以上至千分之十以下的罚款"。

2. 合同中不利于总承包公司的条款为：（1）"承包单位可以指示分包商采取必要的措施来加快进度"对总承包公司不利，因为分包单位可以据此条款采取增加人员、加班加点或其他必要措施保证合同进度，但因此会向总承包公司提出额外的费用补偿要求。

（2）对于分包单位的误期损失，总承包公司扣除部分金额作为罚金对总承包公司不利，因为分包单位延误工期造成的误期损害，总承包公司应当从商定的价格中扣除部分金额作为误期损害赔偿，不能作为罚金，否则分包单位将反告总承包公司处以罚款的违法责任。

3. 根据合同要求，总承包方应承担的职责包括：

（1）为分包方创造施工条件，包括临设、设计图纸及必要的技术文件、规章制度、物资供应、资金等。

（2）对分包方的施工质量和安全生产进行监督、指导。

（二）

【背景资料】

某机电安装工程公司通过公开招标，承接了一小区机电工程总承包项目，中标价6000万元，工期220天。承包范围包括设备和材料采购、安装、试运行。招标文件规定，为满足设计工艺要求，建设单位建议安装公司将工程机械设备和电气设备分别由A、B制造单位供货并签订合同，设备暂估价3000万元，在工程竣工后，以实际供货价结算。合同约定：总工期为227天，双方每延误工期1天，罚款5000元，提前1天奖励5000元；预付款按中标价25%支付，预付款延期付款利率按每天1‰计算。施工过程中发生下列事件：

事件一：预付款延期支付20天，致使工程实际开工拖延4天。

事件二：因大型施工机械进场推迟3天，进场后又出现故障，延误工期2天，费用损失2万元。

事件三：由于锅炉房蒸汽出口处设计变更，造成安装公司返工，返工费1万元，延误工期2天；因蒸汽输送架空管道待图延期3天。

事件四：在自动化仪表安装时，发现电动执行机构的转臂不在同一平面内动作，且传动部分动作不灵活，有空行程和卡阻现象。经查，系B制造单位供货质量问题，安装公司要求B制造单位到现场进行修理、更换，耽误工期2天。

【问题】

1. 事件一至事件四发生后，安装公司可否向建设单位提出索赔？分别说明理由。

2. 计算建设单位实际应补偿安装公司的费用，按事件分别写出计算步骤。

【参考答案】

1. 事件一至事件四索赔情况分析如下：

（1）事件一可以提出索赔。

理由：工程预付款延期支付造成开工拖延，属建设单位责任，建设单位应向安装公司支付延期付款利息，同时赔偿工期损失。

（2）事件二不可以提出索赔。

理由：大型机械推迟进场，施工机械出现故障，是安装公司自身责任，延误工期需罚款。

（3）事件三可以提出索赔。

理由：设计变更和待图延期是建设单位原因造成的。

（4）事件四不可以提出索赔。

理由：合同是由安装公司与B制造单位签订的。建设单位只是建议由B制造单位供货，但是二者之间不存在合同关系。

2. 按事件分别计算：

（1）事件一：延期付款利息：$6000 \times 25\% \times 1‰ \times 20 = 30$（万元），工期赔偿费用：$0.5 \times 4 = 2$（万元）；

（2）事件二：罚款：$0.5 \times 2 = 1$（万元）；

（3）事件三：返工费：1（万元），工期赔偿费：$0.5 \times (2 + 3) = 2.5$（万元）；

（4）事件四：罚款：$0.5 \times 2 = 1$（万元）；

故安装公司应得到补偿费用：$30 + 2 - 1 + 1 + 2.5 - 1 = 33.5$（万元）。

（三）

【背景资料】

某地一大型体育场馆机电工程配套设施安装项目经过业主组织招标，选定A安装公司为中标单位。施工合同中约定，设备由业主负责采购。A安装公司将通风与空调工程的安装分包给了B专业工程公司。该工程在施工招标和合同履行过程中发生了下列事件：

事件一：施工招标过程中共有5家（A、C、D、E、F）安装公司竞标。E安装公司的招标文件由于完成时间紧张未进行密封。F安装公司由于自身原因，于投标文件的截止时间1小时后送达。

事件二：空调设备保温工程施工完毕，并已作检查验收。监理工程师对某处的保温施工有怀疑，要求A安装公司再次进行检验，A公司以空调设备保温是B公司施工为由拒绝检验。

事件三：在业主的要求下，A公司进行了检验，空调设备保温合格，A公司要求监理公司承担由此发生的全部费用，赔偿其窝工损失，并顺延影响的工期。

事件四：业主采购的工程设备提前进场，A公司派人参加设备开箱清点，由此增加了设备保管费支出。

【问题】

1. E、F安装公司的投标文件是否会得到评标委员会的评审？为什么？

2. 针对事件二，A公司的做法是否妥当？请说明。

3. 针对事件三，A公司的要求是否合理？请说明。

4. 针对事件四，A公司能否向业主申请增加的设备保管费？请说明。

【参考答案】

1. E、F公司的投标文件不能得到评标委员会的评审。

理由：按照《招标投标法》，投标文件未密封应属于废标；逾期送达的投标文件招标单位应拒绝接收。

2. A公司的做法不妥。

理由：因为A公司与B公司签订了分包合同，分包合同不能解除总承包方的义务与责任，A公司对B公司的施工质量问题承担连带责任，故A公司有责任进行检验。

3. A公司的要求合理。

理由：由于业主（监理）的原因造成分包方不能正常履行合同而产生的损失应由业主（监理）承担，可以顺延工期。

4. A公司可以向业主申请增加的设备保管费。

理由：业主供应的设备提前进场，导致保管费用增加，属于业主责任，故由业主承担发生的保管费用。

（四）

【背景资料】

机电设备安装公司A中标某装备制造公司生产线的安装工程，随即签订了施工合同。合同规定了工程范围、工期、质量标准、安全环境要求等。其中质量标准和要求按照相应标准执行，主材（如钢材、电缆、Φ45以上的管道阀门等）由业主提供，安装现场的协调由安装公司负责。施工过程中发生如下事件：

事件一：为使工程能按期交工，安装公司A未通知业主，直接把工程分车间分包给四个具有营业执照且有一定经验的施工队。为保证施工质量，分包合同中把质量标准统一提高到企业内控标准，分包单位提出异议。

事件二：施工现场因道路、场地问题经常发生停工窝工，分包单位找安装公司解决，安装公司回复自行协商解决。

事件三：钢材未按时到场，拖延工期3天，造成分包单位窝工60个工作日，分包单位向业主提出费用索赔并要求工期顺延，业主未予认可。

事件四：分包单位为抢工期，将业主送至现场的电缆和管道阀门未经检查便直接施工。

【问题】

1. 事件一中的工程分包行为存在哪些问题？分包单位可能提出哪些异议？

2. 事件二的施工现场道路和场地问题应该由谁负责解决？为什么？

3. 事件三中分包单位的行为有何不妥？说明理由。

4. 事件四中分包单位的做法是否妥当？材料进场验收有什么要求？

【参考答案】

1. 解答如下：（1）分包行为存在的问题：

①安装公司选择分包单位时应告知业主并取得其同意，不属于业主指定的分包工程，总承包单位应在分包前征得业主的认可；

②背景资料中指出分包施工队有一定经验和营业执照，并未明确说明是否具有相应的施工资质；

③案例中没有说明是否采用招标的方式选定分包方。

（2）分包商可以提出如下异议：

分包合同与总合同质量标准不符，可能导致施工队成本增加；而且是企业内控标准，对外不具备法律效力，对施工队不公平。

2. 由安装公司负责解决。

理由：《建设工程施工专业分包合同（示范文本）》规定了承包人的工作，随时为分包人提供确保分包工程施工所要求的施工场地和通道等，满足施工运输的需要，保证施工期间的畅通。

3. 分包单位不能直接向业主提出索赔。

理由：分包单位与业主没有合同关系，不应与业主发生直接工作联系；应按签订的分包合同向安装公司 A 说明情况，由 A 安装公司依据合同向业主提出相应费用索赔和工期顺延的要求。

4. 不妥当。

材料进场验收要求：进场材料应进行数量验收和质量确认，做好相应的验收记录和标识。

（1）进场的材料应有生产厂家的材质证明（包括厂名、品种、规格、出厂日期、出厂编号、检验试验数据等）和出厂合格证。

（2）要求复检的材料应有取样送检证明报告。

第三章　机电工程项目施工组织设计

 大纲考点1：施工组织设计策划

知识点一 施工组织设计类型

1. 施工组织总设计。

2. 施工组织设计（一般以单位工程项目为对象）。

3. 施工方案（一般以较小的单位工程或难度较大，工艺复杂，质量要求高，新工艺和新产品应用的专业分部工程或分项工程为对象）。

知识点二 施工组织设计编制依据

工程施工合同；招标投标文件；已签约的与工程有关的协议；已批准的设计资料；设备技术文件；现场状况调查资料；与工程有关的资源供应情况；有效的法律、法规文件；单位工程承包人的生产能力、技术装备以及施工经验。

知识点三 施工组织设计主要内容

工程概况和施工特点分析；总体工作计划；组织方案；主要施工机械部署；主要施工方案；施工进度计划；质量计划；健康卫生与劳动保护的安全策划；成本计划；施工资源配置计划；信息管理计划；施工平面图；绿色施工及环保对策。

知识点四 施工方案编制

1. 施工方案的内容

（1）工程概况及施工特点。

（2）确定施工程序。

（3）明确施工方案对各种资源的配置。

（4）安排进度应满足工程总进度的要求。

（5）工程质量要求。

（6）健康卫生及安全技术措施。

2. 编制施工方案的主要要求

（1）针对制约施工进度的关键工序和质量控制的重点分项工程，编制主要施工方案。

例如，大型设备起重吊装方案、调试方案、重要焊接方案、设备试运行方案等。

（2）在施工前应编制专项施工方案的情况有：结构复杂；容易出现质量安全问题；施工难度大；技术含量高；雨期和冬期；高空及立体交叉作业等。

 采 分 点

1. 施工组织设计类型。
2. 施工组织设计编制依据。
3. 施工方案编制依据。
4. 施工方案的内容。
5. 施工方案编制要求。
6. 施工方案编制程序。

 大纲考点2：施工方案技术经济比较

知识点一 综合评价法

施工方案经济评价的常用方法是综合评价法。

知识点二 施工方案优化

常见经济分析的主要施工方案：特大、重、高或精密、价值高的设备的运输、吊装方案；大型特厚、大焊接量及重要部位或有特别要求的焊接施工方案；工程量大、多交叉的工程的施工组织方案；特殊作业方案；现场预制和工厂预制的方案；综合系统试验及无损检测方案；传统作业技术和采用新技术、新工艺的方案；关键过程技术方案等。

知识点三 施工组织设计审核批准及交底

1. 施工组织设计审核批准

施工组织设计编制、审核和审批工作实行分级管理制度。施工单位完成内部编制、审核、审批程序后，报承包单位审核、审批，然后由承包单位项目经理或其授权人签章后向监理报批。

施工组织总设计、专项施工组织设计的编制，应坚持"谁负责项目的实施，谁组织设计的编制"的原则。对于规模大、工艺复杂的工程，群体工程或分期出图的工程，可分阶段编制和报批。

2. 施工组织设计交底

（1）工程开工前，施工组织设计的编制人员应向施工人员作施工组织设计交底，以做好施工准备工作。

（2）交底内容：工程特点、难点、主要施工工艺及施工方法、进度安排、组织机构设置与分工及质量、安全技术措施等。

知识点四 施工方案审核批准及交底

1. 施工方案审核批准

（1）一般专项施工方案审批流程：

分包单位项目部组织编制→分包单位项目部技术负责人审核→分包单位技术总负责人审批→报总承包单位审批→由总承包单位项目经理报总监理工程师批准后执行。

（2）超过一定规模的危险性大的专项施工方案流程：

分包单位项目部组织编制→分包单位项目部技术负责人审核→分包单位技术总负责人审批→报总承包单位组织专家进行方案论证、审批→由总承包单位项目经理报总监理工程师批准后执行。

2. 施工方案交底

（1）工程施工前，施工方案的编制人员应向施工作业人员做施工方案的技术交底。

（2）交底内容：该工程的施工程序和顺序、施工工艺、操作方法、要领、质量控制、安全措施等。

（3）需交底范围：分项、专项工程的施工方案；新产品、新材料、新技术、新工艺即"四新"项目以及特殊环境、特种作业等。

 采 分 点

1. 综合评价法。
2. 施工组织设计审核批准。
3. 施工组织设计交底。
4. 施工方案交底。

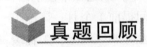 真题回顾

1. 背景资料

某机电设备安装公司中标一项中型机电设备安装工程，并签订了施工承包合同。该公司组织编制了施工组织总设计，并根据工程的主要对象，项目部编制了"容器与合成塔安装方案""合成塔吊装方案""工艺管道安装、焊接技术方案""机械设备安装、调试方案"。

【问题】

（1）机电安装公司编制施工组织设计的主要依据有哪些？

（2）根据背景资料，机电安装公司至少还应编制哪些主要施工方案？哪些方案应形成专项安全技术措施方案？

【参考答案】

（1）机电安装公司编制施工组织设计的主要依据包括：工程施工合同、投标合同和已签约的与工程有关的协议、已经批准的初步设计及有关的图纸资料、工程概算和主要工程量、设备清单和主要材料清单、主体设备技术文件、现场情况调查资料。

（2）根据背景资料，机电安装公司至少还应要编制以下主要施工方案：合成塔运输方案、合成塔检验试验方案、工艺管道吊装方案、工艺管道检验试验方案、机械设备吊装方案、综合系统试验及无损检测方案、临时用电施工方案，设备联动调试方案，设备试运行方案。

应形成专项安全技术措施方案的是：工艺管道吊装方案、合成塔吊装方案、工艺管道检验试验方案、机械设备吊装方案、临时用电施工方案。

2. 背景资料

某安装公司承接一高层商务楼的机电工程改建项目，该高层建筑处于闹市中心，有地上

30 层，地下 3 层。工程改建的主要项目有变压器成套配电柜的安装调试；母线安装；主干电缆敷设；给水主管、热水管道的安装；空调机组和风管的安装；冷水机组、水泵、冷却塔和空调水主管的安装；变压器成套配电柜冷水机组和水泵安装在地下 2 层，需从建筑物原吊装孔吊入，冷却塔安装在顶层。

安装公司项目部进场后，编制了施工组织设计、施工方案和施工进度计划，根据有限的施工场地设计了施工总平面图，并经建设单位和监理单位审核通过。

【问题】

临时施工平面图设计要点有哪几项内容？

【参考答案】

临时施工平面图设计要点包括：起重机械的布置；设备组合、加工及堆放场地的布置；交通运输平面布置；办公、生活等临时设施的布置；供水、供电、供热的布置等。

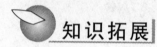 **知识拓展**

（一）

【背景资料】

A 施工单位中标某市一钢厂厂房钢结构安装工程。签订合同后，A 施工单位在未收到施工图纸的情况下，即进行了施工组织设计的编制，施工单位在原投标书的基础上，只是进行了格式和内容的简单调整，即作为该项工程的施工组织设计。在投标书中，该施工单位承诺：安装工程优良率达到 95% 以上，工程竣工时间比招标文件中要求的时间提前 1 个月；该施工单位在编制施工组织设计时，将以上内容改为：建设安装工程优良率达到 90% 以上，工程竣工时间比招标文件中要求的时间提前 35 天。

【问题】

1. A 施工单位在未收到施工图纸的情况下编制施工组织设计是否正确？为什么？

2. A 施工单位编制施工组织设计的主要依据有哪些？

3. A 施工单位更改工程优良率的目标指标是否妥当？为什么？

4. A 施工单位更改工程建设工期的目标指标的做法是否妥当？为什么？

【参考答案】

1. 不正确。

理由：因为施工图纸是施工组织设计的重要编制依据之一，所以该施工单位应在收到施工图纸后，再进行施工组织设计的编制工作。

2. A 施工单位编制施工组织设计的主要依据是：招标投标文件、工程合同、施工图纸、主要工程量和材料清单、与工程建设相关的法律法规、工程适用的标准规范、施工单位的企业标准及资源状况、工程现场的实际情况资料及当地的气候环境等。

3. 更改工程优良率的目标指标的做法不妥当。

理由：因为在投标文件中，以上目标指标是投标方对招标方的重要承诺，具有法律约束力，投标方（即 A 施工单位）是不能擅自违背的。

4. 将工期改为提前 35 天的做法是可以的。

理由：施工进度计划是施工组织设计的主要内容之一，施工单位将工期适当提前作为自控目标，便于施工单位进行弹性控制，以保证达到预定的工期目标。

（二）

【背景资料】

某机电安装公司 A 承接一高层办公楼建筑机电安装工程，工程内容包括：给排水、电气工程、通风与空调工程、智能化工程等项目，主要设备有给排水管道、变配电设备、冷水机组、办公自动化设备、监控设备等。因安装工期紧，A 公司将其中的建筑电气工程分包给 B 公司。在施工准备阶段 A 公司项目部编制了施工组织设计、施工进度计划，根据施工现场建筑施工总平面图，编制了相应的施工方案和安全技术措施。

【问题】

1. 施工方案的编制一般要经历哪几个阶段？

2. 建筑电气工程的施工进度计划应由谁编制？编制中要考虑的主要因素有哪些？

3. 冷水机组施工方案的编制主要有哪些依据？

4. A 公司对施工平面图的布置要点有哪些？

【参考答案】

1. 施工方案是反复分析论证的结果，一般要经历：明确需求→确定目标→分析与综合→评价→优化→提供方案→审核批准几个阶段。

2. 建筑电气工程的施工进度计划应由 B 公司编制。考虑的主要因素是：建筑工程和机电工程的施工进度，工程项目的施工顺序，项目工程量，各工程项目的持续时间，各工程项目的开、竣工时间和相互搭接关系。

3. 冷水机组的施工方案编制依据主要有：已批准的施工图和设计变更，设备出厂技术文件；已批准的施工组织总设计和专业施工组织设计；合同规定采用的规范、标准和规程施工环境及条件；类似工程的经验和总结。

4. A 公司施工平面图的布置要点有：设备材料的堆放及加工场地；交通运输平面布置；办公设施的布置；临时供水、供电线路的布置。

第四章 机电工程施工资源管理

 大纲考点1：人力资源管理要求

知识点一 特种作业人员

1. 特种作业人员界定

特种作业是指容易发生人员伤亡事故，对操作者本人、他人及周围设施的安全可能造成重大危害的作业。直接从事特种作业的人员称为特种作业人员。国家安全生产监督机构规定的特种作业人员中，机电安装企业有焊工、起重工、电工、场内运输工（叉车工）、架子工等。

2. 资质管理要求

（1）特种作业人员必须持证上岗。

（2）特种作业操作证，每3年复审1次。连续从事本工种10年以上的，经用人单位进行知识更新教育后，复审时间可延长至每4年1次。

（3）离开特种作业岗位达6个月以上的特种作业人员，应当重新进行实际操作考核，经确认合格后方可上岗作业。

知识点二 特种设备作业人员

1. 特种设备：锅炉、压力容器（含气瓶）、压力管道、电梯、起重机械、客运索道、大型游乐设施、场（厂）内机动车辆等。

2. 特种设备的作业人员及其相关管理人员统称特种设备作业人员。如焊工、探伤工、司炉工、水处理工等。

3. 从事锅炉、压力容器与压力管道焊接工作的焊工的资质管理要求如下：

（1）锅炉、压力容器与压力管道的焊接工作，应由持有相应类别和项目的《锅炉压力容器压力管道焊工合格证书》的焊工担任。

（2）焊工合格证（含合格项目）有效期为3年。

（3）持有《锅炉压力容器压力管道焊工合格证书》的焊工，中断受监察设备焊接作业6个月以上的，再从事受监察设备焊接工作时，必须重新考试。

采分点

1. 专业技术培训、基础理论和实际操作考试合格，取得相应操作证书。

2. 持证上岗，符合性、有效性。

3. 机电安装企业特种作业人员：焊工、起重工、电工、场内运输工（叉车工）、架子工等。

4. 特种作业操作证，每3年复审1次。连续从事本工种10年以上的，复审时间可延长至每4年1次。

5. 离开特种作业岗位6个月以上，重新进行实际操作考核，确认合格后方可上岗作业。

6. 特种设备的作业人员及其相关管理人员统称特种设备作业人员。

7. 机电安装特种设备作业人员：焊工、探伤工、司炉工、水处理工等。

8. 焊工合格证（含合格项目）有效期为3年。

9. 持有《锅炉压力容器压力管道焊工合格证书》的焊工，中断受监察设备焊接作业6个月以上的，再从事受监察设备焊接工作时，必须重新考试。

 大纲考点2：材料管理要求

知识点一　范围

常用材料的管理是指材料的采购、验收、保管、标识、发放、回收管理及不合格材料的处置等。

知识点二　材料库存管理要求

1. 进场验收要求

在材料进场时必须根据进料计划、送料凭证、质量保证书或产品合格证，进行材料的数量和质量验收；验收工作按质量验收规范和计量检测规定进行；验收内容包括品种、规格、型号、质量、数量、证件等；验收要做好记录、办理验收手续；要求复检的材料应有取样送检证明报告；对不符合计划要求或质量不合格的材料应拒绝接收。

2. 储存与保管要求

实现对库房的专人管理，明确责任；进库的材料要建立台账；现场的材料必须防火、防盗、防雨、防变质、防损坏；施工现场材料的放置要按平面布置图实施，做到标识清楚、摆放有序、合乎堆放；对于易燃、易爆、有毒、有害危险品要有专门库房存放，制定安全操作规程并详细说明该物质的性质，使用注意事项，可能发生的伤害及应采取的救护措施，严格出、入库管理；要日清、月结、定期盘点、账物相符。

知识点三　材料领发、使用和回收要求

1. 领发要求

凡有定额的工程用料，凭限额领料单领发材料。

2. 使用监督要求

现场材料管理责任者应对现场材料的使用进行分工监督。

3. 回收要求

班组料必须回收，及时办理退料手续，并在限额领料单中登记扣除。

1. 采购、验收、储存和保管、标识、发放、回收及不合格材料处理。
2. 进场验收要求。
3. 存储与保管要求。
4. 材料领发、使用和回收要求。

 ## 大纲考点3：机具管理要求

知识点一 选择原则

施工机具的选择主要按类型、主要性能参数、操作性能来进行，要切合需要，实际可能，经济合理。

知识点二 施工机具管理要求

1. 进入现场的施工机械应进行安装验收，保持性能、状态完好，做到资料齐全、准确。需在现场组装的大型机具，使用前要组织验收，以验证组装质量和安全性能，合格后启用。属于特种设备的应履行报检程序。

2. 施工机具的使用应贯彻"人机固定"原则，实行定机、定人、定岗责任的"三定"制度。执行重要施工机械设备专机专人负责制、机长负责制和操作人员持证上岗制。

3. 施工机具的调度应依据工程进度和工作需要制订同步的进出场计划。施工机具的调进调出，应由责任人员做好调度前的机具鉴定、使用建议、进退场交接工作；大型、价值高的机具调度还要注意机具的安装、运输、吊装等有关事项。

4. 强化现场施工机械设备的平衡、调动，合理组织机械设备使用、保养、维修。坚持机具进退场验收制度，以确保机具处于完好状态。提高机械设备的使用效率和完好率，降低项目的机械使用成本。

5. 严格执行施工机械设备操作规程与保养规程，制止违章指挥、违章作业，防止机械设备"带病"运转和超负荷运转。及时上报施工机械设备事故，参与进行事故的分析和处理。

知识点三 机械设备操作人员要求

1. 严格按照操作规程作业，搞好设备日常维护，保证机械设备安全运行。
2. 特种作业严格执行持证上岗制度并审查证件的有效性和作业范围。
3. 逐步达到本级别"四懂三会"（四懂：懂性能、懂原理、懂结构、懂用途；三会：会操作、会保养、会排除故障）的要求。
4. 做好机械设备运行记录，填写项目真实、齐全、准确。

1. 施工机具的选择原则。

2. 定机、定人、定岗责任的"三定"制度。

3. 持证上岗、"四懂三会"。

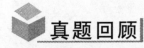 **真题回顾**

1. 背景资料

某东北管道加压泵站扩建，新增两台离心式增压泵。两台增压泵安装属该扩建工程的机械设备安装分部工程。

在设备配管过程中，项目经理安排了 4 名持有《压力管道手工电弧焊合格证》的焊工（已中断焊接工作 165 天）充实到配管作业中，加快了配管进度。

【问题】

说明项目经理安排 4 名焊工上岗符合规定的理由？

【参考答案】

项目经理安排 4 名焊工进入配管岗位是符合规定的。理由是：背景中中断焊接工作 165 天少于 6 个月，不违反以下规定。

①离开特种作业岗位达 6 个月以上的特种作业人员，应当重新进行实际操作考核，经确认合格后方可上岗作业；②持有《锅炉压力容器压力管道焊工合格证书》的焊工，中断受监察设备焊接作业 6 个月以上的，再从事受监察设备焊接工作时，必须重新考试。

2. 背景资料

某系统工程公司项目部承包一大楼空调设备的智能监控系统安装调试。监控设备、材料有直接数字控制器、电动调试阀、风门驱动器、各类传感器（温度、压力、流量）及各种规格线缆（双绞线、同轴电缆）。合同约定：设备、材料为进口产品，并确定了产品的品牌、产地、技术及标准要求，由外商代理负责供货，并为设备及运输购买了保险。

监控设备安装调试中，发生了以下事件：

监控设备、材料在开箱验收及送检后，有一批次的双绞线传输速率检验不合格（传输速率偏低），系统工程公司项目部对不合格的双绞线进行了处理及保存。

【问题】

（1）监控设备、材料开箱验收时应由哪几个有关单位参加？

（2）验收不合格的双绞线可以有哪几种处理方式？并如何保存？

【参考答案】

（1）因监控设备、材料为进口产品，并由外商代理负责供货，故应由外商代理、保险公司和商检局、海关、报关代理、项目部有关技术人员共同参加开箱验收。

（2）对验收不合格的双绞线处理方式有：更换、退货、让步接收或降级使用。保存前要注意做好明显标记，单独存放。

3. 背景资料

某安装公司承接一条生产线的机电安装工程，范围包括工艺线设备、管道、电气安装和一座 35kV 变电站施工（含室外电缆建设）。合同明确工艺设备、钢材、电缆由业主提供。

工程开工后，由于多个项目同时抢工，施工人员和机具紧张，安装公司项目部将工程按工艺线设备、管道、电气专业分包给三个有一定经验的施工队伍。

施工过程中，项目部根据进料计划、送货清单和质量保证书，按质量验收规范对业主送至现场的镀锌管材仅进行了数量和质量检查，发现有一批管材的型号规格、镀锌层厚度与进料计划不符。

【问题】

对业主提供的镀锌管材还应做好哪些进场验收工作？

【参考答案】

施工单位应首先向建设单位供应部门索要材质证明和出厂合格证；其次在没有材质证明和出厂合格证时，应按设计文件的要求和材料的制造标准对材料进行检验，确认达到质量合格的指标；最后有复检、抽检要求的材料应按要求检验。

材料进场验收要求：在材料进场时必须根据进料计划、送料凭证、质量保证书或产品合格证，进行材料的数量和质量验收；验收工作按质量验收规范和计量检测规定进行；验收内容包括品种、规格、型号、质量、数量、证件等；验收要做好记录、办理验收手续；要求复检的材料应有取样送检证明报告；对不符合计划要求或质量不合格的材料应拒绝接收。

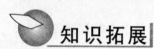 **知识拓展**

（一）

【背景资料】

某电力建设工程超大和超重设备多，制造分布地域广、运输环节多、建设场地小。

该工程变压器（运输尺寸 11.1 m×4.14 m×4.9 m）在西部地区采购，需经长江水道运抵东部某市后，再经由 50 km 国道（含多座桥梁）方可运至施工现场。变压器采用充气方式运输。

在主变压器运输过程中，安装公司经两次搬运、吊装、就位、吊芯检查及干燥等工作后，对其绕组连同套管一起的直流电阻测量、极性和组别进行了多项试验。并顺利完成安装任务。

【问题】

1. 主变压器安装中需要哪些特种作业人员？

2. 工程设备管理的一般要求有哪些内容？

3. 对施工机械操作人员应有哪些要求？

【参考答案】

1. 主变压器安装中需要的特种人员：电工、电焊工、无损检测工、起重工、行车驾驶人员、架子工等。

2. 工程设备管理的一般要求包括：建立项目设备控制程序和现场管理制度；配备设备管理人员，明确职责，对设备进行管理和控制；完善信息反馈和记录见证手续，若发生设备、配件丢失、损坏或发现不适用的情况时，应向建设单位报告，并保持记录。

3. 施工机械操作人员必须持证上岗；严格按操作规程作业；搞好设备日常维护；认真做好机械设备运行记录；保证机械设备安全运行。

（二）

【背景资料】

某机电安装公司项目部承接某工程安装任务，工程合同额为 3000 万元，工程预付款为25%，以后按进度付款；由于该工程所需材料费和非标容器费占整个工程费的 65%，其采购加工量大，项目启动资金需要 1500 万元。预计该工程可盈利 180 万元。该工程管道安装工程量较大，部分处在无电源地段。工程后期在该地段施工时，项目设备管理部门将其他现场停用的一台发电机调到该现场，以解决焊接电源问题。开机后发现该机由于机械故障不能正常发电；维修后，使用一段时间，又出现故障，已无法修理而报废。查找原因发现，该机经常由电焊工或民工操作。为解决生产急需，项目部花费 30 余万元购买了一台新发电机。

【问题】

1. 项目部购买发电机时，其选用原则有哪些？

2. 设备部门将现场停用的设备直接调到另一现场使用的做法有何不妥？

3. 由于资金缺口较大，项目部在资金筹措方面应注意哪些事项？

4. 由于计划外购买发电机，项目部应如何控制资金支出，才不致给正常施工造成影响？

【参考答案】

1. 项目部在发电机选型时应考虑其类型、主要性能、参数和使用操作满足工程需要。

2. 不妥之处是：发电机进场前，对进场设备的检验不到位，没有做到质量合格、资料齐全、准确，也没有完整、齐全的记录，更没有进行必要的维护和保养。

3. 项目部在资金筹措时应注意的事项包括：①做好资金收支预测；②编制项目流动资金计划，并认真执行；③充分利用自有资金；④尽量利用低利率贷款。

4. 项目部应采取的措施包括：尽量节约支出；保证支出的合理性；加强财务核算；坚持做好项目的定期资金分析等。

第五章 机电工程项目施工技术管理

 大纲考点1：施工技术交底

知识点一 交底的类型及内容

1. 设计交底

在接受工程施工任务后，由设计人员向施工单位的有关人员作设计技术交底，使其了解本工程的设计意图、设计要求和业主对工程建设的要求。这种交底一般在图纸会审时进行。

2. 施工组织设计交底

工程开工前，施工组织设计的编制人员应向施工人员作施工组织设计交底，以做好施工准备工作。施工组织设计交底的内容包括：工程特点、难点、主要施工工艺及施工方法、进度安排、组织机构设置与分工及质量、安全技术措施等。

3. 施工方案交底

工程施工前，施工方案的编制人员应向施工作业人员作施工方案的技术交底。交底内容为该工程的施工程序、施工工艺、操作方法、要领、质量控制、安全措施等。

例1：管道安装工程施工技术交底重点内容：配合土建工程确定预埋位置和尺寸，管道及其支吊架、紧固件等预制加工及要求，管道安装顺序、方法及其注意事项。管道连接方法、措施及质量要求，焊接工艺及其技术标准、措施，焊缝形式、位置及质量标准，管道试压压力、介质、温度及步骤，管道吹扫方法、步骤及质量要求，管道防腐要求及操作程序，质量通病防治办法。

例2：电梯安装工程施工技术交底重点内容：电梯导轨支架的位置、测量确定方法，导轨吊装和调整的方法与质量要求，钢丝绳的绳头做法，轿厢的安装步骤，层门的安装位置控制，承重梁的安装要求，曳引机的吊装过程，控制柜和电气系统的质量标准，扶梯运输吊装的安全保护措施，安装位置的放线测量，质量通病预防办法，成品保护。

4. 设计变更交底

外部信息或指令可能引起施工发生较大变化时应及时向作业人员交底，其外部信息或指令主要指设计变更。

5. 安全技术交底

施工前，对施工过程中存在较大安全风险的项目提出技术性的安全措施。主要内容：大件物品的起重和运输、高空作业、地下作业、大型设备的试运行及其他高风险的作业等。

1. 建设项目施工技术交底

由项目总工程师主持，项目部所属的工程技术部门等相关部室以及施工队负责人参加，主要以批准后的施工组织总设计交底为主。

2. 单项工程与单位工程施工技术交底

（1）由项目经理主持，项目部所属的工程技术部门牵头组织，相关部门和施工队参加。主要以批准后的单位施工组织设计和施工方案交底为主。

（2）交底技术文件由工程技术部门组织编制，质量、安全等交底内容由相关职能部门编制并汇入交底技术文件中，项目总工程师审核签发。

3. 分部、分项工程施工技术交底

（1）工程施工期间，分部分项工程开工前，根据施工管理的需要，项目部专业管理部门，专业工程师或相关专业管理人员应随时、随地开展形式多样的施工技术交底活动，施工技术交底的内容宜以批准后的施工方案交底为主，或以正式交底文件的方式下发。

（2）交底文件由专业工程师起草，项目总工程师审核签发，文件发放至被交底单位以及相关部门。

知识点 三 交底的要求

1. 建立技术交底制度。

2. 明确相关人员（项目技术负责人、技术人员、施工员、管理人员、操作人员）的责任。

3. 分层次分阶段进行。

4. 施工作业前进行。

5. 交底内容体现工程特点。

6. 完成技术交底记录。

7. 确定施工技术交底次数。

8. 施工技术交底注意事项：

（1）交底内容要详尽，交底内容要涵盖整个施工过程。

（2）交底必须针对工程特点、设计意图，充分体现针对性、独特性、实用性。

（3）交底要有可操作性。

（4）交底表达方式要通俗易懂。

采 分 点

1. 施工组织设计交底。

2. 施工方案交底。

3. 技术交底：施工工艺与方法、技术要求、质量要求、安全要求及其他要求等。

4. 安全技术交底提出技术性的安全措施。

5. 技术交底分层次展开，直至交底到施工操作人员，必须在作业前进行，并有书面交底资料。

6. 交底人员应认真填写表格并在表格上签字，接受交底人也应在交底记录上签字。

大纲考点2：设计变更程序

知识点一　承包商提出设计变更申请的变更程序

1. 承包商提出变更申请报监理工程师或总监理工程师。

2. 监理工程师或总监理工程师审核技术是否可行、审计工程师核算造价影响，报建设单位工程师。

3. 建设单位工程师报建设单位项目经理或总经理同意后，通知设计单位工程师，设计单位工程师认可变更方案，进行设计变更，出变更图纸或变更说明。

4. 建设单位将变更图纸或变更说明发至监理工程师，监理工程师发至承包商。

知识点二　建设单位提出设计变更申请的变更程序

1. 建设单位工程师组织总监理工程师、审计工程师论证变更技术是否可行、造价影响程度。

2. 建设单位工程师将论证结果上报建设单位项目经理或总经理同意后，通知设计单位工程师，设计单位工程师认可变更方案，进行设计变更，出变更图纸或变更说明。

3. 变更图纸或变更说明由建设单位发至监理工程师，监理工程师发至承包商。

知识点三　设计单位发出设计变更程序

1. 设计院发出设计变更。

2. 建设单位工程师组织总监理工程师、审计工程师论证变更影响。

3. 建设单位工程师将论证结果上报建设单位项目经理或总经理同意后，变更图纸或变更说明由建设单位发至监理工程师，监理工程师发至承包商。

设计变更程序。

大纲考点3：技术资料与竣工档案管理

知识点一　资料的分类

1. 项目资料：工程准备阶段资料、监理资料、施工资料、竣工图与竣工验收资料。

2. 施工技术资料：单位工程施工组织设计、施工方案及专项施工方案、技术交底记录、图纸会审记录、设计变更文件、工程洽商记录、技术联系（通知单）等。

知识点二　竣工档案主要内容

1. 在工程建设活动中直接形成的具有保存价值的文字、图表、声像等各种形式的历史记录。

2. 施工单位需归档的竣工档案内容：

（1）一般施工记录：施工组织设计、技术交底、施工日志。

（2）图纸变更记录：图纸会审、设计变更、工程洽商。

（3）设备、产品质量检查、安装记录：设备、产品质量合格证、质量保证书，设备安装记录，设备试运行记录，设备明细表。

（4）预检记录。

（5）隐蔽工程检查记录。

（6）施工试验记录：气接地电阻、绝缘电阻等测试记录以及试运行记录等。

（7）质量事故处理记录。

（8）工程质量检验记录：检验批质量验收记录、分项工程质量验收记录、分部（子分部）工程质量验收记录。

（9）其他需要向建设单位移交的有关文件和实物照片及音像、光盘等。

知识点 三　竣工档案编制要求

1. 原件、内容真实、准确。

2. 字迹清楚，图样清晰，图表整洁，签字盖章手续完备，图纸采用国家标准图幅。

知识点 四　竣工档案管理要求

1. 保管期限分为永久、长期、短期三种期限。密级分为绝密、机密、秘密三种。

2. 竣工图章使用：

所有竣工图应由编制承包商逐张加盖并签署竣工图章。竣工图章中的内容填写应齐全、清楚，不应代签。竣工图章应使用红色印泥，盖在标题栏上方空白处。

3. 竣工档案的移交：

机电工程项目竣工档案一般不少于两套，一套由建设单位保管；另一套（原件）移交当地档案馆。

采 分 点

1. 具有归档保存价值的文字、图表、声像等各种形式的历史记录。

2. 主要内容。

3. 工程档案应该真实、完整、正确、有效。

4. 工程档案必须为原件。

5. 保管期限分为永久、长期、短期三种期限。

 **真题回顾**

【背景资料】

某系统工程公司项目部承包一大楼空调设备的智能监控系统安装调试。监控设备安装调试中，发生了以下事件：

事件：监控设备（进口）的安装中，因施工作业人员对监控设备的安装方法、质量标准掌握不够稳定，造成部分风门驱动器、传感器安装质量不合格（偏差过大），项目部及时对作业人员进行施工技术交底，返工后验收合格。空调设备监控系统按合同要求完工，交付使用。

【问题】

本工程的施工技术交底内容有哪些？

【参考答案】

本工程施工技术交底主要内容包括：监控设备安装的施工工艺与方法、风门驱动器、传感器安装技术要求、质量要求、安全要求及其他要求等。

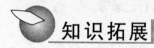 **知识拓展**

（一）

【背景资料】

某安装公司承接以化工厂生产区供热管线的施工，供热管线为不通行地沟敷设。主要工程内容为：无缝钢管（$\Phi 250 \times 10$），各种阀部件，波纹补偿器。该项目所有施工内容及系统试运行已经完成，正在进行工程验收及竣工资料的整理。该施工单位总部对项目部进行竣工资料检查，其检查的情况如下：

1. 施工组织设计、技术交底及施工日志的相关审批手续及内容齐全、有效；

2. 预检记录齐全，但其中有 2 份没有质检员签字；

3. 预检记录、隐蔽工程检查记录、质量检查记录、设备试运行记录、文件收发记录内容准确、齐全；

4. 缺少 1 个编号的设计变更资料；

5. 工程洽商记录中有 2 份是复印件；

6. 隐蔽工程检查记录中有这样的描述：无缝钢管部分采用 $\Phi 250 \times 8$ 规格，管道及阀部件的安装及保温、防腐保护层符合规范及设计要求。

【问题】

1. 本案例中工程档案包括哪些内容？

2. 工程档案组卷有何要求？

3. 施工资料如何进行报验报审？

4. 本工程竣工档案存在哪些问题？

【参考答案】

1. 施工组织设计、技术交底、施工日志、预检记录、隐蔽工程检查记录、设备试运行记录、设计变更、工程洽商。

2. 工程档案组卷应按单位工程进行组卷；按不同的收集、整理单位及资料类别分别进行组卷；卷内资料排列顺序应依卷内资料构成而定；卷内不应有复印材料。

3. 施工资料应按报审、报验程序，通过相关单位审核后报建设（监理）单位，报验、报审的时限性要求应在相关文件中约定。

4. 本工程竣工档案存在的问题有：（1）竣工档案应签字、盖章手续齐全，而预检记录中有 2 份没有质检员签字。

（2）竣工档案是须永久和长期保存的资料，必须完整、准确和系统，而设计变更资料缺少 1 个编号，也就是说，设计变更资料丢失 1 份。

（3）竣工档案必须为原件，而工程洽商记录中有 2 份是复印件。

（4）隐蔽工程检查记录的无缝钢管部分为 $\Phi 250 \times 8$ 规格，而工程要求采用 $\Phi 250 \times 10$ 规格，材料发生了变化，应该有设计变更或工程洽商记录。

（二）

【背景资料】

某机电安装公司承建一大型综合商场空调工程。工程内容包括：制冷机组、各类水泵、水处理设备、各类管道及防腐绝热、电气动力和照明、室外大型冷却塔等系统安装，其中冷却塔分包给制造商安装。施工单位组织编制了施工组织设计和相关专业施工方案，审查了分包单位制定的施工方案，并在施工前进行了相应的技术交底。在施工过程中发生如下事件：

事件一：在制冷机组吊装前检查发现汽车吊其中两个支腿支在回填土上。

事件二：施工中监理工程师向施工单位发出电气线路系统设计变更。

事件三：在水泵单机试车时，出现部分漏水现象，经检查原因，水泵部分阀门存在裂纹。

【问题】

1. 请回答以下两个问题：（1）该工程应做哪些技术交底？何时交底？由谁向谁交底？

（2）施工单位审查分包方编制的施工方案，重点审查哪些内容？

2. 事件一中，对汽车吊的支腿基础应如何处理？

3. 事件二中，监理工程师发出设计变更，施工单位可否接收？为什么？

4. 事件三中，确保水泵安装质量，施工单位应如何整改？

【参考答案】

1. 解答如下：（1）施工单位应做的技术交底有：施工组织设计交底，相关的专业施工方案交底，设计变更交底等。

①施工组织设计交底应在开工前，由编制人员向施工人员作施工组织技术交底。

②专业施工方案交底应在施工前，由编制人员向施工作业人员作施工方案交底。

③设计变更交底，施工单位收到原设计单位的设计变更后，由专业施工人员及时向作业人员交底。

（2）分包方应接受总承包方统一安排和管理，而总承包方应对分包方的质量、进度和施工安全进行控制并承担总承包责任。为此，该施工单位审查分包方编制的施工方案重点是：冷却塔安装质量、施工进度和安全生产的技术措施。

2. 在吊装前，应对汽车吊就位处进行基础试验和验收，按规定对基础做沉降预压试验合格，必要时可采取措施增加支腿对基础的承压面积。为此施工单位应对回填土进行夯实，并铺上厚钢板或长轨道木，以增加承压面积。

3. 不能。

理由：设计变更的图纸必须由原设计单位提供；若由承包商提供设计图纸，必须由设计单位审查并签字确认；除设计单位，任何项目参与者提供的图纸均为无效。设计单位提供的设计变更图纸均应由总监理工程师审查，监理方可以向设计方提出合理化建议。

4. 施工单位要对进场所有泵及泵上所用阀门、阀门安装托架、接口及其他各种配件进行检查，确保数量、质量合格，以保证水泵安装质量。

第六章　机电工程施工进度管理

大纲考点1：单位工程施工进度计划实施

 表示方法

1. 横道图

（1）编制方法简单，直观清晰，便于实际进度与计划进度比较。

（2）工程项目规模大、工艺关系复杂时，横道图就很难充分暴露矛盾。

2. 网络图

明确表达各项工作之间的逻辑关系，通过网络计划时间参数的计算，可以找出关键线路和关键工作，也可以明确各项工作的机动时间；网络计划可以利用计算机进行计算、优化和调整。

知识点 二 单位工程施工进度计划的实施

实施前的交底参加人员：项目负责人、计划人员、调度人员、作业班组人员（包括分包方的）以及相关的物资供应、安全、质量管理人员。

 采 分 点

1. 横道图、网络图优缺点。

2. 进度计划实施前交底参加人员。

大纲考点2：作业进度计划要求

知识点 一 编制要求

1. 施工作业进度计划是对单位工程进度计划目标分解后的计划。

2. 作业进度计划可按分项工程或工序为单元进行编制，是在所有计划中最具可操作性的计划。

3. 作业进度计划分为月计划、旬（周）计划和日计划三个层次。

4. 作业进度计划编制时已充分考虑了工作间的衔接关系和符合工艺规律的逻辑关系，所以其适宜用横道图计划表达。

5. 作业进度计划应由施工员（工长）或专业责任工程师在上一期计划执行期末经检查执行情况和充分了解作业条件后，再编制下一期作业进度计划。

6. 作业进度计划应具体体现施工顺序安排的合理性，即满足先地下后地上、先深后浅、先干线后支线、先大件后小件等的基本要求。

7. 作业进度计划表达的单位应是形象进度的实物工程量。

8. 工程进度总目标确定后，总承包单位应将此目标分解到每个分包单位，要求分包单位按计划工期进一步分解。

知识点 二 实施要求

实施准备；实施检查；对照计划进行跟踪，检查进度实际情况；分析产生进度偏差的原因；作业进度计划执行至期末回顾。

 采 分 点

编制要求。

大纲考点3：施工进度偏差分析与调整

知识点 一 影响进度计划的因素

1. 工程建设有关的单位（如政府有关部门、建设单位、监理单位、设计单位、物资供应单位、资金贷款单位，以及运输、通信、供水、供电等部门）的工作进度。

例如，建设单位没有及时支付工程预付款，拖欠工程进度款，影响承包单位流动资金周转。

2. 计划变更或者是业主提出了新的要求。

3. 施工过程中需要的材料、构配件、施工机具和工程设备等，不能按期运抵施工现场，或是运抵施工现场后发现其质量不符合有关标准的要求。

4. 在施工过程中遇到气候、水文、地质及周围环境等方面的不利因素，承包单位寻求相关单位解决自身不能解决的问题。

5. 施工单位自身管理、技术水平以及项目部在现场的组织、协调与控制能力的影响。

例如，施工方法失误造成返工、施工组织管理混乱处理问题不够及时，各专业分包单位不能如期履行合同、到场的工程设备和材料经检查验收不合格现象严重等。

知识点 二 施工进度计划偏差的分析与调整

1. 分析
分析有进度偏差的工作是否为关键工作；分析进度偏差是否大于总时差；分析进度偏差是否大于自由时差；重点分析供应商违约、资金不落实、计划编制失误、施工方法不当、施工图提供不及时等引起的进度偏差，及时采取措施调整；分析偏差采用的计划表达形式。

2. 调整方法
（1）改变某些工作间的衔接关系。

（2）缩短某些工作的持续时间。

（3）计划调整的内容。

（4）调整的原则。

（5）调整施工进度计划的步骤。

1. 影响因素中的"例如"。

2. 调整方法。

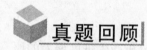

1. 背景资料

某建筑空调工程中的冷热源主要设备由某施工单位吊装就位，设备需吊装到地下一层（-7.5m），再牵引至冷冻机房和锅炉房就位。施工单位依据设备一览表及施工现场条件（混凝土地坪）等技术参数进行分析、比较，制定了设备吊装施工方案。

在吊装方案中，绘制了吊装施工平面图，设置吊装区，制定安全技术措施，编制了设备吊装进度计划（见下表）。

设备吊装进度计划表

序号	作功日（顺序）	3月											
		1	2	3	4	5	6	7	8	9	10	11	12
（1）	施工准备	—	—	—	—	—							
（2）	冷水机组吊装就位						—	—					
（3）	锅炉吊装就位								—				
（4）	蓄冰槽吊装就位									—	—	—	
（5）	收尾												—

【问题】

指出进度计划中设备吊装顺序不合理之处？说明理由并纠正。

【参考答案】

进度计划中设备吊装顺序为：

施工准备→冷水机组吊装就位→锅炉吊装就位→蓄冰槽吊装就位→收尾。

不合理之处为：锅炉吊装就位→蓄冰槽吊装就位。

理由：设置锅炉房泄爆口为设备的吊装口，所有设备经该吊装口吊入。

纠正：施工准备→冷水机组吊装就位→蓄冰槽吊装就位→锅炉吊装就位→收尾。

2. 背景资料

某安装公司在南方沿海承接了一化工装置的安装工作，该装置施工高峰期正值夏季，相对湿度接近饱和。该公司建造了临时性管道预制厂房，采用 CO_2 气体保护焊进行焊接工作。

此次质量事故管道预制工作滞后了三天，影响了施工进度。项目部启用了一套备用 CO_2 气体保护焊系统后，发现直管段下料制约了组焊工作的进度，项目部立即采取调整进度的措施，保证了施工进度。

【问题】

项目部可采用哪些调整进度的措施来保证施工进度？

【参考答案】

项目部可以采用以下调整进度的措施来保证施工进度：压缩工作持续时间；增强资源供应强度；改变作业组织形式（如搭接作业、依次作业和平行作业等组织方法）；在不违反工艺规律的前提下改变衔接关系，修正施工方案等。

3. 背景资料

某安装公司承接一高层商务楼的机电工程改建项目，该高层建筑处于闹市中心，有地上30层，地下3层。工程改建的主要项目有变压器成套配电柜的安装调试；母线安装；主干电缆敷设；给水主管、热水管道的安装；空调机组和风管的安装；冷水机组、水泵、冷却塔和空调水主管的安装；变压器成套配电柜冷水机组和水泵安装在地下2层，需从建筑物原吊装孔吊入，冷却塔安装在顶层。

安装公司项目部进场后，编制了施工组织设计、施工方案和施工进度计划。

【问题】

项目部编制施工进度计划时，哪些改建项目应安排在设备吊装完成后施工？

【参考答案】

母线安装、主干电缆敷设；给水主管、热水管道的安装；空调机组和风管的安装；水泵、空调水主管应安排在设备吊装完成后施工。

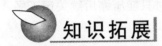 知识拓展

（一）

【背景资料】

某工业项目建设单位通过招标与施工单位签订了施工合同，主要内容包括设备基础、设备钢架（多层）、工艺设备、工业管道和电气仪表安装等。工程开工前，施工单位按合同的约定向建设单位提交了施工进度计划，如下图：

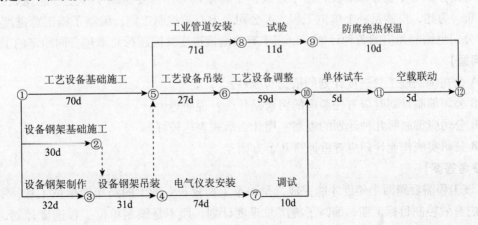

上述施工进度计划，设备钢架吊装和工艺设备吊装两项工作共用一台塔式起重机（以下简称塔机），其他工作不使用塔机。经建设单位审核确认，施工单位按照该施工进度计划进

场组织施工。

在施工过程中，由于建设单位要求变更设计图纸，致使设备钢架制作工作停工 10 天（其他工作持续时间不变）。建设单位及时向施工单位发出通知，要求施工单位塔机按原计划进场，调整进度计划，保证该项目按原计划工期完工。

施工单位采取措施使工艺设备调整工作的持续时间压缩 3 天，得到建设单位同意。

【问题】

1. 按节点代号表示施工进度计划的关键线路，该计划的总工期是多少？

2. 施工单位按原计划安排塔机在工程开工后最早投入使用的时间是第几天？

3. 按原计划设备钢架吊装与工艺设备吊装工作能否连续作业？说明理由。

4. 说明施工单位调整方案后能保证原计划工期不变的理由。

【参考答案】

1. 该工程的关键路线为：1 – 5 – 6 – 10 – 11 – 12。总工期：166 天。

2. 按原计划，塔机最早投入使用时间是第 33 天。因为紧前工作的完成时间为第 32 天。

3. 塔机进场后，设备钢架吊装和工艺设备吊装不能连续进行，理由：按原计划的关键线路上第一项工作的完成时间是 70 天，设备钢架吊装完成后计划进行到第 63 天，塔机有 7 天的闲置时间，因此不能连续作业。

4. 设备钢架制作停工 10 天后，关键线路变为 1 – 3 – 4 – 6 – 10 – 11 – 12，总工期为 169 天。施工单位应对关键线路上后续的关键工作的持续时间进行压缩。

设备钢架吊装和工艺设备吊装共用一台塔机，这两项的持续时间必须保证；单体试车和空载联动为关键工序，其持续时间也必须保证，施工单位调整方案时只能压缩后续关键工序工艺设备调整 3 天，这样总的工期 = 169 – 3 = 166 天，保持不变。

（二）

【背景资料】

A 公司承建一超高层住宅楼小区工程，土建工程自行完成，机电工程分包给 B 公司施工，工程内容包括：给排水工程、通风与空调工程、建筑电气工程、建筑智能化工程、电梯工程和消防工程等多个专业分部工程；由于建筑物工程量较大，需要跨两个年度才能完成约定的合同工期。为此，虽然是一个单位工程，A 公司考虑有效控制工期，编制了施工总进度计划。要求 B 公司也编制相应的各种计划，以利于有效衔接进度共同履行总承包合同约定的工期。

【问题】

1. A 公司编制施工总进度计划的依据有哪些？

2. B 公司编制计划时应首先考虑的因素是什么？说明理由。

3. B 公司应编制哪几种计划的类型？用什么形式表达较好？

4. B 公司实施作业计划应着重抓哪几个方面？

【参考答案】

1. 该工程需要跨两个年度才能完成，是一个工期较长、庞大的跨年度单位工程，所以 A 公司考虑有效控制目标工期，编制了施工总进度计划，而不是编制单位工程进度计划，但可以用子单位工程计划来保证施工总进度计划的完成。

编制依据有：

（1）施工总承包合同的承诺；

（2）业主的项目建设计划；

（3）工程所在地行政主管部门监督管理的有关规定；

（4）关键工程设备、特殊材料、大宗材料的供应信息；

（5）环境情况和气象水文地质资料；

（6）其他因素，主要指 A 公司内部的生产要素配置和企业整体计划的安排。

2. B 公司是分包方，编制施工计划应首先明确工程性质。

理由：这是一个民用机电工程项目。因总、分包的工期目标是相同的，交工验收活动一致，而且按现行规定分部工程无法单独进行竣工验收，且其安装的可施工条件是土建工程进度完成所提供的，因而编制的计划类别或表达形式总体上应与 A 公司协调一致。

3. B 公司要编制与 A 公司相协同的施工总进度计划，表达形式与 A 公司相同。此外，B 公司还应编制各专业的（分部工程）的施工进度计划。

由于各专业工程间相互衔接制约关系多，应采用网络计划表达较妥当。另外，B 公司还需编制指导作业班组施工的作业进度计划，可用横道图计划表示。

4. B 公司编制的作业进度计划是按分项工程或工序为单元编制的，具有可操作性，是一种滚动推进的计划，所以在实施时要抓好实施的准备、实施的检查、实施的小结三个环节。

（三）

【背景资料】

某高炉扩建工程，属停产检修性的技术改造工程项目。工程项目包括旧设备拆除、局部旧设备基础拆除、设备基础及钢筋混凝土底板加固、新建设备基础及全厂设备管道安装调试等。工期非常紧张，从停产改造到热负荷试运行的总工期为 125 天，而且施工图纸不全，有些图纸要在拆除过程中测绘后才能设计。业主允许部分施工内容在不影响生产的前提下放在停产前施工。

由于施工现场情况极其复杂，工期紧，不确定因素较多，如停产前施工如何保证正常生产，拆除过程中残留有害介质对人身伤害的保护等。为此，施工单位进行了周密的计划安排；由专职安全员编制了详细的安全技术措施，并在工程开工前，向有关人员进行了交底；项目部在对施工现场危险源辨识和预测的基础上，制定了完善的安全应急预案。

由于产品市场销路好，建设单位为追求最大经济效益，在停产检修旧设备已经拆除后，要求施工单位提前 20 天达到热试车条件。

【问题】

1. 本案例中施工单位编制的施工进度计划宜采用哪种形式表示？说明理由。

2. 施工单位可以采用哪些方法对进度计划进行调整？

3. 本案例中安全技术措施的编制和交底有何不妥之处？

4. 应急预案的编制应包括哪些内容？

【参考答案】

1. 宜用网络图表示；因工程较复杂、制约因素多，施工设计图纸供给情况、施工现场条件情况尚未全部清晰，制约施工进度的因素较多，采用网络图表示便于调整计划。

2. 计划调整的方法有：

（1）压缩关键工作的持续时间；

（2）立体交叉和平行作业法；

（3）在不违反工艺规律的前提下修正施工方案等。

3. 不妥之处在于：安全技术措施应由工程技术负责人编制，并在工程开工前向全体职工进行详细交底。

4. 应急预案应包括下列内容：

（1）当紧急情况发生时，应规定报警、联络方式和报告内容，确定指挥者、参与者及其责任和义务以及信息沟通的方式，保证预案内部的协调。

（2）确定与外部的联系，包括有关当局、近邻单位和居民、消防、医院等相应应急部门，请求外部援助或及时通知外部人员疏散。

（3）明确作业场所内的人员，包括急救、医疗救援、消防等应急人员的疏散方式和途径。

（4）应配备必要的应急设备，如报警系统、应急照明、消防设备、急救设备、通信设备等。

第七章　机电工程项目施工质量管理

大纲考点1：质量预控

知识点一　施工过程的质量控制

1. 事前控制。

2. 事中控制：施工过程；设备监造；中间产品；分项、分部工程质量验收或评定的控制；设计变更、图纸修改、工程洽商、施工变更等的审查控制。

3. 事后控制。

知识点二　施工质量策划

1. 确定质量目标。

2. 建立组织机构。

3. 制定项目经理部各级人员、部门的岗位职责。

4. 建立质量保证体系和控制程序。

5. 编制施工组织设计（施工方案）与质量计划。

6. 机电综合管线设计的策划。

知识点三　工序质量预控

工序质量控制的方法一般有质量预控、工序分析、工序质量检验三种，以质量预控为主。

1. 质量预控

（1）质量预控包括：施工组织设计（施工方案）与质量计划预控、施工准备预控、施工生产要素预控。

（2）施工生产要素：人员选用、材料使用、操作机具、检验器具、操作工艺、施工环境。

施工人员的控制：工程质量是人生产劳动的结果体现，人的思想、责任心、质量观、业务能力、技术水平等直接影响到工程质量，对人的因素的控制十分关键。专业施工队在施工前将起重工、电工、电焊工等各工种的上岗证报监理备案，要求各工种持证上岗，无证不得上岗。

（3）质量预控方案包括：工序名称、可能出现的质量问题、提出质量预控措施等。

2. 质量控制点的设置

（1）质量控制点的确定原则：

①施工过程中的关键工序或环节，如电气装置的高压电器和电力变压器、钢结构的梁柱板节点、关键设备的设备基础、压力试验、垫铁敷设等。②关键工序的关键质量特性，如焊缝的无损检测，设备安装的水平度和垂直度偏差等。③施工中的薄弱环节或质量不稳定的工序，如焊条烘干、坡口处理等。④关键质量特性的关键因素，如管道安装的坡度、平行度的关键因素是人，冬期焊接施工的焊接质量关键因素是环境温度等。⑤对后续工程施工、后续工序质量或安全有重大影响的工序、部位或对象。⑥隐蔽工程。⑦用新工艺、新技术、新材料的部位或环节。

（2）质量控制点的划分：根据各控制点对工程质量的影响程度，分为 A、B、C 三级。

①A 级控制点必须由施工、监理和业主三方质检人员共同检查确认并签证。②B 级控制点由施工、监理双方质检人员共同检查确认并签证。③C 级控制点由施工方质检人员自行检查确认。

1. 事前、事中、事后控制。
2. 施工质量策划。
3. 施工生产要素。
4. 质量控制点的划分。

大纲考点 2：工序质量检验

知识点（一） 检验试验计划编制

1. 依据

设计图纸、施工质量验收规范、合同规定内容。

2. 检验试验计划内容

检验试验项目名称；质量要求；检验方法（专检、自检、目测、检验设备名称和精度等）；检测部位；检验记录名称或编号；何时进行检验；责任人；执行标准。

知识点（二） 现场质量检查

1. 内容

开工前的检查、工序交接检查、隐蔽工程的检查、停工后复工的检查、分项、分部工程完工后检查、成品保护的检查。

2. 三检制

操作人员的"自检""互检"和专职质量管理人员的"专检"相结合的检验制度，是确保现场施工质量的一种有效方法。

（1）自检是指由操作人员对自己的施工作业或已完成的分项工程进行自我检验，实施自我控制、自我把关，及时消除异常因素，以防止不合格品进入下道作业。

（2）互检是指操作人员之间对所完成的作业或分项工程进行的相互检查，是对自检的一种复核和确认，起到相互监督的作用。

（3）专检是指质量检验员对分部、分项工程进行检验，用以弥补自检、互检的不足。

（4）实行三检制，要合理确定好自检、互检和专检的范围。一般情况下，原材料、半成品、成品的检验以专职检验人员为主，生产过程的各项作业的检验则以施工现场操作人员的自检、互检为主，专职检验人员巡回抽检为辅。成品的质量必须进行终检认证。

3. 现场质量检查的方法

现场质量检查的方法主要有目测法、实测法、试验法等。

（1）目测法。凭借感官进行检查，也称观感质量检验。

（2）实测法。通过实测数据与施工规范、质量标准的要求及允许偏差值进行对照，以此判断质量是否符合要求。

（3）试验法。通过必要的试验手段对质量进行判断的检查方法。主要包括：理化试验、无损检测。

 采 分 点

1. 现场质量检查的内容。

2. 三检制。

3. 目测法、实测法、试验法。

 大纲考点3：施工质量问题和质量事故的处理

知识点一 质量问题与和质量事故划分

1. 质量不合格

工程产品没有满足某个规定的要求为质量不合格。没有满足某个预期使用要求或合理的期望（包括安全性方面）要求，为质量缺陷。

2. 质量问题

凡是工程质量不合格，必须进行返修、加固或报废处理，造成直接经济损失不大的为质量问题，由企业自行处理。

3. 质量事故

凡是工程质量不合格，必须进行返修、加固或报废处理，造成直接经济损失较大的为质量事故。

知识点二 质量事故处理程序

1. 事故报告

2. 现场保护

3. 事故调查

4. 撰写质量事故调查报告

5. 事故处理报告

施工单位负责前面四项工作。

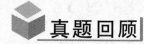

知识点 三 质量事故处理方式

1. 返工处理
2. 返修处理
3. 限制使用
4. 不作处理
5. 报废处理

采 分 点

1. 质量问题与质量事故划分。
2. 质量事故处理程序。
3. 质量事故处理方式。

真题回顾

1. 背景资料

某机电设备安装公司承包了一台带热段的分离塔和附属容器、工艺管道的安装工程。在工程实施过程中，出现了以下事件：

在联动试运行中，分离塔换热段管板与接管连接的多处焊缝泄漏，试运行中止。安装单位再次对分离塔泄漏处进行了补焊处理后，再次启动试运行，而分离塔的原泄漏点更加严重，不得不再次停止试运行。分析事故原因，确定是由分离塔质量问题引起，但未查到分离塔的出厂证明文件和现场交接记录。由于分离塔待修停工，使该项目推迟竣工两个月。为此，建设单位要求安装单位承担质量责任并赔偿全部经济损失。

【问题】

在事件中，安装单位和容器制造厂的质量职责是什么？对事故各自负什么质量和经济责任？说明理由。

【参考答案】

容器制造厂的质量职责是：确保制造质量符合设计要求和相关规定，供货质量符合要求。安装单位的质量职责是：确保安装质量符合设计要求和相关规定，确保工程质量的控制并使整个工程最终获得优良品质工程。容器制造厂对事故应负制造缺陷的质量和经济责任。安装单位对事故应负安装缺陷的质量和经济责任。

理由：根据分析事故原因，确定是由分离塔质量问题引起，但未查到分离塔的出厂证明文件和现场交接记录。安装公司不具备压力容器制造和现场组焊资格，而进行了焊接。

2. 背景资料

某安装公司在南方沿海承担了一化工装置的安装工作，该装置施工高峰期正值夏季，相对湿度接近饱和。该公司建造了临时性管道预制厂房，采用 CO_2 气体保护焊进行焊接工作。

在预制管道时，无损检测工程师发现大量焊口存在超标的密集气孔，情况较为严重，项目部启动了质量事故报告程序，安装公司派出人员与项目部相关人员一起组成了调查小组，按程序完成了该事故的处理。

【问题】

（1）列出质量事故处理程序的步骤。

（2）安装公司组织的事故调查小组应由谁组织？调查小组的成员有哪些？

（3）试用因果分析图（见下图）分析事故原因汇总的材料、环境因素。（不需要画图，在答题纸上用文字表述）

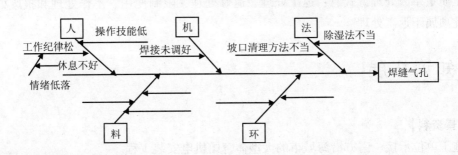

【参考答案】

（1）质量事故处理程序的步骤：事故报告→现场保护→事故调查→撰写质量事故调查报告→事故处理报告。

（2）事故调查小组应由项目技术负责人为首组建调查小组，参加人员应该是与事故有直接相关的专业技术人员，质检员和有经验的技术工人。

（3）解答如下：①材料因素中应包含焊条受潮未烘干，焊条型号不对，管道坡口未烘干。②环境因素中应包含（夏季）空气相对湿度饱和，气温过高。

3. 背景资料

某机电工程公司承接了电厂制氢系统机电安装工程。

为了控制工程安装质量，在施工现场进行了工序检验，实行"三检制"检查，有效保证了工程质量。

【问题】

简要说明施工现场工序检查的"三检制"含义。

【参考答案】

三检制是指操作人员的"自检"、"互检"和专职质量管理人员的"专检"相结合的检验制度。自检是指由操作人员对自己的施工作业或已完成的分项工程进行自我检验，实施自我控制、自我把关，及时消除异常因素，以防止不合格品进入下道作业。互检是指操作人员之间对所完成的作业或分项工程进行的相互检查，是对自检的一种复核和确认，起到相互监督的作用。互检的形式可以是同组操作人员之间的相互检验，也可以是班组的质量检查员对本班组操作人员的抽检，同时也可以是下道作业对上道作业的交接检验。专检是指质量检验员对分部、分项工程进行检验，用以弥补自检、互检的不足。

4. 背景资料

管道与压缩机之间的隔离盲板采用耐油橡胶板，试压过程中橡胶板被水压击穿，外输压气机的涡壳进水。C施工单位按质量事故处理程序，更换了盲板，并立即组织人员修理压气机，清理积水，避免了叶轮和涡壳遭浸蚀，由于及时调整了后续工作，未造成项目工期延续。

【问题】

C施工单位对涡壳进水事故的处理是否妥当？说明理由。此项处理属于哪一种质量事故的处理方式？

【参考答案】

C 施工单位对涡壳进水事故的处置不妥当。

理由：正确的质量事故处理程序为事故报告、现场保护、事故调查、撰写质量事故调查报告、事故处理报告。

施工质量事故处理方式有：返工处理、返修处理、限制使用、不作处理和报废处理五种情况，此项属于返工处理。

 知识拓展

（一）

【背景资料】

其施工单位承接一南方沿海城市的大型体育馆机电安装工程。

由于南方沿海空气湿度高、昼夜温差大，夏天地下室结露严重，给焊接、电气调试、油漆、保温等作业的施工质量控制带来困难。

项目部制订的施工进度计划中，施工高峰期在 6－8 月，正值高温季节。根据地下室的气候条件和比赛大厅高空作业多的特点，需制定针对性施工技术措施，编制质检计划和重点部位的质量预控方案等，使工程施工顺利进行，确保工程质量。

在施工过程中，由于个别班组抢工期，在管理上出现工序质量失控，致使在试车阶段发生施工质量问题，如通风与空调系统进行单机和联动试车时，有两台风机出现震动大、噪声大，电动机端部发热等异常现象。经调查发现：风机的垫铁有移位和松动；电动机与风机的联轴器同轴度超差。

【问题】

1. 针对环境条件，制定主要的施工技术措施。

2. 为保证地下室管道焊接质量，针对环境条件编制质量预控方案。

3. 按风机安装质量问题调查结果，分别指出发生质量问题可能的主要原因。

4. 变配电装置进入调试阶段，因环境湿度大，会造成调试时测试不准或不能做试验，在管理上应采取哪些措施？

【参考答案】

1. 主要的施工技术措施有：

（1）在比赛大厅地面分段组装风管，经检测合格后保温，减少高空作业。

（2）先安装地下室排风机，进行强制排风，降低作业环境湿度。

（3）必要时，采取加热烘干措施。

2. 地下室管道焊接质量预控方案，工序名称：焊接工序。

可能出现的质量问题：产生气孔、夹渣等质量缺陷，提出质量预控措施：焊工备带焊条保温筒、施焊前对焊口进行清理和烘干。

3. 垫铁移位和松动的原因可能是操作违反规范要求，垫铁与基础间接触不好，垫铁间点焊不牢固，灌浆时固定垫铁的方法不对。联轴器同轴度超差原因可能是操作违反规范要求，检测方法不对，检测仪表失准，被测数据计算错误。

4. 变配电装置调试阶段应派值班人员监控受潮情况，试验作业时应加强监护，检查排风

设施和排水设施工作是否正常。

（二）

【背景资料】

A 公司承接一石油输送管道安装工程，安装工程基本完成后，检查时发现在部分管段连接部位焊缝有几处裂纹，因无法进行无损检测，业主担心裂纹会贯穿，会扩展。经专家论证，管道所用钢板和焊接材料焊接性能良好，不具备产生延迟性裂纹的条件；设计和施工方案都没有问题；裂纹是由于组对应力、焊接应力引发的表面裂纹，出自同一焊工，不具有普遍性。施工单位积极配合进行返修处理，造成经济损失 8000 元，工期没有受到影响。

【问题】

1. 本案例的质量问题是否构成质量事故？说明理由。

2. 从发现焊缝裂纹到专家论证前，施工单位在处理该问题时应做哪些工作？

3. 本案例施工单位组织的调查小组应由谁负责？哪些人员应参加调查小组？

4. 施工质量事故处理的方式有几种？该案例属于哪种？

【参考答案】

1. 本案例的质量问题不构成质量事故。因为经济损失不大，焊缝返修属于正常施工范围，没有延误工期，不存在涉及人身安全和影响使用功能的问题。

2. 从发现焊缝裂纹到专家论证前，施工单位在处理该问题时应做以下工作：

①施工负责人（项目经理）应按规定时间和程序及时向企业报告事故状况；②对现场进行保护；③组织事故调查；④撰写质量事故调查报告。

3. 应由项目技术负责人组织调查。调查小组可由企业技术质量管理人员、项目负责人、与事故直接相关的专业技术人员、质检人员和施工班组长等参加。

4. 施工质量事故处理的方式有返工处理、返修处理、限制使用、不作处理和报废处理五种。本案例属于返修处理。

第八章　机电工程项目试运行管理

 大纲考点1：试运行条件

知识点（一） 试运行程序与责任分工

1. 试运行（试运转、试车）目的

检验单台机器和生产装置（或机械系统）的制造、安装质量、机械性能或系统的综合性能，能否达到生产出合格产品的要求。

2. 阶段划分

（1）单机试运行：属于施工阶段的一部分。

（2）联动试运行：正式出产品前的模拟。

（3）负荷试运行：正式出产品。

知识点（二） 责任分工及参加单位

1. 单机试运行

（1）施工单位组织，工作内容：负责编制完成试运行方案，并报建设单位审批；组织实施试运行操作，做好测试、记录。

（2）参加单位：施工单位、监理单位、设计单位、建设单位、重要机械设备的生产厂家。

2. 联动试运行

（1）建设单位组织、指挥，工作内容：负责及时提供各种资源，编制联动试运行方案；选用和组织试运行操作人员；实施试运行操作。

（2）参加单位：建设单位、生产单位、施工单位以及总承包单位（若该工程实行总承包）、设计单位、监理单位、重要机械设备的生产厂家。

3. 负荷试运行

（1）建设单位（业主）组织，协调和指挥。

（2）负荷试运行方案由建设单位组织生产部门和设计单位、总承包/施工单位共同编制，由生产部门负责指挥和操作。

知识点（三） 单机试运行前应具备条件

1. 机械设备及其附属装置、管线已按设计文件的内容和有关规范的质量标准全部安装完毕。

2. 提供了相关资料和文件：

各种产品的合格证书或复验报告；施工记录、隐蔽工程记录和各种检验、试验合格文件；与单机试运行相关的电气和仪表调校合格资料等。

3. 试运行所需动力、材料、机具、检测仪器等符合试运行的要求并确有保证。

4. 润滑、液压、冷却、水、气（汽）和电气等系统符合系统单独调试和主机联合调试的要求。

5. 试运行方案已经批准。

6. 试运行组织已经建立，操作人员经过培训、考试合格，熟悉试运行方案和操作方法，能正确操作。记录表格齐全，保修人员就位。

7. 对人身或机械设备可能造成损伤的部位，相应的安全实施和安全防护装置设置完成。

8. 试运行机械设备周围的环境清扫干净，不应有粉尘和较大的噪声。

知识点 四 联动试运行前应具备条件

1. 中间交接

施工单位向建设单位办理工程交接的一个必要程序，它标志着工程施工安装结束，由单机试运行转入联动试运行。目的是为了在施工单位尚未将工程整体移交之前，解决建设（生产）单位生产操作人员进入所交接的工程进行试运行作业的问题。

2. 联动试运行前应具备的条件

（1）试运行范围内的工程已按设计文件规定的内容全部建成并按施工验收规范的标准检验合格。

（2）试运行范围内的机器，除必须留待投料试运行阶段进行试车的以外，单机试运行已全部完成并检验合格。

（3）试运行范围内的设备和管道系统的内部处理及耐压试验、严密性试验已经全部合格。

（4）试运行范围内的电气系统和仪表装置的检测系统、自动控制系统、联锁及报警系统等符合规范规定。

（5）试运行方案和生产操作规程已经批准。

（6）工厂的生产管理机构已经建立，各级岗位责任制已经制定，有关生产记录报表已配备。

（7）试运行组织已经建立，参加试运行人员已通过生产安全考试合格。

（8）试运行所需燃料、水、电、气、工业风和仪表风等可以确保稳定供应，各种物资和测试仪表、工具皆已齐备。

（9）试运行方案中规定的工艺指标、报警及联锁整定值已确认并下达。

（10）试运行现场有碍安全的机器、设备、场地、走廊处的杂物，均已清理干净。

1. 试运行目的。

2. 单机试运行、联动试运行、负荷试运行。

3. 各阶段试运行责任分工及参加单位。

4. 单机试运行、联动试运行前应具备的条件。

 大纲考点2：试运行要求

知识点一 试运行方案

　　试运行方案由施工项目总工程师组织编制，经施工企业总工程师审定，报建设单位或监理单位批准后实施。

知识点二 机械设备单机试运行应达到的要求

　　1. 主运动机构和各运动部件应运行平稳，无不正常的声响；摩擦面温度正常无过热现象。
　　2. 主运动机构的轴承温度和温升符合有关规定。
　　3. 润滑、液压、冷却、加热和气动系统，有关部件的动作和介质的进、出口温度等均符合规定，并工作正常、畅通无阻、无渗漏现象。
　　4. 各种操纵控制仪表和显示等，均与实际相符，工作正常、正确、灵敏和可靠。
　　5. 机械设备的手动、半自动和自动运行程序，速度和进给量及进给速度等，均与控制指令或控制带要求相一致，其偏差在允许的范围内。

知识点三 单机试运行结束后，应及时完成的工作

　　1. 切断电源和其他动力源。
　　2. 排气、排水、排污和防锈涂油。
　　3. 对蓄势器和蓄势腔及机械设备内剩余压力卸压。
　　4. 对润滑剂的清洁度进行检查，清洗过滤器；必要时更换新的润滑剂。
　　5. 拆除试运行中的临时装置和恢复拆卸的设备部件及附属装置。对设备几何精度进行必要的复查，各紧固部件复紧。
　　6. 清理和清扫现场，将机械设备盖上防护罩。
　　7. 整理试运行的各项记录。试运行合格后由参加单位在规定的表格上共同签字确认。

知识点四 联动试运行应达到的标准

　　1. 试运行系统应按设计要求全面投运，首尾衔接稳定连续运行并达到规定时间。
　　2. 参加试运行的人员应掌握开车、停车、事故处理和调整工艺条件的技术。
　　3. 联动试运行后，参加试运行的有关单位、部门对其结果进行分析评定，合格后填写《联动试运行合格证书》。

◇ 采 分 点 ◇

　　1. 试运行方案由施工项目总工程师组织编制，经施工企业总工程师审定，报建设单位或监理单位批准后实施。
　　2. 单机试运行应达到的要求。
　　3. 单机试运行结束后，应及时完成的工作。

4. 联动试运行应达到的标准。

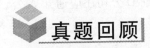 **真题回顾**

1. 背景资料

某东北管道加压泵站扩建，新增两台离心式增压泵。两台增压泵安装属该扩建工程的机械设备安装分部工程。

经过 80 天的努力，机组于 12 月中旬顺利完成单机试运行。单机试运行结束后，项目经理安排人员完成了卸压、卸荷、管线复位、轮滑油清洁度检查、更换了轮滑油过滤器滤芯、整理试运行记录。

【问题】

背景资料中，单机试运行结束后，还应及时完成哪些工作？

【参考答案】

背景资料中，单机试运行结束后，还应及时完成以下工作：

（1）切断电源及其他动力源；

（2）进行必要的排气、排水或排污；

（3）按各类设备安装规范的规定，对设备几何精度进行必要的复查，各紧固部件复紧；

（4）拆除试运行中的临时管道及设备（或设施）。

（5）清理和清扫现场，将离心或增压泵盖上防护罩。

2. 背景资料

某厂新建总装车间工程在招标时，经竞标，A 公司中标机电安装工程，B 公司中标土建工程，两公司分别与业主签订了施工合同。

A 公司中标后，考虑工期紧，劳动力资源不足，征得业主同意，经资格审查和招标，决定将其中的空压站设备（由建设单位供货）安装工程分包给 C 公司。在施工过程中发生了以下事件：

C 公司在空压机安装完成后，单机试运行前做了如下工作：试运行范围内的工程已按设计和有关规范要求全部完成；提供了产品合格证明书，施工记录，空压机段间管道耐压试验和清洗合格资料，压力表和安全阀的送检合格证明材料，空压机和冷却泵电气、仪表已调试完毕；建立了试运行组织，试运行操作人员已经过技术培训；试运行所需的冷却水有充分保证；测试仪表、工具、记录表格齐全。在编制了试运行方案并获总承包单位批准后，C 公司通知 B 公司、业主和监理公司到场，即开始单机试运行，监理公司不同意。

【问题】

（1）事件中，单机试运行前的准备工作有哪些不足？

（2）单机试运行方案还应报哪个单位批准？试运行前 C 公司还应通知哪些人员到场？

【参考答案】

（1）试运行准备工作不完整的地方主要有：

①空压机和冷却泵电气、仪表已调试完毕，缺少有关合格资料；②试运行操作人员已经过技术培训，还应该经过考试合格，并熟悉试运行方案和操作方法，能正确操作；③在编制了试运行方案并获总承包单位批准后，还需报建设单位或监理单位批准后实施；④缺少条件：

保修人员应该就位，设备周围环境应清扫干净，不应有粉尘和较大噪声。

（2）试运行方案还应报建设单位或监理单位批准后实施；试运行前 C 公司还应通知 A 公司、设计单位、空压机的生产厂家到场。

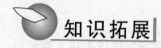知识拓展

（一）

【背景资料】

A 安装公司承包某大楼空调设备控制系统施工，主要监控设备有：监视控制器、电动调节器、风阀驱动器、温度转换器（铂电阻型）等。大楼的空调工程由 B 安装公司施工。合同约定：全部监控设备由 A 公司采购，其中电动调节器、风阀驱动器由 B 公司安装，A 公司检查接线。最后由两家公司实施对空调系统的联动试运行调试。

在监控系统的施工中，A 公司及时与 B 公司协调，使监控系统施工技术符合空调工程施工进度。监控系统和空调工程安装完成后，组织单机试运行并且合格后，A、B 两公司进行了空调系统的联动试运行调试，空调工程和监控系统按合同要求竣工。

【问题】

1. 单机试运行参加的单位应该有哪些？

2. 联动试运行前应完成哪些准备工作？

3. 空调机组联合试运行应该以哪个安装公司为主？试运行中主要检测哪几个参数？

【参考答案】

1. 单机试运行的参加单位：施工单位、监理单位、设计单位、建设单位、重要机械设备的生产厂家。

2. 联动试运行前应完成的准备工作：

（1）完成联动试运行范围内工程的中间交接。中间交接只是工程（装置）保管、使用责任（管理权）的移交，但不解除施工单位对交接范围内的工程质量、交工验收应负的责任。

（2）编制、审定试运行方案。

（3）按设计文件要求加注试运行用润滑油（脂）。

（4）机器入口处按规定装设过滤网（器）。

（5）准备能源、介质、材料、工机具、检测仪器等。

（6）布置必要的安全防护设施和消防器材。

3. B 安装公司主要负责联动试运行，因为 B 公司是空调的施工单位。

应测参数：空气温度、相对湿度、气流速度、噪声、空气洁净度、空调系统的新风量、送风量的大小、过滤网的压差开关信号、风机故障报警信号等。

（二）

【背景资料】

某机电专业承包公司承包了一座氨制冷站机电安装工程。合同规定，整个制冷站负荷试运行达到设计要求后一起交给业主。工程进入单机试运行阶段后，项目部专业工程师编制了试运行方案，经项目部总工程师审核、项目经理批准后执行，同时呈报总监理工程师备案。首先对电气和仪表进行了调试并符合试运行条件；对活塞式氨压缩机进行了无负荷单机试运行和空气负荷试运行，氨管道系统进行了气压试验，合格后，对管道系统进行了

吹扫，之后又对管道系统进行了真空试验并合格后，项目部随机进入了充氨负荷试运行阶段，上述试运行的资料齐全。在负荷试运行过程中发现高压氨管道有一处砂眼造成泄漏，被迫停止试运行。

【问题】

1. 氨制冷站试运行的目的是什么？

2. 该机电专业承包公司在试运行中，应负责哪几个阶段的工作？为什么？

3. 项目部编制的试运行方案在编制、审核、批准程序上存在什么问题？应该怎么办？

4. 氨制冷站是否具备了负荷试运行的条件？为什么？

【参考答案】

1. 氨制冷站试运行的目的是检验单台机器和生产装置（或机械系统）的制造、安装质量、机械性能或系统的综合性能，能否达到生产出合格产品（制冷产品）的要求。

2. 该机电专业承包公司应该承担单机试运行、联动试运行、氨负荷试运行（及试生产）等阶段的试运行任务，直至生产出满足负荷要求的制冷产品。因为合同规定，整个制冷站负荷试运行达到设计要求后一起交给业主，所以整个试运行的任务都要由施工单位承担。

3. 试运行方案的编制、审核、批准的程序都不符合要求。试运行方案应该由项目总工程师组织编制，经本单位总工程师审核，报建设单位或监理单位批准后实施。

4. 不具备。

因为氨属于有毒介质，其管道系统在气压试验、吹扫、真空试验合格之后，还要进行充氨检漏。项目部没有进行这道工序的试验就直接进行充氨负荷试运行，所以出现系统泄漏现象。

第九章　机电工程项目施工安全管理

 大纲考点1：机电工程项目施工现场安全管理责任

知识点 一 安全生产责任制的制定

1. 项目部应按照"安全第一，预防为主，综合治理"的方针和"管生产必须管安全"的原则，制定安全生产责任制。

2. 项目经理是项目部的安全第一责任人，负责本工程项目安全管理的组织工作。主要职责：确定安全管理目标；明确安全管理责任制；建立项目部的安全管理机构，明确机构各级的管理责任和权利；依据安全生产的法律、法规，建立、健全项目安全生产制度和安全操作规程；高度重视安全施工技术措施的制定和实施；进行安全生产的宣传教育工作；开展危险源辨识和安全性评价；组织安全检查；处理安全事故。

采 分 点

1. 方针、原则。
2. 项目经理是安全第一责任人。

知识点 二 安全生产责任制的落实

1. 项目经理对本工程项目的安全生产负全面领导责任；
2. 项目总工程师对本工程项目的安全生产负技术责任；
3. 工长对项目部的分承包方的安全生产负直接领导责任；
4. 安全员负责按照有关安全规章、规程和安全技术交底的内容进行监督、检查，及时纠正违章作业；
5. 分承包方的劳务队长或班组长要认真落实安全技术交底，每天做好班前教育，并履行签字手续，把安全生产的责任分解到每个职工身上。

采 分 点

1. 项目经理：全面领导责任。
2. 项目总工程师：技术责任。
3. 工长：直接领导责任。

大纲考点2：机电工程项目施工现场职业健康安全管理要求

知识点一 安全技术交底

1. 安全技术交底制

（1）工程开工前，工程技术负责人要将工程概况、施工方法、安全技术措施等向全体职工进行详细交底。

（2）分项、分部工程施工前，工长（施工员）向所管辖的班组进行安全技术措施交底。

（3）两个以上施工队或工种配合施工时，工长（施工员）要按工程进度向班组长进行交叉作业的安全技术交底。

（4）班组长要认真落实安全技术交底，每天要对工人进行施工要求、作业环境的安全交底。

（5）安全技术交底按施工工种安全技术交底；分项、分部工程施工安全技术交底；采用新工艺、新技术、新设备、新材料施工的安全技术交底。

2. 安全技术交底记录

（1）工长（施工员）进行书面交底后，应保存安全技术交底记录和所有参加交底人员的签字。

（2）交底记录由安全员负责整理归档。

（3）交底人及安全员应对安全技术交底的落实情况进行检查，发现违章作业应立即采取整改措施。安全技术交底记录一式三份，分别由工长、施工班组、安全员留存。

知识点二 安全检查

1. 方法

定期性、经常性、季节性、专业性、综合性和不定期的。

2. 内容

查思想、查管理、查隐患、查整改、查事故处理。

3. 重点

违章指挥和违章作业。

4. 应注意

将自查与互查有机结合起来；坚持检查与整改相结合；制定和建立安全档案；落实责任是前提，强化管理是基础，以人为本是关键，常抓不懈是保证。

知识点三 现场安全事故处理程序

施工活动中发生的工程损害纳入安全事故处理程序。按照有关法律、法规的规定执行。安全事故的处理参照《企业职工伤亡事故报告和处理规定》执行。

 **采 分 点**

1. 安全技术交底制。

2. 安全技术交底记录。

3. 安全检查的方法、内容、重点。

 大纲考点3：机电工程项目施工现场危险源辨识

知识点 一 危险源的种类

1. 第一类危险源

施工过程中存在的可能发生意外能量释放（如爆炸、火灾、触电、辐射）而造成伤亡事故的能量和危险物质，包括机械伤害、电能伤害、热能伤害、光能伤害、化学物质伤害、放射和生物伤害等。

2. 第二类危险源

导致能量或危险物质的约束或限制措施破坏或失效的各种因素，其中包括机械设备、装置、原件、部件等性能低下而不能实现预定功能，即发生物的不安全状态；人的行为结果偏离被要求的标准即人的不安全行为；由于环境问题促使人的失误或物的故障发生。

知识点 二 危险源辨别的方法

1. 直观经验法辨识危险源产生的因素，凭人的经验和判断力对施工环境、施工工艺、施工设备、施工人员和安全管理的状况进行辨识和判断，从而做出评价。施工现场经常采用这种方法对危险源进行辨识，进而采取预防措施。

2. 安全检查表（SCL）。是把整个工作活动或工作系统分成若干个层次（作业单元），对每一个层次，根据危险因素确定检查项目并编制成表，形成了整个工作活动或工作系统的安全检查表。对每一作业单元进行检查。

3. 作业条件危险性评价法是用与系统危险率有关的三种因素指标值之积来评价危险大小的半定量评价方法。危险性的分值等于三种因素指标值即事故可能性大小的概率、人体暴露危险环境的频次和事故可能造成的后果概率的乘积。

 大纲考点4：机电工程项目施工安全技术措施

知识点 一 安全技术措施的制定

1. 制定施工安全技术措施

应遵循"消除、预防、减少、隔离、个体保护"的原则。要在防护上、技术上和管理上采取相应措施。

2. 根据具体工程项目特点，有针对性地制定施工安全技术措施

（1）施工平面布置的安全技术要求：

①油料及其他易燃、易爆材料库房与其他建筑物的距离应按规范、规程设置，符合安全要求。②电气设备、变配电设备、输配电线路的位置、防护及与其他设施、构筑物、道路的距离符合安全要求。③材料、机械设备与结构坑、槽的距离符合安全要求。④施工场地、施工机械的位置应满足使用、维修的安全距离。⑤配置必要的消防设施、装备、器材，确定控

制和检查手段、方法、措施。⑥施工现场及生活区的消防通道应布置成环形，以便于出入，路面应硬化处理，且宽度不应小于3.5m。⑦生活区内和现场办公室旁不得存放易燃、易爆物品及易污染环境的物品。

（2）高空作业：人员在高空作业，如意外从高空跌落，可能造成人身伤害。高空作业不可避免，安全技术措施应主要从防护着手，包括：职工的身体状况（不允许带病作业、疲劳作业、酒后高空作业）和根据具体情况制定的防护措施（佩戴安全带，设置安全网、防护栏等）。

（3）机械操作：可能造成人身机械伤害。

（4）起重吊装作业：尤其是大型吊装，具有重大风险。

（5）动用明火作业：针对某些充满油料及其他易燃、易爆材料的场合，不允许动用明火但必须用的，必须采取专门防护措施和预备专门的消防设施和消防人员。

（6）在密闭容器内作业：空气不流通，很容易造成人窒息和中毒，必须采取空气流通措施，照明应使用12V安全电压，且行灯电源不得采用塑料软线。

（7）带电调试作业：可能导致工人触电发生事故，也可能发生用电机械产生误动作而引发安全事故，必须采取相应的安全技术措施。

（8）管道和容器的探伤、冲洗及压力试验：

①管道和压力容器的无损探伤包括：射线、超声波、磁粉和渗透探伤等；②管道和容器的酸洗过程中，严格遵守酸洗的操作规程；③管道和容器压力试验中的气压试验，其安全技术措施主要是严格按试压程序进行，即先进行水压试验，后进行气压试验，分级试压，试压前严格执行检查、报批程序。

（9）单机试运行和联动试运行：应根据设备的工艺作用、工作特点、与其他设施的关联等制定安全技术措施方案。

（10）其他。

①冬期、雨期、夏季高温期、夜间等施工时安全技术措施；②针对工程项目的特殊需求，补充相应的安全操作规程或措施；③针对采用新工艺、新技术、新设备、新材料施工的特殊性制定相应的安全技术措施；④对施工各专业、工种，施工各阶段、交叉作业等编制针对性的安全技术措施等。

1. "消除、预防、减少、隔离、个体保护"的原则。

2. 施工平面布置；高空作业；机械操作；起重吊装作业；动用明火作业；在密闭容器内作业；带电调试作业；管道和容器的探伤、冲洗及压力试验；临时用电；单机试运行和联动试运行。

知识点二 **吊装作业的安全技术措施**

1. 吊装作业应根据具体的吊装方法制定安全技术措施，形成专项技术措施方案，并严格执行。

2. 吊装作业的安全技术保证措施：

（1）在主要施工部位、作业点、危险区都必须挂有安全警示牌。夜间施工配备足够的照明，电力线路必须由专业电工架设及管理，并按规定设红灯警示，并装设自备电源的应急照明。

（2）季节施工时，特别是冬雨期施工要针对各个季节的特点认真落实季节施工安全防护措施。吊装施工时要设专人定点收听天气预报，当风速达到15m/s（6级以上）时，吊装作业必须停止，并做好台风雷雨天气前后的防范检查工作。

（3）新进场的机械设备在投入使用前，必须按照机械设备技术试验规程和有关规定进行检查、鉴定和试运转，经验收合格后方可入场投入使用。

（4）吊装作业应规定危险区域，挂设明显安全标志，并将吊装作业区封闭，设专人加强安全警戒，防止其他人员进入吊装危险区。

（5）施工现场必须选派具有丰富吊装经验的信号指挥人员、司索人员、起重工，并熟练掌握作业的安全要求。作业人员必须持证上岗，吊装挂钩人员必须做到相对固定。

（6）两台或多台起重机吊运同一重物时，钢丝绳应保持垂直，各台起重机升降应同步，各台起重机不得超过各自的额定起重能力。

（7）在输电线路下作业时，起重臂、吊具、辅具、钢丝绳等与输电线的距离应按规定执行。

（8）吊装的构件、交叉作业、施工现场环境应符合要求。

吊装作业的安全技术保证措施。

知识点 三 主要施工机械和临时用电安全管理

1. 主要施工机械的安全隐患及防护措施

施工机械的操作人员应经培训上岗，特种设备的操作人员必须持证上岗。违反安全操作规程的指令，操作人员应拒绝执行。

2. 临时用电的检查验收标准及准用程序

（1）根据国家有关标准、规范和施工现场的实际负荷情况，编制施工现场"临时用电施工组织设计"，并协助业主向当地电业部门申报用电方案；

（2）按照电业部门批复的方案及《施工现场临时用电安全技术规范》进行设备、材料的采购和施工；对临时用电施工项目进行检查、验收，并向电业部门提供相关资料，申请送电；电业部门在进行检查、验收和试验，同意送电后送电开通。

3. 临时用电检查验收的主要内容

临时用电工程必须由持证电工施工。检查内容包括：接地与防雷、配电室与自备电源、各种配电箱及开关箱、配电线路、变压器、电气设备安装、电气设备调试、接地电阻测试记录等。

4. 临时用电工程的定期检查

检查工作应按分部、分项工程进行，对不安全因素，必须及时处理，并履行复查验收手续。

大纲考点 5：掌握机电工程项目施工安全应急预案

知识点一　建立项目部安全生产事故应急预案

采分点

1. 根据对施工现场危险源的辨识，预测出可能发生伤亡事故的类型、区域。
2. 根据施工现场危险源辨识的预测，制订相应的应急预案和相应计划。
3. 应急预案落实到相关的每个人、每台应急设备，必要时应进行演练，证明应急预案的有效性和适用性。
4. 应急预案是针对危险源的辨识和预测而制定的，它可以是一个，也可以是多个。

知识点二　伤亡事故发生时的应急措施

采分点

施工现场伤亡事故发生后，项目部应立即启动"安全生产事故应急救援预案"，各单位应根据预案的组织分工和预定程序立即开始抢救工作。

1. 施工现场人员要有组织、听指挥，首先抢救伤员。
2. 在抢救伤员的同时，应迅速排除险情，采取必要措施防止事故进一步扩大。
3. 保护事故现场，一般要划出隔离区，做出隔离标识并有人看护事故现场。
4. 事故现场保护时间通常要到事故调查组对事故现场调查、现场取证完毕，或当地政府行政管理部门或调查组认定事实原因已清楚时，现场保护方可解除。

大纲考点 6：掌握机电工程项目施工现场安全事故处理

知识点一　伤亡事故的等级

1. 特别重大事故，是指造成 30 人以上死亡，或者 100 人以上重伤（包括急性工业中毒，下同），或者 1 亿元以上直接经济损失的事故。
2. 重大事故，是指造成 10 人以上 30 人以下死亡，或者 50 人以上 100 人以下重伤，或者 5000 万元以上 1 亿元以下直接经济损失的事故。
3. 较大事故，是指造成 3 人以上 10 人以下死亡，或者 10 人以上 50 人以下重伤，或者 1000 万元以上 5000 万元以下直接经济损失的事故。
4. 一般事故，是指 3 人以下死亡，或者 10 人以下重伤，或者 1000 万元以下直接经济损失的事故。

知识点二　事故报告

事故发生后，事故现场有关人员应立即向本单位负责人报告，本单位负责人接到报告后，应当在 1 小时内向事发地县级以上人民政府安全生产监督管理部门和负有安全生产监督管理职责的有关部门报告。

紧急情况下，事故现场有关人员可直接向事发地县级以上人民政府的上述各部门报告。然后逐级及时上报，特大、重大事故逐级上报至国务院上述各部门，较大事故逐级上报至省级上述各部门，一般事故上报至设区的市级人民政府上述各部门。

 调查程序

1. 特大事故由国务院或由国务院授权的有关部门组织事故调查组进行调查，重大事故、较大事故、一般事故分别由省级、市级、县级人民政府负责调查。

2. 未造成人员伤亡的一般事故，县级人民政府也可委托事故发生单位组织事故调查组进行调查。

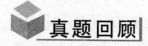

1. 伤亡事故等级划分：死亡 30、10、3；重伤 100、50、10；经济损失 1 亿元、5000 万元、1000 万元。

2. 事故报告：流程、时间。

真题回顾

1. 背景资料

某建筑空调工程中的冷热源主要设备由某施工单位吊装就位，设备需吊装到地下一层（－7.5m），再牵引至冷冻机房和锅炉房就位。施工单位依据设备一览表（见下表）及施工现场条件（混凝土地坪）等技术参数进行分析、比较，制定了设备吊装施工方案。

在吊装方案中，绘制了吊装施工平面图，设置吊装区，制定安全技术措施，编制了设备吊装进度计划。施工单位按吊装的工程量及进度计划配置足够的施工作业人员。

【问题】

设备吊装工程中应配置哪些主要的施工作业人员？

【参考答案】

设备吊装工程中应配置以下主要的施工作业人员：有丰富吊装经验的信号指挥人员、司索人员、起重工。

2. 背景资料

某机电工程公司承接了一座110kV变电站项目，工期一年，时间紧、任务重。对此，该公司首先在内部组织了施工进度计划、施工生产资源、工程质量、施工安全、卫生及环境管理等协调工作，以便工程顺利展开；其次明确各级各类人员的安全生产责任制，以加强项目的安全管理；最后施工过程中公司组织了与工程对应的季节、专业和综合等安全检查，以保证施工过程安全。

变压器经开箱检查和本体密封检验后就位，紧接着进行箱体检查、附件安装、注油和整体密封性试验，但在通电过程中烧毁。

【问题】

（1）分析变压器烧毁的施工原因，根据公司安全生产责任制，工程项目部领导各应承担何种性质的安全生产责任？

（2）公司组织的与工程对应的安全检查中，除背景资料指出的检查外还有哪些？安全检查的重点是什么？

【参考答案】

（1）解答如下：①变压器烧毁的主要原因有：未对变压器进行器身检查及交接试验；未进行送电前的检查（绝缘判定）。

②根据公司安全生产责任制，该工程项目部领导各应承担的安全生产责任的性质：根据公司安全生产责任制度，项目经理对安全生产负全面领导责任；项目总工程师负技术责任；工长（施工员）对项目部的分承包方（劳务队或班组）负直接领导责任；安全员负责按照有关安全规章、规程和安全技术交底的内容进行监督检查，及时纠正违章作业。

（2）施工过程中公司组织了与工程对应的季节、专业和综合等安全检查，除此之外还应进行：定期性的，经常性的，不定期的检查。

3. 背景资料

某机电工程项目经招标由具备机电安装总承包一级资质的 A 安装工程公司总承包，其中锅炉房工程和涂装工段消防工程由建设单位直接发包给具有专业资质的 B 机电安装工程公司施工。合同规定施工现场管理由 A 安装工程公司总负责。A、B 公司都组建了项目部。在施工过程中发生了如下事件：

A 公司制定了现场安全生产管理目标和总体控制规定，B 公司没有执行。

【问题】

在事件中，B 公司应如何执行 A 公司的安全管理制度？

【参考答案】

B 公司应在合同中承诺执行 A 公司制定的全场性安全管理制度并明确自己的安全管理职责，依据工程特点制定相应的安全措施并报 A 公司审核后执行。

4. 背景资料

某安装公司承接一高层商务楼的机电工程改建项目，该高层建筑处于闹市中心，有地上30 层，地下 3 层。

安装公司项目部将变压器、冷水机组及冷却塔等设备的吊装分包给专业吊装公司。吊装合同签订后，专业吊装公司编制了设备吊装方案和安全技术措施，因改建项目周界已建满高层建筑，无法采用汽车吊进行吊装，论证后采用桅杆式起重机吊装。通过风险识别评估，确定了风险防范措施。

【问题】

在设备吊装施工中有哪些风险？

【参考答案】

设备吊装过程中存在的风险有高层建筑周围环境对设备吊装的风险；桅杆式起重机、缆风绳、受力锚点的风险；预计采用的施工安全措施的风险；施工机具应用成败的风险等。

（一）

【背景资料】

某机电安装公司从总承包公司 A 公司处承接一地下动力中心安装工程的专业机电分包工程，工程内容包括：冷却塔及其水池、燃油供热锅炉、换热器、各类水泵、变配电设施、通风排气系统、电气照明系统等。设备布置涉及多个楼层、布置紧凑、周界施工通道和范围有限。

工程开工时，工程设备均已到达现场仓库。所有工程设备均需用站位于吊装孔边临时道路的汽车吊，吊运至设备所在平面层，经水平拖运才能就位。

安装公司项目部根据相关规范、本工程特点及施工平面布置的要求制定了相应的安全生产责任制，编制了施工组织设计、施工方案及相应的施工安全技术措施和安全应急预案，并进行了相应交底。

【问题】

1. 该安装公司项目部负责人应如何进行现场安全管理？

2. 该安装公司制定的安全技术措施包括哪些方面？

3. 该安装公司在设备吊装时，应由哪些人员组成及要求？

4. 安全应急预案中应注明配备哪些必要的应急设备？

【参考答案】

1. 主动服从建设单位、监理单位、A 公司对现场安全生产工作的统一协调管理，执行安全生产管理的有关规定，切实制定落实好本项目部的安全生产责任制。

2. 本工程施工设计多种设备安装，位置交错处于不同楼层，制定的安全技术措施的作业包括：起重吊装、机械操作、密闭容器内作业、临时用电、带电调试、单机试运行和联动试运行。

3. 在大型设备吊装时，必须由信号指挥人员、司索人员和起重工组成，组成人员应持有上岗操作证，吊装经验丰富并掌握作业安全要求。

4. 应配备必要的应急设备：报警系统、应急照明、消防设备、急救设备、通信设备等。

（二）

【背景资料】

机电安装工程公司 A 将某厂房生产线钢结构制作安装的任务分包给具有专业资质的 B 公司（包工、包料）。

B 公司用塔式起重机将重约 4t 的斜梁吊装找正后，用电焊将斜梁与钢结构点焊固定在一起。凭借自身施工经验，电焊工认为可以摘钩了，随即进行操作，但摘钩时斜梁倾翻，两名作业人员从 5m 高处坠落，造成两人重伤。其中一人未佩戴安全带站在斜梁上，另外一人佩戴了安全带，并将安全带挂在了大梁上，但下落时安全带断裂。

【问题】

1. 该事故应由谁来组织调查、处理结案？

2. 事故发生后应采取哪些应急措施？

3. 简要分析事故发生的原因。

4. 通过本案例的事故，应急预案应怎样进行落实？

【参考答案】

1. 此案例事故是重伤事故，由 B 公司负责人或其指定人员组织生产、技术、安全等有关人员以及工会成员参加的事故调查组，进行调查，处理结案。

2. 本案例事故发生后应采取的应急措施：①启动"安全生产事故应急救援预案"；②抢救伤员；③采取措施迅速排除险情；④保护现场；⑤事故调查，现场取证，认定原因。

3. 本案例事故发生的原因可从以下两个方面分析：

（1）斜梁倾覆的主要原因有：斜梁没有采取可靠有效的固定措施或点焊焊缝质量不符合要求；也有可能是焊接材料和斜梁钢材的材质不合格造成的，这个问题要通过对使用的材料进行检验后，进一步做出判断。从管理上分析，主要是施工现场质量检查员对施工过程控制不到位。

（2）高空坠落的主要原因有：防护用品（安全带）质量不合格；施工过程中违反安全技术操作规程，其中一名操作者没有佩戴安全带；施工现场安全员督察不力。暴露出了施工单位在安全防护用品管理和安全施工管理中的薄弱环节。

4. 应急预案落实到相关的每个人、每台应急设备，必要时应进行演练，证明应急预案的有效性和适用性。

（三）

【背景资料】

某安装公司，中标承担了某机械制造厂的设备、管道安装工程。为兑现投标承诺，公司通过质量策划，编制了施工组织设计和相应的施工方案，并建立了现场质量保证体系，制定了检验试验卡，要求严格执行三检制。工程进入后期，为赶工期，采用加班加点办法加快管道施工进度，由此也造成了质量与进度的矛盾。质量检查员在管道施工质量检查时发现，不锈钢管焊接变形过大，整条管成折线状，不得不拆除，重新组对焊接，造成直接经济损失 10 万元。

【问题】

1. 三检制的自检、互检、专检责任范围应如何界定？本案例是哪个检验环节失控？

2. 影响施工质量的因素有哪些？是什么因素造成本案例不锈钢管焊接变形过大？

3. 质量事故如何界定？本案例问题应如何定性？

4. 质量事故处理有几种形式？本案例属于哪种？

【参考答案】

1. 一般情况下，原材料、半成品、成品的检验以专职检验人员为主，生产过程的各项作业的检验则以施工现场操作人员的自检、互检为主，专职检验人员巡回抽检为辅。本案例在自检和互检这两个环节上有失控。

2. 影响施工质量的因素有人、机（包括检验器具）、料、法、环五大因素；造成本案例不锈钢管焊接变形过大的主要因素是人。

3. 由于工程施工质量不符合规定标准而引发或造成规定数额以上经济损失、工期延误或造成设备人身安全，影响使用功能的即构成质量事故。直接经济损失在规定数额以下，不影响使用功能和工程结构安全，没有造成永久性质量缺陷，为质量问题。本案例问题可按一般质量问题由施工单位自行处理。

4. 施工质量事故处理的方式有返工处理、返修处理、限制使用、不作处理和报废处理五种，本案例属于返工处理。

(四)

【背景资料】

在某安装工程施工中，焊工甲、乙两人焊接一个 3.0m×1.8m×1.5m 的膨胀水箱。当天，两人完成了 70% 的工作量。由于工期紧张，为赶进度，下班后，项目经理又安排了油漆工加班将焊好的部分刷上防锈漆。因膨胀水箱箱顶距离屋顶仅有 500mm 的间隙，通风不良，到第二天上班时，油漆未干。焊工上班以后，虽然了解到水箱上油漆未干，但是因为不愿窝工，便又准备继续焊接。由焊工甲钻进水箱内侧扶焊，焊工乙站在外面焊接，刚一打火，"轰"的一声，水箱上的油漆全部燃烧起来。顿时，焊工甲被火焰吞噬，在焊工乙的帮助下才爬出水箱，得以逃生。但两人烧伤面积均达 20% 左右。

事后，经事故调查发现：施工单位安全教育不到位，疏于对工人的安全知识教育，安全管理制度执行混乱，均没有相应记录。施工前，没有进行有针对性的安全技术交底，工人自我保护意识差，存在侥幸心理。

【问题】

1. 根据本案例背景说明造成这起事故的原因。

2. 伤亡事故应如何分级？

3. 安全技术交底应在什么时候，由谁向谁交底？

4. 本工程安全管理制度不健全、执行混乱，正确的安全检查应按什么形式进行？主要包括哪些内容？

【参考答案】

1. 造成这起事故的原因是：

①工地负责人准许工人冒险作业，没有严格按照焊接要求组织生产，合理安排施工工序，施工之前没有进行有针对性的安全技术交底。

②油漆未干便进行焊接作业，形成了危险的操作环境，致使这场事故的发生。

③安全管理制度执行混乱，没有严格执行动火审批制度，动火前、动火过程中都没有进行环境安全检查。

④焊工甲和乙安全意识淡薄，自我保护意识差，存在侥幸心理。

2. 伤亡事故按事故严重程度分为轻伤事故、重伤事故、死亡事故、重大死亡事故、特大死亡事故。

3. 安全技术交底应分层逐级进行。在工程开工前进行，由工程技术负责人将工程概况、施工方法、安全技术措施等向全体职工进行详细交底。

4. 解答如下：(1) 安全检查可以定期性、经常性、季节性、专业性、综合性和不定期的进行。

(2) 安全检查内容是：查思想、查管理、查隐患、查整改、查事故处理。

第十章　机电工程项目施工现场管理

 大纲考点1：机电工程项目施工现场的内部沟通协调

【知识点一】　主要对象

　　项目经理部所设置的各个部门，如工程管理部门、质量安全监督部门、人力资源管理部门、材料设备管理部门、财务部门、总务及保卫部门等；各专业施工队、工段、班组；各专业分包队伍。

【知识点二】　主要内容

　　1. 施工进度计划的协调

　　（1）进度计划摸底编排、组织实施、计划检查、计划调整四个环节的循环。

　　（2）进度计划的协调，包含各专业施工活动。因此，施工进度计划的编制和实施中，各专业之间的搭接关系和接口的进度安排，计划实施中相互间协调与配合，工作面交换甚至交叉作业，工序衔接，各专业管线的综合布置等，都应通过内部协调沟通，从而达到高效有序，确保施工进度目标的实现。

　　2. 施工生产资源的协调

　　人力资源的协调；施工用材料的协调；施工机具的协调；使用资金的协调等。

　　3. 工程质量的协调与沟通

　　工程质量的定期通报及奖惩；质量标准产生异议时的协调与沟通；质量让步处理及返工处理的协调；组织现场样板工程的参观学习及问题工程的现场评议；质量过程的沟通与协调。

　　4. 施工安全、卫生及环境管理的协调

　　安全通道的建立及垃圾分类堆放；管理情况的定期通报与奖惩；违规违章作业通报与处理；隐患监督整改；环境卫生教育、体检等。

◇采◇分◇点◇

　　1. 施工进度计划的协调。
　　2. 施工生产资源的协调。
　　3. 工程质量的协调与沟通。
　　4. 施工安全、卫生及环境管理的协调。

定期召开协调会；不定期的部门会议或专业会议及座谈会；利用巡检深入班组随时交流与沟通；定期通报现场信息；内部参观典型案例并发动评议；利用工地宣传工具与员工沟通等。

 大纲考点2：机电工程项目施工现场的外部沟通协调

知识点 一 主要对象

1. 有直接或间接合同关系的单位

建设单位（业主）、监理单位、材料设备供应单位。

2. 有洽谈协商记录的单位

设计单位、土建单位、其他安装工程承包单位、供水单位、供电单位。

3. 工程监督检查单位

安监、质监、特检、消防、海关（若有引进的设备、材料）、劳动和税务等单位。

4. 目驻地生活相关单位

居民（村民）、公安、医疗等单位。

知识点 二 主要内容

1. 与建设单位的协调

现场临时设施的配置；技术质量标准的对接，技术文件的传递程序；工程综合进度的协商与协调；业主资金的安排与施工方资金的使用；业主提供的设备、材料的交接、验收的操作程序；设备安装质量、重大设备安装方案的确定；合同变更、索赔、签证；现场突发事件的应急处理。

2. 与土建单位的协调与沟通

综合施工进度的平衡及进度的衔接与配合；交叉施工的协商与配合；吊装及运输机具、周转材料等相互就近使用与协调；重要设备基础，预埋件、吊装预留孔洞的相互支持与协调；土建施工质量问题的反馈及处理意见的协商；土建工程交付安装时的验收与交接。

3. 与设计单位的沟通与协调

交图顺序及日期的协调；设计交底与存在问题的及时反馈；设计变更的处理；技术和质量标准存在异议时的协商与沟通；质量让步处理时的协商与沟通；材料代用的协商与沟通；施工中新材料、新技术应用的协商与沟通。

4. 与现场工程监理的协调与沟通

了解监理工程师的任务与权力；认真执行监理工程师的指示；严格履行监理工程师的决定；与监理工程师（或委托代表）保持密切联系，沟通现场施工中的进度、质量、安全及现场变更、发生的费用，征求他们对施工中的意见，并随时按监理工程师意见修正，以取得监理工程师的信任。

5. 与设备材料的供货单位沟通与协调

交货顺序与交货期；批量材料订购价格；设备或材料质量；相关技术文件、出厂验收资料；现场技术指导等。

6. 与地方相关单位的沟通与协调

与当地政府相关部门如交通部门、安全、环保、卫生、劳动、水电、税务等部门，以及保险公司、金融机构、海关、社会治安等单位保持良好关系，取得支持。了解地方法规、费用等情况，发生问题及时协调处理。

 大纲考点3：现场分包队伍管理

知识点（一）管理要求

1. 按《中华人民共和国建筑法》规定，建筑工程总承包单位按照总承包合同的约定对建设单位负责，分包单位按照分包合同的约定对总承包单位负责，总承包单位和分包单位就分包工程对建设单位承担连带责任。

2. 对分包单位严格考核与管理。

3. 强化分包队伍的全过程管理。

4. 不得再次把工程转包。严格规定分包单位不得再次把工程转包给其他单位。

知识点（二）管理原则

分包向总承包负责，一切对外有关工程施工活动的联络传递，如同总承包方、设计、监理、监督检查机构等的联络，除经总承包方授权同意外，均应通过总承包方进行。

 大纲考点4：现场绿色施工措施

知识点（一）措施

总体框架：施工管理、环境保护、节材与材料资源利用、节水与水资源利用、节能与能源利用、节地与施工用地保护。

绿色施工管理主要包括组织管理、规划管理、实施管理、评价管理和人员安全与健康管理五个方面。

知识点（二）环境保护

扬尘控制；噪声与振动控制；光污染控制；水污染控制；土壤保护；建筑垃圾控制；地下设施、文物和资源保护。

知识点（三）节材与材料资源利用

1. 图纸会审时，应审核节材与材料资源利用的相关内容，达到材料损耗率比定额损耗率低30%。

2. 应就地取材，施工现场500km以内生产的建筑材料用量占建筑材料总重量的70%以上。

大纲考点 5：机电工程项目现场文明施工管理

知识点 一 **施工现场安全绿色通道建立的措施**

1. 场区主马路画出人行道标识。
2. 消防通道必须建成环形或足以满足消防车掉头，且宽度不小于 3.5m。
3. 所有施工场点标识出人行通道并用隔离布带隔离。
4. 所有临时楼梯必须按规定要求制作安装，两边扶手用安全网拦护。
5. 2m 高以上平台必须随时安装护栏。
6. 所有吊装区必须设立警戒线，并用隔离布带隔离，标识明确。
7. 所有主要作业区必须挂安全网，做安全护栏，靠人行道和马路一侧要全网封闭。

知识点 二 **施工材料管理措施**

1. 库房内的施工材料和工具应根据不同特点、性质、用途规范布置和码放，并严格执行码放整齐、限宽限高、上架入箱、规格分类、挂牌标识等规定。
2. 保持库房内干燥、清洁、通风良好。
3. 易燃易爆及有毒有害物品按规定距离单独存放并远离生活区和施工区，并严格隔离、专人严格管理。
4. 材料堆场应场地平整，并尽可能做硬化处理，排水及道路畅通；钢材以规格、型号、种类分别整齐码放在垫木上，并与土壤隔离；标识醒目清楚；防雨设施到位，堆场清洁卫生。
5. 配备消防器材。

知识点 三 **施工机具的管理措施**

1. 手动施工机具（如手动葫芦、千斤顶等）和静止型施工机具（如卷扬机、电焊机等），出库前保养好后应整齐排放在室内。
2. 机动车辆（如吊车、汽车、叉车、挖掘机、装载机等）应整齐排放在规划的停车场内，不得随意停放或侵占道路。
3. 机动车辆实施一人一机，每天进行日检保养，确保施工安全及外观清洁。
4. 进入现场的施工机具也要指定专人定期保养维护，确保性能安全可靠、外观清洁卫生，集中排放的施工机具如电焊机等要排放整齐，安全可靠。

知识点 四 **施工现场临时用电管理措施**

1. 配电线路架设和照明设备、灯具的安装、使用应符合规范要求。
2. 配电箱和开关箱选型、配置合理，安装符合规定，箱体整洁、牢固。
3. 配电系统和施工机具采用可靠的接零或接地保护，配电箱和开关箱均设两级漏电保护。
4. 电动机具电源线压接牢固，绝缘完好，无乱拉、扯、压、砸现象；电焊机一、二次线防护齐全，焊接线双线到位，无破损。
5. 临时用电有方案和管理制度，电工个人防护整齐，持证上岗。

管理内容：入口、围墙、场内道路、材料设备堆场、办公室内环境。

管理措施：

1. 施工现场围挡，围挡的高度不低于 1.8m，入口处均应设大门，并标明消防入口，为使大型设备进出方便，大门以设立电动折叠门为宜，并设有门卫室，并在大门处设置企业标志，主现场入口处应有标牌。

2. 建立文明施工责任制，划分区域，明确管理负责人，实行挂牌制。

3. 施工现场场地平整，道路坚实畅通，有排水措施。

4. 施工现场的临时设施，包括生产、生活、办公、库房、堆场、临时上下水管道及照明、动力线路等，严格按照施工组织设计确定的施工平面图布置、搭设和埋设整齐。

5. 施工地点和周围清洁整齐，做到随时清理，工完场清。

6. 严格成品保护措施，严禁损坏污染成品、堵塞管道。

7. 施工现场禁止随意堆放垃圾，应严格按照规划地点分类堆放，定期清理并按规定分别处理。

8. 施工材料和机具按规定地点堆放，并严格执行材料机具管理制度。

9. 按消防规定，生活区、办公区、库房、堆场、施工现场配备足够的消防器材和消火栓，并在上风口设置紧急出口。

知识点 六　现场管理人员及施工作业人员的行为管理

制定措施，规范现场管理人员及施工作业人员的语言及行为；提高现场施工人员自身素质、构建内部和谐氛围；提高施工单位与外界单位的沟通水平与质量；提升施工单位外在形象。

1. 施工现场安全绿色通道建立的措施。

2. 场容管理措施。

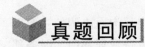

1. 背景资料

某机电工程公司承接了一座 110kV 变电站项目，工期一年，时间紧、任务重。对此，该公司首先在内部组织了施工进度计划、施工生产资源、工程质量、施工安全、卫生及环境管理等协调工作，以便工程顺利展开；其次明确各级各类人员的安全生产责任制，以加强项目的安全管理；最后施工过程中公司组织了与工程对应的季节、专业和综合等安全检查，以保证施工过程安全。

【问题】

公司内部施工进度计划协调主要有哪几方面的工作？

【参考答案】

公司内部施工进度计划协调主要有：工序顺序的先后、作业面的转换交接、作业安全的兼顾程度、大型施工机械的穿插使用，施工现场场地的占用等。

2. 背景资料

某机电设备安装公司中标一项中型机电设备安装工程，并签订了施工承包合同。

为便于组织施工，安装公司在业主提供的施工现场旁的临时用地上建造了生产生活临时设施。生产设施包括临时办公室、仓库及材料堆放场、管道预制组装场等。生活设施包括职工宿舍、食堂、浴室等。为加快工程进度，管道预制、焊接安排每晚 7 点到 11 点的夜间加班作业。安装公司将临时设施的生活、施工废水通过排水沟直接排放到附近一条小河内，固体废弃物运至指定的垃圾处理场倾倒。

【问题】

该机电设备安装公司临时设施的主要环境影响因素有哪些？安装公司对废水和固体废弃物的处理方式是否正确？

【参考答案】

该工程影响环境的主要因素有：水污染源、大气污染源、土壤污染源、噪声污染源、光污染源、固体废弃物污染源、资源和能源浪费。

废水经过排水沟排放到小河里，做法错误；固定废弃物送到指定的处理地方做法正确，但是直接倒掉做法错误。

3. 背景资料

某施工单位承接了 5km 10kV 架空线路的架设和一台变压器的安装工作。根据线路设计，途经一个行政村，跨越一条国道，路经一个 110 kV 变电站。

该线路施工全过程的监控由建设单位指定的监理单位负责。在施工过程中发生了以下事件：

在施工过程中项目经理仅采用定期召开内部协调会，没有充分利用其他方法和形式加强内部沟通，结果造成施工进度拖延。经过公司内外协调方法和形式的改进，最终使该线路工程顺利完工。

【问题】

（1）施工单位在沿途施工中需要与哪些部门沟通协调？

（2）事件中，施工单位内部沟通协调还有哪些方法和形式？

【参考答案】

（1）施工单位在沿途施工中需要进行内部和外部沟通协调，其中内部沟通协调的主要部门包括工程管理部门、质量安全监督部门、人力资源管理部门、材料设备管理部门、财务部门、总务及保卫部门等；各专业施工队、工段、班组；各专业分包队伍。外部沟通协调的主要部门包括与当地政府及相关部门，特别是当地村委会、交通部门、电力部门沟通，业主、监理工程师及设备供应商沟通。

（2）施工单位内部沟通协调除定期召开协调会外，还应充分利用下列的方法和形式加强内部沟通：不定期的部门会议或专业会议及座谈会；利用巡检深入班组随时交流与沟通；定期通报现场信息；内部参观典型案例并发动评议；利用工地宣传工具与员工沟通等。

![知识拓展]

（一）

【背景资料】

某安装公司中标一沿海地区高层商业中心大楼的机电工程项目，商业中心地处闹市，周围道路、建筑繁多，施工场地有限。为保证工程的顺利实施，项目部就工程施工情况和进展与各方及时沟通、联系，每周召开一次协调会，并通报工程施工情况。由于工程需要的吊装设备多、进入施工专业人员多，有效组织和协调工作量大，项目经理部内部沟通协调及时到位，项目进展顺利，从未发生过扯皮、干扰、混乱现象，施工进度、质量、安全、卫生均受到建设单位好评。

【问题】

1. 内部沟通主要内容包括哪些？
2. 内部沟通的主要方式有哪些？
3. 施工资源协调包括哪些内容？怎样才能提高吊装机具的利用率？
4. 如何有效协调组织施工力量，才能避免安全事故，提高生产效率？

【参考答案】

1. 施工进度计划的协调，施工生产资源的协调，工程质量的协调与沟通，施工安全、卫生及环境管理的协调等。

2. 内部沟通协调的主要方式有：项目经理部协调会；专业或部门协调会、座谈会；定期通报；深入班组随时沟通；内部参观评议等。

3. 施工资源协调包括人力资源、施工材料、施工机具、资金等方面的协调。

该工程要提高机具的利用率需做好以下工作：设备管理人员深入班组，摸清设备的使用情况；深入现场了解全场使用设备情况，合理布局；合理安排各专业综合进度，同一施工区域，一个施工区域的各个专业尽量安排集中吊装，减少吊装设备频繁移动，做好统筹安排。

4. 协调好人力资源是避免或减少安全事故、提高施工效率的重要方面，应合理安排开工面及开工的先后顺序；适时调整施工力量过剩或补充施工力量不足；及时调整或培训不符合要求的施工人员；周密安排组织、避免专业相互干扰和减少交叉作业。

（二）

【背景资料】

某安装公司总承包某石油库区改扩建工程，该工程施工场地比较狭窄，在附近临时用地内建了食堂、职工宿舍、材料堆场。主要工程内容包括：①新建6台浮顶油罐；②罐区综合泵站及管线；③建造20m跨度钢结构厂房和安装2台32t桥式起重机；④石油库区原有3台10000 m^3 拱顶油罐开罐检查和修复。安装公司把厂房建造和桥式起重机安装工程分包给具有相应资质的B施工单位。工程项目实施中做了一些工作：

工作1：施工单位成立了工程项目部，项目部编制了现场安全、文明施工措施，职业健康安全技术措施计划，制订了风险对策和应急预案。

工作2：根据工程特点，项目部建立了消防领导小组，落实了消防责任制和责任人，加强了防火、易燃易爆物品等的现场管理措施。

【问题】

1. 本项目环境影响的因素有哪些？

2. 本工程在石油库区施工，相应环保措施应怎样落实？

3. 现场消防管理的主要具体措施有哪些？

4. 如何规范现场施工作业人员的行为？

【参考答案】

1. 本项目环境影响的因素有：①水污染；②大气污染；③土壤污染；④噪声污染；⑤光污染；⑥固体废弃物；⑦资源和能源的浪费。

2. 保证环境保护措施的落实，应做到：提高全员环境保护意识及学习相关专业的法律法规知识；制定落实相关环境保护措施的相关规定；利用社会资源进行监督和控制；施工全过程各个环节的控制和跟踪。

3. 现场消防管理的主要具体措施：

（1）施工现场有明显防火标志，消防通道畅通，消防设施、工具、器材符合要求；施工现场不准吸烟。

（2）易燃、易爆、剧毒材料必须单独存放，搬运、使用符合标准；明火作业要严格审批程序，电、气焊工必须持证上岗。

（3）施工现场有保卫、消防制度和方案、预案，有负责人和组织机构，有检查落实和整改措施。

4. 向现场施工作业人员提出行为要求，包括：出入现场必须走安全绿色通道；进入现场必须穿工作服，并按规定佩戴各类安全防护用品；严禁工作时戏耍打闹；杜绝讲粗话、脏话；严禁酒后作业；严禁在非吸烟区吸烟和乱丢烟头；禁止其他一切不文明行为。

第十一章 机电工程施工成本管理

 大纲考点1：施工成本组成及计划

知识点 一 机电工程费用项目组成

1.《费用组成》主要内容

（1）建筑安装工程费用项目按费用构成要素组成划分为人工费、材料费、施工机具使用费、企业管理费、利润、规费和税金。

（2）为指导工程造价专业人员计算建筑安装工程造价，将建筑安装工程费用按工程造价形成顺序划分为分部分项工程费、措施项目费、其他项目费、规费和税金。

2. 机关规定

（1）按照国家统计局《关于工资总额组成的规定》，合理调整了人工费构成及内容。

（2）依据国家发展改革委、财政部等9部委发布的《标准施工招标文件》的有关规定，将工程设备费列入材料费；原材料费中的检验试验费列入企业管理费。

（3）将仪器仪表使用费列入施工机具使用费；大型机械进出场及安拆费列入措施项目费。

（4）按照《社会保险法》的规定，将原企业管理费中劳动保险费中的职工死亡丧葬补助费、抚恤费列入规费中的养老保险费；在企业管理费中的财务费和其他中增加担保费用、投标费、保险费。

（5）按照《社会保险法》《建筑法》的规定，取消原规费中危险作业意外伤害保险费，增加工伤保险费、生育保险费。

（6）按照财政部的有关规定，在税金中增加地方教育附加。

3.《费用组成》自2013年7月1日起施行，原建设部、财政部《关于印发〈建筑安装工程费用项目组成〉的通知》（建标〔2003〕206号）同时废止。

知识点 二 建筑安装工程费用项目组成（按费用构成要素划分）

由人工费、材料（包含工程设备，下同）费、施工机具使用费、企业管理费、利润、规费和税金组成。其中人工费、材料费、施工机具使用费、企业管理费和利润包含在分部分项工程费、措施项目费、其他项目费中。

1. 人工费

指按工资总额构成规定，支付给从事建筑安装工程施工的生产工人和附属单位工人的各项费用，内容包括：计时工资或计件工资、奖金、津贴补贴、加班加点工资、特殊情况下支付的工资。

2. 材料费

指施工过程中耗费的原材料、辅助材料、构配件、零件、半成品或成品、工程设备的费用，内容包括：材料原价、材料运杂费、运输损耗费、采购及保管费。

3. 施工机具使用费

指施工作业所发生的施工机械、仪器仪表使用费或其租赁费。施工机械台班单价由折旧费、大修理费、经常修复费、安拆费及场外运费、人工费、燃料动力费、税费组成。仪器仪表使用费是指工程施工所需使用的仪器仪表的摊销及维修费用。

4. 企业管理费

指建筑安装企业组织施工生产和经营管理所需的费用。内容包括：管理人员工资、办公费、差旅交通费、固定资产使用费、工具用具使用费、劳动保险和职工福利费、劳动保护费、检验试验费、工会经费、职工教育经费、财产保险费、财务费、税金、其他。

5. 利润

指施工企业完成所承包工程获得的盈利。

6. 规费

指按国家法律、法规规定，由省级政府和省级有关权力部门规定必须缴纳或计取的费用。内容包括：社会保险费（养老保险费、失业保险费、医疗保险费、生育保险费、工伤保险费）、住房公积金、工程排污费。

7. 税金

指国家税法规定的应计入建筑安装工程造价内的营业税、城市维护建设税、教育费附加以及地方教育附加。

知识点 三　建筑安装工程费用项目组成（按造价形成划分）

由分部分项工程费、措施项目费、其他项目费、规费、税金组成。分部分项工程费、措施项目费、其他项目费包含人工费、材料费、施工机具使用费、企业管理费和利润。

1. 分部分项工程费

指各专业工程的分部分项工程应予列支的各项费用。

（1）专业工程：是指按现行国家计量规范划分的房屋建筑与装饰工程、仿古建筑工程、通用安装工程、市政工程、园林绿化工程、矿山工程、构筑物工程、城市轨道交通工程、爆破工程等各类工程。

（2）分部分项工程：指按现行国家计量规范对各专业工程划分的项目。如房屋建筑与装饰工程划分的土石方工程、地基处理与桩基工程、砌筑工程、钢筋及钢筋混凝土工程等。

各类专业工程的分部分项工程划分见现行国家或行业计量规范。

2. 措施项目费

指为完成建设工程施工，发生于该工程施工前和施工过程中的技术、生活、安全、环境保护等方面的费用。内容包括：

（1）安全文明施工费。

①环境保护费：是指施工现场为达到环保部门要求所需要的各项费用。②文明施工费：是指施工现场文明施工所需要的各项费用。③安全施工费：是指施工现场安全施工所需要的各项费用。④临时设施费：是指施工企业为进行建设工程施工所必须搭设的生活和生产用的临时建筑物、构筑物和其他临时设施费用。包括临时设施的搭设、维修、拆除、清理费或摊销费等。

（2）夜间施工增加费：是指因夜间施工所发生的夜班补助费、夜间施工降效、夜间施工照明设备摊销及照明用电等费用。

（3）二次搬运费：是指因施工场地条件限制而发生的材料、构配件、半成品等一次运输不能到达堆放地点，必须进行二次或多次搬运所发生的费用。

（4）冬雨季施工增加费：是指在冬季或雨季施工需增加的临时设施、防滑、排除雨雪，人工及施工机械效率降低等费用。

（5）已完工程及设备保护费：是指竣工验收前，对已完工程及设备采取的必要保护措施所发生的费用。

（6）工程定位复测费：是指工程施工过程中进行全部施工测量放线和复测工作的费用。

（7）特殊地区施工增加费：是指工程在沙漠或其边缘地区、高海拔、高寒、原始森林等特殊地区施工增加的费用。

（8）大型机械设备进出场及安拆费：是指机械整体或分体自停放场地运至施工现场或由一个施工地点运至另一个施工地点，所发生的机械进出场运输与转移费用及机械在施工现场进行安装、拆卸所需的人工费、材料费、机械费、试运转费和安装所需的辅助设施的费用。

（9）脚手架工程费：是指施工需要的各种脚手架搭、拆、运输费用以及脚手架购置费的摊销（或租赁）费用。

措施项目及其包含的内容详见各类专业工程的现行国家或行业计量规范。

3．其他项目费

（1）暂列金额：是指建设单位在工程量清单中暂定并包括在工程合同价款中的一笔款项。用于施工合同签订时尚未确定或者不可预见的所需材料、工程设备、服务的采购，施工中可能发生的工程变更、合同约定调整因素出现时的工程价款调整以及发生的索赔、现场签证确认等的费用。

（2）计日工：是指在施工过程中，施工企业完成建设单位提出的施工图纸以外的零星项目或工作所需的费用。

（3）总承包服务费：是指总承包人为配合、协调建设单位进行的专业工程发包，对建设单位自行采购的材料、工程设备等进行保管以及施工现场管理、竣工资料汇总整理等服务所需的费用。

4．规费

指按国家法律、法规规定，由省级政府和省级有关权力部门规定必须缴纳或计取的费用。内容包括：社会保险费（养老保险费、失业保险费、医疗保险费、生育保险费、工伤保险费）、住房公积金、工程排污费。

5．税金

指国家税法规定的应计入建筑安装工程造价内的营业税、城市维护建设税、教育费附加以及地方教育附加。

大纲考点2：施工成本控制

知识点（一）　原则

成本最低化原则、全面成本控制原则、动态控制原则、责权利相结合原则。

知识点（二）　内容

1. 以项目施工成本形成过程作为控制对象

施工项目现场管理机构应对项目成本进行全面、全过程的控制，控制的内容一般包括：投标阶段、施工准备阶段、施工阶段、竣工验收阶段。

2. 以项目施工的职能部门、作业队组作为成本控制对象

项目施工成本费用一般都发生在各个部门、作业队组，因此，应以部门、作业队组作为成本控制对象，接受施工项目现场管理机构和部门的指导、监督、检查和考评。

3. 以分部分项工程作为项目成本的控制对象

一般应根据项目的分部分项工程实物量，参照施工预算定额，联系项目管理的技术和业务素质以及技术组织措施编制施工预算，作为分部分项工程成本的依据。

在实际工作中，有时是边设计、边施工的情况，工程开工以前不能一次编制出整个项目的施工预算。但应根据出图情况编制分段施工预算，这种分段施工预算是成本控制的对象。

知识点（三）　方法

1. 以施工图控制成本

可按施工图预算实行"以收定支"，或者叫"量入为出"，这是项目施工成本控制中最有效的方法之一。

（1）人工费的控制。

考虑用于定额外人工费和关键工序的奖励费。人工费应留有余地，以备关键工序的不时之需。

（2）材料费的控制。

在实行按"量价分离"方法计算工程造价的条件下，项目材料管理人员有必要经常关注材料市场价格的变动，并积累系统翔实的市场信息；主干材料消耗数量的控制，则应通过"限额领料单"去落实。

（3）施工机械使用费的控制。

施工图预算中的机械使用费 = 工程量 × 定额台班单价。

2. 安装工程费的动态控制

（1）人工成本的控制：严格劳动组织，合理安排生产工人进出场的时间；严格劳动定额管理，实行计件工资制；强化生产工人技术素质，提高劳动生产率。

（2）材料成本的控制：加强材料采购成本的管理，从量差和价差两个方面控制；加强材料消耗的管理，从限额发料和现场消耗两个方面控制。

（3）工程设备成本的控制：机电安装工程如包括工程设备采购，因包括设备采购成本、设备交通运输成本和设备质量成本等，占成本份额大，必须进行成本控制。

（4）施工机械费的控制：按施工方案和施工技术措施中规定的机种和数量安排使用；提高施工机械的利用率和完好率；严格控制对外租赁施工机械。

1. 人工成本的控制。
2. 材料成本的控制。
3. 工程设备成本的控制。
4. 施工机械费的控制。

 大纲考点3：降低施工成本的措施

知识点一 降低项目成本的组织措施

（1）形成一个分工明确、责任到人的成本管理责任体系。

成本管理是全企业的一项综合性的活动，为使项目成本消耗保持在最低限度，实现对项目成本的有效控制，项目经理部应将成本责任分解落实到各个岗位、落实到专人，对成本进行全过程、全员、动态管理。

（2）合理的工作流程。

成本管理工作只有建立在科学管理的基础之上，具备合理的管理体制，完善的规章制度，稳定的作业秩序，完整、准确的信息传递，才能取得成效。

知识点二 降低项目成本的技术措施

技术措施是降低成本的保证，在施工准备阶段应对不同施工方案进行技术经济比较，找出既保证质量，满足工期要求，又降低成本的最佳施工方案。由于施工的干扰因素很多，不但在施工准备阶段，还应在施工进展的全过程中，注意在技术上采取措施，降低成本。

知识点三 降低项目成本的经济措施

1. 认真做好成本的预测和各种成本计划。由于工程成本的不稳定性、不确定性以及施工过程中会受到各种不利因素的影响等特点，成本计划应尽量准确。在施工中对成本应进行动态控制，及时发现偏差，分析偏差的原因，采取纠偏措施。

2. 对各种支出应认真做好资金的使用计划，并在施工中进行跟踪管理，严格控制各项开支。

3. 及时准确地记录、收集、整理、核算实际发生的成本，并对后期的成本做出分析与预测，做好成本的动态管理。

4. 及时做好各种变更的台账，并进行签证。

5. 及时结算工程款。

（一）

【背景资料】

某安装公司承建一城市体育馆工程。由于业主要求工期紧，且需节约成本，该公司项目部积极组织施工，制订严格的成本控制计划，采取一系列降低成本的措施，施工过程中注重项目成本各阶段的控制，对成本控制的内容责任落实，重点突出，方法得当，并定期开展"三同步"检查活动，因此工程竣工后取得了较好的经济效益。

【问题】

1. 机电安装工程的成本管理一般需要哪些步骤？

2. 在施工过程中如何对项目人工成本进行控制？本工程项目中应以哪项成本内容为主要控制内容？

3. 按施工项目成本构成如何对材料费成本进行分析？

4. 从技术措施角度控制成本应如何进行？

【参考答案】

1. 机电安装工程的成本管理步骤：成本预测→成本计划→成本控制→成本核算→成本分析→成本考核。

2. 本项目在施工过程中人工成本从严格劳动组织，合理安排生产工人进出场时间；严格劳动定额管理，实行计件工资制；强化生产工人技术素质，提高劳动生产率等方面进行控制。

3. 按施工项目成本构成对材料成本进行以下分析：量差，材料实际耗费用量与预算定额用量的差异；价差，即材料实际单价与预算单价的差异，包括材料采购费用的分析。

4. 技术措施是降低成本的保证，在施工准备阶段应对不同施工方案进行技术经济比较，找出既保证质量，满足工期要求，又降低成本的最佳施工方案。

（二）

【背景资料】

某施工单位经过激烈竞争，中标一项炼油厂建设工程项目。工程造价为 2000 万元，按现有成本控制计划，降低 10% 为成本控制计划。公司要求项目部通过编制降低成本计划进行成本管理，节约费用 150 万元。项目部通过对现有成本控制计划中的措施内容认真分析，认为工程中几个重要工序要重新编制施工方案。按新方案人工费可在原来基础上降低 20%，材料费可降低 2%，机械使用费可降低 40%，其他直接费可降低 10%，间接费上涨 12%。

【问题】

1. 已知按原成本控制计划，人工费占 10%，材料费占 60%，机械使用费占 15%，其他直接费占 5%，间接费占 10%。计算能否节约费用 150 万元？

2. 编制成本计划如何对失控内部因素进行分析？

3. 为降低施工项目成本在施工方案上应如何作为？

4. 为降低施工项目成本应从哪些方面采取措施实施管理？

【参考答案】

1. 计算如下：

（1）计划成本 = 2000 ×（1 − 10%）= 1800 万元。

（2）人工费的降低额 = 1800 × 10% × 20% = 36 万元。

（3）材料费的降低额 = 1800 × 60% × 2% = 21.6 万元。

（4）机械费的降低额 = 1800 × 15% × 40% = 108 万元。

（5）其他直接费的降低额 = 1800 × 5% × 10% = 9 万元。

（6）间接费的升高额 = 1800 × 10% × 12% = 21.6 万元。

共计降低额 = 36 + 21.6 + 108 + 9 − 21.6 = 153 万元。根据新的方案，可以节约费用 150 万元。

2. 编制成本计划的失控内部因素有：人工效率低和机械效率低；施工方案缺乏优化选择；生产要素没有优化组合；作业组织形式选择不当；各项技术组织措施不力。

3. 优化施工方案，对施工方法、施工顺序、机械设备的选择、作业组织形式的确定、技术组织措施等方面进行认真研究分析，制定出技术先进、经济合理的施工方案。

4. 降低施工项目成本应从多方面采取措施实施管理，主要措施有：组织措施、技术措施、经济措施、合同措施。

第十二章　机电工程施工结算与竣工验收

 大纲考点1：施工结算的应用

知识点一　工程价款结算的组成

工程预付备料款；工程进度款；工程质量保证金；工程竣工结算。

知识点二　工程预付备料款

1. 性质：双重作用，在建设单位是抵作工程价款，在施工单位是作为生产流动资金。
2. 工程预付款的扣回，一般从未施工工程尚需主要材料及构件的价值相当于工程预付款数额时起扣，从每次结算工程价款中，按材料比重扣抵工程价款，竣工前全部扣清。其基本表达式为：

$$T = P - \frac{M}{N}$$

式中，T——起扣点，即工程预付款开始扣回时的累计完成工作量金额；

　　　P——承包工程价款总额；

　　　M——工程预付款限额；

　　　N——主要材料所占比重。

采 分 点

1. 工程预付款的性质。
2. 起扣点公式：$T = P - \dfrac{M}{N}$。

知识点三　工程竣工价款的结算

工程竣工价款的结算金额可以用下列公式计算：

竣工结算工程价款 = 合同价款 + 施工过程中合同价款调整数额 − 预付及已结算工程价款 − 保修金。

采 分 点

1. 竣工结算工程价款 = 合同价款 + 施工过程中合同价款调整数额 − 预付及已结算工程价

款 – 保修金。

2. 工程项目总造价中预留出 5% 尾留款作为质量保修费用。

3. 缺陷责任期内，由承包人原因造成的缺陷，承包人应负责维修，并承担鉴定和维修费用。

 大纲考点 2：施工预算的应用

知识点一 **施工图预算的编制**

1. 编制依据

（1）会审后的施工图纸和说明书。

（2）本地区或企业内部编制的现行施工定额。

（3）本单位施工组织设计。

（4）经过审核批准的施工图预算。

（5）现行的地区工人工资标准、材料预算价格、机械台班单价和其他有关费用标准等资料。

2. 内容

施工预算一般以单位工程为编制对象，按分部或分层、分段进行工料分析计算，主要包括工程量、人工、材料、机械需用量和定额费等指标。施工预算通常由文字说明和计算表格两大部分组成。

施工预算的编制依据。

知识点二 **工程量清单的编制**

1. 工程量清单的组成。

①分部分项工程量清单为不可调整的闭口清单，投标人对投标文件提供的分部分项工程量清单必须逐一计价，对清单所列内容不允许作任何更改变动。

②措施项目清单为可调整清单。投标人对招标文件中所列项目，可根据企业自身特点作适当的变更增减。

③其他项目清单由招标人部分和投标人部分组成。

2. 编制分部分项工程量清单时应按《建设工程工程量清单计价规范》中规定的项目编码，项目名称，计算单位和工程量计算规则并根据工程的项目特征并结合拟建工程的实际确定进行编制。

3. 编制分部分项工程量清单时，项目编码采用五级（A、B、C、D、E）十二位阿拉伯数字表示。

知识点三 **工程量清单计价**

1. 内容：编制招标标底，投标报价，签订工程合同价款及变更和办理工程结算等。

2. 投标报价应由投标人依据招标文件中的工程量清单和要求，结合施工现场的实际情况，自行制定的施工方案或工程设计，按照企业定额或参照建设行政主管部门发布的现行消耗量定额和工程造价管理机构发布的市场价格信息进行编制。

3. 采用工程量清单计价的工程合同款和工程结算，招标人和投标人应依工程量清单计价规范，招标文件和合同的有关规定进行办理。

4. 工程量清单计价应包括招标文件规定完成工程量所需的全部费用。由分部分项工程费、措施项目费、其他项目费、规费和税金组成。

5. 工程量清单综合单价法。

综合单价是指为了完成工程量清单中一个规定计量单位项目所需的人工费、材料费、机械使用费、管理费和利润，并考虑风险因素。

工程量清单综合单价法。

 大纲考点 3：机电工程项目竣工验收的条件

知识点一 竣工验收的条件

1. 工程交付竣工验收的分类

（1）单位工程（或专业工程）竣工验收。

（2）单项工程竣工验收。

（3）整体工程竣工验收。

2. 竣工验收依据的文件

（1）批准的设计文件、施工图纸。

（2）双方签订的施工合同。

（3）设备技术说明书。

（4）设计变更通知书。

（5）施工验收规范及质量验收标准。

（6）主管部门审批、修改、调整的文件。

3. 竣工验收应符合的条件

（1）设计文件和合同约定的各项施工内容已经施工完毕。

①民用建筑工程完工后，包括单体工程和群体工程，施工单位按照施工及验收规范和质量检验标准进行自检，不合格品已自行返修或整改，达到验收标准并符合使用要求。②生产性工程、辅助设施及生活设施，按合同约定全部施工完毕，室内工程和室外工程全部完成，并达到竣工条件。③工业项目的各种管道、设备、电气、空调、仪表、通信等专业施工内容，已全部安装结束，质量验收合格，经过试运行，全部符合工业设备安装施工及验收规范和质量标准的要求。④其他专业工程按照合同的约定和施工图规定的工程内容，全部施工完毕，质量验收合格，达到交工的条件。

（2）有完整并经核定的工程竣工资料。

工程竣工资料的整理符合《建设工程项目管理规范》的有关要求。移交归档的文件应符合《建设工程文件归档整理规范》的有关要求。分类组卷应符合自然形成规律，并按国家有关规定，将竣工档案资料装订成册，达到归档范围的要求。

（3）有勘察、设计、施工、监理等单位签署确认的工程质量合格文件。

（4）工程使用的主要材料、构配件的设备进场证明及试验报告。

①现场使用的主要材料应有材质合格证，必须有符合国家标准、规范要求的抽样试验报告。②设备进场必须开箱检验，并有出厂质量合格证，检验完毕要如实做好各种进场设备的检查验收记录。

◆ 采 分 点

1. 单独签订施工合同的单位工程，竣工后可单独进行竣工验收。

2. 根据施工合同的约定，由施工单位向建设单位发出交工通知书申请组织验收。

3. 竣工验收应符合的条件（4条）。

知识点 二 　基本程序

1. 根据工程的规模大小和复杂程度，机电安装工程的验收分为初步验收和竣工验收。规模较大、较复杂的工程，应先进行初验，初验合格后再进行全部工程的竣工验收。规模较小、较简单的工程可进行一次性竣工验收。

2. 工程竣工验收前，施工单位应按照国家或地方政府的规定收集、整理好有关文件、技术资料，并向建设单位提交竣工验收报告。

3. 根据施工单位提交的竣工验收报告，建设单位组织设计、施工、监理、使用等有关单位进行初验或直接进行验收。工程符合国家有关规定，满足设计要求、满足功能和使用要求，必要的文件资料、竣工图表齐全，即准予验收，并完成各方的会签手续。

4. 建设单位应当在工程竣工验收合格后的15天内到县级以上人民政府建设行政主管部门或其他有关部门备案。

◆ 采 分 点

1. 初步验收和竣工验收。

2. 施工单位向建设单位提交竣工验收报告。

3. 建设单位组织设计、施工、监理、使用等有关单位进行初验或直接进行验收。

4. 建设单位在竣工验收合格后15天内到县级以上人民政府建设行政主管部门或其他有关部门备案。

知识点 三 　竣工验收步骤

1. 自检自验

由项目负责人组织生产、技术、质量、合同、预算以及有关的施工人员等共同参加。上述人员按照自己主管的内容对单位工程逐一进行检查。在检查中要做好记录，对不符合要求的部位和项目，应确定整改措施、修补措施的标准，并指定专人负责，定期整改完毕。

2. 预（初）验收

竣工项目的预（初）验收，标准应与正式验收一样。预（初）验收在施工单位先行自检自验，确认符合正式验收条件，申报工程验收之后和正式验收之前这段时间里进行。

3. 复验

通过复验，应解决自检自验和预（初）验收中提出的所有需要整改的问题，为正式验收做好准备。

4. 竣工验收

（1）确认工程全部符合竣工验收标准。在自检的基础上，确认工程全部符合竣工验收标准，具备了交付投产（使用）的条件，可进行项目竣工验收。

（2）在施工单位提交竣工验收申请的基础上，建设单位应在正式竣工验收日前 10 天，向施工单位发出《竣工验收通知书》。

（3）组织验收。

①组织验收：工程竣工验收工作由建设单位组织实施，邀请设计单位、监理单位及有关部门参加，会同施工单位一起进行检查验收。列为国家重点工程的大型项目，应由国家有关部门邀请有关单位参加，组成工程验收委员会进行验收。②签发《竣工验收证明书》，办理工程移交：在建设单位验收完毕并确认工程符合竣工标准和总承包合同条款要求后，向施工单位发出《竣工验收证明书》。③进行工程质量评定。④办理工程档案资料移交。⑤逐渐办理工程移交手续和其他固定资产移交手续，签认交接验收证书。⑥办理工程结算签证手续，进入工程保修工作。

自检自验；预（初）验收；复验；竣工验收。

知识点四　竣工验收标准

1. 国家、行业及地方强制性标准；

2. 现行质量检验评定标准、施工及验收规范；

3. 经审查通过的设计文件及有关法律、法规、规章和规范性文件规定。

4. 建设工程环境保护验收标准、建设工程消防设施验收标准。

知识点五　工程技术资料

1. 工程前期及竣工文件材料。

2. 工程项目合格证、施工试验报告。

3. 施工记录资料。包括图纸会审记录、设计变更单；隐蔽工程验收记录；定位放线记录；质量事故处理报告及记录；特种设备安装检验及验收检验报告；工程分项使用功能检测记录等。

4. 单位工程、分部工程、分项工程质量验收记录。

5. 竣工图。项目竣工图是项目竣工验收，以及项目今后进行维修、改扩建等的重要依据。项目竣工图编制必须真实、准确地反映项目竣工时的实际情况。要做到图物相符，技术数据可靠，签字手续完备，加盖竣工图章，整理符合档案管理的要求。

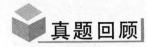 **真题回顾**

1. 背景资料

某东北管道加压泵站扩建，新增两台离心式增压泵。两台增压泵安装属该扩建工程的机械设备安装分部工程。

单机试运行结束后，项目经理安排人员完成了卸压、卸荷、管线复位、轮滑油清洁度检查、更换了轮滑油过滤器滤芯、整理试运行记录。随后项目经理安排相关人员进行竣工资料整理。整理完的施工记录资料有：设计变更单、定位放线记录、工程分项使用功能检测记录。项目部对竣工资料进行了初审，认为资料需要补充完善。

【问题】

指出施工记录资料中不完善部分。

【参考答案】

施工记录资料中不完善部分有：

①图纸会审记录；②隐蔽工程验收记录；③质量事故处理报告及记录；④特种设备安装检验及验收检验报告。

2. 背景资料

某厂新建总装车间工程在招标时，业主要求本工程按综合单价法计价，厂房虹吸雨排水工程按 100 万元专业工程暂估价计入机电安装工程报价。经竞标，A 公司中标机电安装工程，B 公司中标土建工程，两公司分别与业主签订了施工合同。

【问题】

虹吸雨排水专业工程暂估价属于什么类型的工程量清单？本工程造价还包括哪些类型的工程量清单？

【参考答案】

暂估价属于其他项目清单。本工程采用综合单价法计价，除其他项目清单之外，还包括分部分项工程量清单和措施项目清单。

 知识拓展

（一）

【背景资料】

某安装公司中标一大型商业中心机电工程项目。施工单位及时组建了项目部，项目部按工业安装工程质量验评项目划分规定对安装工程项目进行了划分，其中有建筑给排水及采暖工程、建筑电气工程、建筑通风空调工程、安全防范系统工程、消防系统工程、电梯工程等。

项目部安装完成后，向建设单位提交了竣工验收报告，请求办理交工验收手续。建设单位组织设计、监理等有关单位进行初验时发现施工单位提供的某型号连铸连轧设备的进场检查验收记录，没有加盖竣工图章和施工单位的印章，因此建设单位以不符合工程验收的规定而拒绝了项目部的要求。

【问题】

1. 按质量验评规定，指出本案例中所涉项目应如何划分？

2. 建设单位的拒绝是否合理？说明理由？

3. 该工程竣工验收必须符合哪些规定？

【参考答案】

1. 分部工程包括：建筑给排水及采暖工程、建筑电气工程、建筑通风空调工程、电梯工程；子分部工程包括：安全防范系统工程、消防系统工程。

2. 合理。

理由：工程验收必须符合以下基本条件：

（1）设计文件和合同约定的各项施工内容已经施工完毕。

（2）有完整并经核定的工程竣工资料。

（3）有勘察、设计、施工、监理等单位签署确认的工程质量合格文件。

（4）工程使用的主要材料、构配件的设备进场证明及试验报告。

本案例中施工单位提交的技术资料不符合要求，未达到归档要求。

3. 工程竣工验收必须符合的规定：

（1）合同约定的工程质量标准。

（2）单位工程竣工验收的合格标准。

（3）单项工程达到使用条件或满足生产要求。

（4）建设项目能满足建成投入使用或生产的各项要求。

（二）

【背景资料】

某机电安装公司承建一大型图书馆工程。合同造价1800万元，其中主材料费和设备费占60%，工期为6个月。

合同约定：

（1）工程用主材料和设备由甲方供货，其价款在当月的工程款中扣回。

（2）甲方向乙方支付预付款为合同价的20%，并按起扣点发生月开始按比例在月结算工程款中抵扣。

（3）工程进度款按月结算。

（4）工程竣工验收交付使用后的质保金为合同价的5%，竣工结算月一次扣留。

【问题】

1. 机电工程项目竣工结算的依据有哪些？

2. 工程价款的结算方式主要有哪些？

3. 该工程预付款的起扣点为多少万元？

4. 该工程按合同规定项目全部完成，竣工验收合格后，进行竣工结算时还应考虑哪些费用应抵扣或扣留？

【参考答案】

1. 工程竣工结算的依据是：承包合同，包括中标总价；合同变更的资料；施工技术资料；工程竣工验收报告；其他有关资料。

2. 工程价款的主要结算方式有：按月结算与支付、竣工后一次结清、分段结算、目标结算、合同约定的其他结算方式。

3. 工程预付款的起扣点：

$T = 1800 - 1800 \times 20\% \div 60\% = 1200$ 万元，该工程的预付款起扣点是 1200 万元。

4. 进行竣工结算时，应按照工程合同约定

（1）将主材料费和设备费、工程预付款等未抵扣的余额款抵扣清；

（2）工程质保金应扣留，即 $1800 \times 5\% = 90$ 万元。

（三）

【背景资料】

某安装公司承担一化工厂机电安装工程，合同规定，工程量清单计价采用综合单价计价，计算该工程相关费用的条件为：分部分项工程量清单计价 1500 万元，措施项目清单计价 45 万元，其他项目清单计价 90 万元；规费 70 万元，税金 54.5 万元。

【问题】

1. 简述工程量清单法中的综合单价概念。

2. 完成该项目的工程量清单所需费用包括哪些？

3. 在合同中综合单价因工程量变更需调整时，除合同另有约定外，应按照什么办法确定？

4. 在本案例的分部分项工程中，综合单价应是多少万元？

【参考答案】

1. 综合单价是指为了完成工程量清单中一个规定计量单位项目所需的人工费、材料费、机械使用费、管理费和利润，并考虑风险因素。

2. 工程量清单计价应包括按照招标文件规定，完成工程量清单所列项目的全部费用，包括分部分项工程费，措施项目费，其他项目费和规费、税金。

3. 应按照以下方法确定：

（1）工程量清单漏项或设计受变更引起的新的工程量清单项目，其相应综合单价由承包人提出，经发包人确认后作为结算的依据。

（2）由于工程量清单的工程数量有误或设计变更引起工程量增减，属于合同约定幅度以内的，应执行原有的综合单价，属于合同约定幅度以外的，其增加部分的工程量和减少后剩余部分的工程量的综合单价由承包人提出，经发包人确认后作为结算的依据。

4. 综合单价为：分部分项工程量清单计价 + 措施项目清单计价 + 其他项目费，即 $1500 + 45 + 90 = 1635$ 万元。

（四）

【背景资料】

某工程项目业主与承包商签订了设备安装工程施工合同，其中合同中含两个子项工程，估算工程量甲项为 $2000m^3$，乙项为 $3000m^3$，子项工程实际工程量见表 1。经协商合同单价甲项为 160 元$/m^3$，乙项为 120 元$/m^3$。承包合同规定如下：

（1）开工前业主应向承包商支付合同价 20% 的预付款。

（2）业主自第一个月起，从承包商的工程款中，按 5% 的比例扣留质保金。

（3）当子项工程实际累计工程量超过估算工程量的 10% 时，可进行调价，调价系数

为0.9。

（4）根据市场情况规定价格调整系数，平均按1.2计算。

（5）工程师签发月度付款最低金额为20万元。

（6）预付款在最后两个月扣除，每月扣50%。

表1

工程项目	甲项（m³）				乙项（m³）			
月份	1	2	3	4	1	2	3	4
工作量	500	600	700	500	600	900	800	500

【问题】

1. 预付工程款是多少？

2. 根据实际完成工程量来看，甲、乙两项目工程量变化情况如何，是否需要调价？

3. 从第二个月起，至第四个月每月的工程量价款是多少？工程师应签发的工程款是多少？实际签发的付款凭证金额是多少？

【参考答案】

1. 预付款金额：（2000×160+3000×120）×20%÷10000=13.6（万元）。

2. 根据实际完成工程量来看，甲、乙两项目工程量变化情况如下：

甲项：2000×（1±10%）即1800~2200范围内无须调整；

500+600+700+500=2300，按合同规定累计工程量超过估算10%时调价，2300-2000×（1+10%）=100，部分需要调整；

乙项：3000×（1±10%）即2700~3300范围内无须调整；

600+900+800+500=2800，处于区间内，无须调整。

3. 第一个月：

工程价款：500×160+600×120=152000（元）=15.2（万元）；

应签证的工程款：15.2×1.2×（1-5%）=17.328（万元）。

因合同规定工程师签发月度付款最低金额为20万元，故本月工程师不予签发付款凭证。

第二个月：

工程价款：600×160+900×120=20.4（万元）；

应签证的工程款：20.4×1.2×（1-5%）=23.256（万元）；

本月工程师实际签发的付款凭证金额：17.328+23.256=40.584（万元）。

第三个月：

工程价款：700×160+800×120=20.8（万元）；

应签证的工程款：20.8×1.2×（1-5%）=23.712（万元）；

应扣预付款：13.6×50%=6.8（万元）；

应付款：23.712-6.8=16.912（万元）；

因合同规定工程师签发月度付款最低金额为20万元，故本月工程师不予签发付款凭证。

第四个月：

甲项工程累计完成工程量为2300m³，超过估算工程量10%的工程量为2300-2000×（1+10%）=100，这部分工程量单价应调整为：160×0.9=144（元/m³）。

甲项工程工程量价款为：$(500-100) \times 160 + 100 \times 144 = 7.84$（万元）；

乙项工程累计完成工程量为 $2800m^3$，比原估算工程量少 $200m^3$，其单价不用进行调整。

乙项工程工程量价款为：$500 \times 120 = 6$（万元）；

本月完成甲、乙两项工程量价款合计为：$7.84 + 6 = 13.84$（万元）；

应签证的工程款为：$13.84 \times 1.2 \times (1 - 5\%) \approx 15.778$（万元）；

应扣预付款：$13.6 \times 50\% = 6.8$（万元）；

本月工程师实际签发的付款凭证金额为：$16.912 + 15.778 - 6.8 = 25.89$（万元）。

第十三章　机电工程项目回访与保修

 大纲考点1：机电工程项目保修的实施

知识点一　保修的责任范围

1. 质量问题确实是由于施工单位的施工责任或施工质量不良造成的，施工单位负责修理并承担修理费用。

2. 质量问题是由双方的责任造成的，应协商解决，商定各自的经济责任，由施工单位负责修理。

3. 质量问题是由于建设单位提供的设备、材料等质量不良造成的，应由建设单位承担修理费用，施工单位协助修理。

4. 质量问题的发生是因建设单位（业主）责任，修理费用由建设单位负担。

5. 由于设计造成的质量缺陷，应由设计单位承担经济责任。当由承包人修理时，费用数额应按合同约定，不足部分由发包人补偿。

6. 涉外工程的修理按合同规定执行，经济责任按以上原则处理。

知识点二　保修期限

在正常使用条件下，建设工程的最低保修期限为：

1. 电气管线、给排水管道、设备安装工程保修期为两年；

2. 供热和供冷系统，为两个采暖期或两个供冷期；

3. 其他项目的保修期按合同约定时间；

4. 建设工程的保修期自竣工验收合格之日起计算。

知识点三　保修的工作程序

1. 建设单位（业主）要求保修时，可以用口头或书面方式通知施工单位的有关保修部门，说明情况，要求派人前往检查修理。

2. 施工单位必须尽快地派人前往检查，并会同建设单位做出鉴定，提出修理方案，并尽快组织人力、物力，按用户要求的完成期限进行修理。

3. 保修单位检修完毕后，要在保修证书的"保修记录"栏内做好记录，并经建设单位验收签字确认，以表示修理工作完成。

大纲考点2：机电工程项目回访的实施

机电工程回访制度是工程竣工验收交付使用后，在规定的期限内，由施工单位主动对建设单位或业主进行回访，对工程确由施工造成的无法使用或达不到生产能力的部分，应由施工单位负责修理，使其恢复正常。

工程回访参加人员一般由项目负责人，技术、质量、经营等有关方面人员组成。

 **回访的方式**

1. 季节性回访：

冬季重点回访采暖工程运行情况；夏季回访通风空调工程运行情况。

2. 技术性回访：

主要了解在工程施工过程中所采用的新材料、新技术、新工艺、新设备等的技术性能和使用后的效果，发现问题及时加以补救和解决，同时也便于总结经验，获取科学依据，不断改进完善，为进一步推广创造条件。这类回访既可定期，也可不定期地进行。

3. 工程回访时间一般在保修期内进行，也可根据需要随时进行回访。保修期满前的回访一般是在保修期即将结束前进行。

4. 回访的方式可采用邮件、电话、传真或电子信箱等信息传递、组织座谈会或意见听取会等、察看机电工程使用或生产后的运转情况。

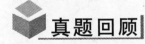 **工程回访的要求**

1. 回访过程必须认真实施，每次回访结束后应填写回访纪要。

2. 回访中发现的施工质量缺陷，如在保修期内要采取措施，迅速处理；如已超过保修期，要协商处理。

采分点

季节性回访；技术性回访；工程回访时间；回访的方式。

真题回顾

1. 背景资料

某总承包单位将一医院的通风空调工程分包给某安装单位。

医院营业后，在建设单位负责下，通风空调工程进行了带负荷综合效能试验与调整。到了冬季安装单位及时进行回访，对通风空调工程季节性测试调整。发现个别病房风口的新风量只有 $50m^3/h \cdot p$（设计要求是 $75m^3/h \cdot p$），经复查，是调试人员的计算错误，后重新调整测试，达到设计要求。另有个别病房的风机关盘噪声达到 45dB（设计要求是 35dB），经检查，是风机盘管轴心偏移，通过设备生产厂家调换设备，噪声达到要求。

【问题】

（1）通风空调在冬季测试时查出的问题属于什么性质的质量问题？应如何处理？

（2）风机盘管的维修和风量调整各发生了哪些主要费用？应由谁承担？

【参考答案】

（1）通风空调在冬季测试时查出的问题属于技术性问题。应作返工处理。调试属于施工单位的责任，风机盘管轴心偏移属于建设单位的责任。建设单位通知施工单位进行维修，达到设计要求即可。

（2）风机盘管的维修发生的主要费用包括：风机盘管的设备费、拆装盘管的施工费用、调试费用，费用应该由建设单位（业主）承担。

风量调整产生的主要费用是人工费。应由总承包单位承担。

2. 背景资料

A 施工单位与 2009 年 5 月承接某科研单位办公楼，机电安装项目，合同约定保修期为一年，工程内容包括给排水、电气、消防通风、空调，建筑质量系统一类中，办公楼实验中心采用一组（5 台）模块或冷水机组作为冷热源，计算机中心采用 10% 余热回收冷水机组作为冷热源，空调抹灰水采用同程式系统，各层回水管的水平干管上设置建设单位，A 施工单位采购的新型压力及流量自控或平衡调节阀，实验中心的热水系统由建设单位指定 B 单位分包施工，大楼采用环宇自动系统对通风空调、电气、消防管道建筑设备进行控制。

2012 年 7 月，计算机中心空调水管上的平衡调节阀出现故障，3～5 层计算机中心机房不制冷，建设单位通知 A 施工单位进行维修，A 施工单位承担了维修任务，更换了平衡调节阀，但以保修期满为由，要求建设单位承担维修费用。

【问题】

（1）A 施工单位要求建设单位承担维修费用是否合理？说明理由。

（2）维修完成后应进行什么性质的回访？

【参考答案】

（1）A 施工单位要求建设单位承担维修费用不合理。

理由：因为按《建设工程质量管理条例》规定，在正常使用条件下，建设工程的最低保修期限为：①电气管线、给排水管道、设备安装工程保修期为两年；②供热和供冷系统，为两个采暖期或两个供冷期。因此合同约定的保修期为一年是无效的，机电安装工程仍在保修期内。

（2）维修完成后应进行技术性回访。

 **知识拓展**

（一）

【背景资料】

2010 年 5 月某安装公司中标一工业厂房机电工程项目，整体项目于 2012 年 6 月通过竣工验收，工程内容有：建筑电气、给排水、通风空调、工艺管道、换热器、鼓风机、蒸汽锅炉、水处理设备等，其中空调冷冻机组、管道材料、换热器、鼓风机和蒸汽锅炉由甲方采购；冷冻水柔性接管及其固定件是由建设单位提供相应新型材料信息、由安装公司负责采购供应。该公司计划在当年 12 月进行回访，期间发生如下事件：

事件 1：中央空调冷冻机运行一年中制冷量一直未能达标，蒸汽压力未达设计压力，通过检查排除了设计原因和设备本身原因。

事件 2：甲方于 8 月致电安装公司投诉，风机盘管在计算机综合控制室发生断裂并漏水，使室内装修及计算机受损。

【问题】

1. 甲方要求安装公司按原设计图纸要求对蒸汽管路进行整改，并要求其承担所有费用，此要求是否合理，为什么？

2. 接到甲方投诉电话后应怎样处理？

3. 针对事件2，若由安装公司维修，完成后安装公司应进行什么性质的回访？为什么？

4. 本工程的回访计划宜安排在什么时间较合适？

【参考答案】

1. 甲方的要求是合理的。

理由：根据工程质量保修的规定，承包人未按照标准、规范和设计要求施工，造成的质量缺陷应由承包人负责修理并承担经济责任。

2. 对用户的投诉应迅速进行解释、答复和处理，要耐心，友好。

3. 维修后应进行技术性回访，了解其技术性能和使用后的效果，发现问题及时加以补救和解决，不断改进和完善相关专业领域的技术。

4. 本工程的回访涉及季节性回访的相关规定，故计划宜安排在第二个夏季（即2013年）进行工程回访。

（二）

【背景资料】

某安装公司承接了某大楼的机电安装工程，工程内容包括：安全防范系统安装工程、监控系统工程，该工程于5月5日开工，于当年10月7日竣工，试运行合格后报业主验收合格。安装公司长期以来客户反映良好，建立了完善的回访与保修制度，广泛听取用户意见，改进服务方式，提高服务质量。安装公司将回访纳入单位的工作计划、服务控制程序和质量体系文件，制订了回访工作计划。

【问题】

1. 工程回访工作计划内容包括哪些？

2. 工作保修过程中，安装公司应做好哪些记录？

3. 安装公司可采取哪些方式进行回访？

4. 工程回访一般在什么时候进行？

【参考答案】

1. 工程的回访工作计划内容有：主管回访保修业务的部门；回访保修的执行单位；回访的对象及其工程名称；回访时间安排和主要内容；回访工程的保修期限。

2. 在保修期内发生的质量问题，安装工程公司去检修后，要在保修证书的"保修记录"栏内做好记录，并经大楼的物业单位验收签字确认，以表示修理工作完成。

3. 安装公司可采取的回访方式有：邮件、电话、传真或电子信箱等。

4. 工程回访时间一般在保修期内进行，也可根据需要随时进行回访。保修期满前的回访一般是在保修期即将结束前进行。

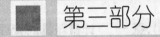

第三部分

机电工程法规及相关规定

第一章　机电工程施工相关法规

第一节　《计量法》相关规定

 大纲考点1：计量器具使用管理规定

知识点一　计量器具的管理范围

1. 强制检定

（1）社会公用计量标准器具。

（2）部门和企业、事业单位使用的最高计量标准器具。

（3）用于贸易结算、安全防护、医疗卫生、环境监测等方面的列入计量器具强制检定的工作计量器具。

2. 非强制检定

非强制检定的计量器具可由使用单位依法自行定期检定，本单位不能检定的，由有权开展量值传递工作的计量检定机构进行检定。

3. 施工计量器具检定范畴

（1）属于强制检定范畴的，用于贸易结算、安全防护、医疗卫生、环境监测等方面和被列入《中华人民共和国强制检定的工作计量器具目录》（以下简称《强检目录》）的工作计量器具。如用电计量装置、兆欧表、绝缘电阻表、接地电阻测量仪、声计仪等。

（2）企业使用的最高计量标准器具。

（3）非强制检定的工作计量器具：凡是列入《中华人民共和国依法管理的计量器具目录》的计量器具，除列入强制检定的计量器具外，都属于非强制检定的范围。如电压表、电流表、电阻表等。

知识点二　计量器具的使用管理要求

1. 企业、事业单位建立本单位各项最高计量标准，必须向与其主管部门同级的人民政府计量行政部门申请考核。经考核符合上述条文规定条件并取得考核合格证的方可使用，并向其主管部门备案。

2. 企业、事业单位使用计量标准器具（以下简称计量标准）必须具备的条件：

(1) 经计量检定合格；

(2) 具有正常工作所需要的环境条件；

(3) 保存、维护、使用人员必须称职；

(4) 具有完善的管理制度等。

3.《计量法》第十六条规定：进口的计量器具，必须经省级以上人民政府计量行政部门检定合格后销售使用。

4.《计量法》第九条规定：计量器具未按照规定申请检定或者检定不合格的，不得使用。

 **施工计量器具计量检定印、证的内容**

1. 检定证书：证明计量器具已经过检定，并获满意结果的文件。

2. 检定结果通知书：证明计量器具不符合有关法定要求的文件。

3. 检定印记：证明计量器具经过检定合格而在计量器具上加盖的印记。例如，在计量器具上加盖检定合格印（整印、喷印、钳印、漆封印）或粘贴合格标签。

1. 施工计量器具检定范畴。

2. 企业、事业单位使用计量标准器具必须具备的条件。

3. 进口的计量器具，必须经省级以上人民政府计量行政部门检定合格后销售使用。

4. 施工计量器量计量检定印、证的内容。

 **大纲考点2：施工现场计量器具管理程序**

知识点一　计量器具选用原则

1. 应与承揽的工程项目的检测要求以及所确定的施工方法和检测方法相适应。

所选用计量器具的量程、精度和记录方式，适应的范围和环境，必须满足被测对象及检测内容的要求，使被测对象在量程范围内。检测器具的测量极限误差必须小于或等于被测对象所能允许的测量极限误差。

2. 所选用的计量器具和设备，必须具有技术鉴定书或产品合格证书。

3. 所选用的计量器具和设备，在技术上是先进的，操作培训是较容易的，坚实耐用易于运输，检定地点在工程所在地附近的，使用时其比对物质和信号源易于保证。

采　分　点

必须具有技术鉴定书或产品合格证书。

知识点二　依法实施计量检定

依据国家对强制检定的计量器具检定周期的规定，以及企业自有的计量管理制度，对检测器具进行周期检定、校验，以防止检测器具的自身误差而造成工程质量不合格。

知识点 三　分类管理计量器具

根据计量器具的性能、使用地点、使用性质及使用频度来确定分类。

1. A 类计量器具

（1）施工企业最高计量标准器具和用于量值传递的工作计量器具，如一级平晶、零级刀口尺、水平仪检具、直角尺检具、百分尺检具、百分表检具、千分表检具、自准直仪、立式光学计、标准活塞式压力计等。

（2）列入国家强制检定目录的工作计量器具，如兆欧表、接地电阻测量仪、X 射线探伤机等。

2. B 类计量器具

用于工艺控制、质量检测及物资管理的计量器具，如卡尺、千分尺、百分尺、千分表、水平仪、直角尺、塞尺、水准仪、经纬仪、焊接检验尺、超声波测厚仪、5m 以上（不含5m）卷尺；还有温度计、温度指示仪；压力表、测力计、转速表、衡器、硬度计、材料试验机、天平；电压表、电流表、欧姆表、电功率表、功率因数表；电桥、电阻箱、检流计、万用表、标准电阻箱、校验信号发生器；示波器、图示仪、直流电位差计、超声波探伤仪、分光光度计等。

3. C 类计量器具

（1）计量性能稳定，量值不易改变，低值易耗且使用要求精度不高的计量器具，如钢直尺、弯尺、5m 以下（含5m）的钢卷尺。

（2）与设备配套，平时不允许拆装指示用计量器具，如电压表、电流表、压力表。

（3）非标准计量器具，如垂直检测尺、游标塞尺、对角检测尺、内外角检测尺。

知识点 四　计量器具的管理程序

计量器具的管理程序应符合量值传递、量值测量、量值分析的要求，保证工程关键部位的重要质量特性的检测数据可靠、有效。

知识点 五　项目部对计量器具的管理

1. 使用

（1）工程开工前，项目部应编制《计量检测设备配备计划书》。建立项目部计量器具的目录和检定周期台账档案。

（2）施工现场使用的计量器具，无论是企业自有的、租用的或是由建设单位提供的，均按此管理制度进行管理，并按周期检定校准，保证计量器具准确度已知，以便能作为证实产品质量符合要求的依据。

（3）使用计量器具前，应检查其是否完好，若不在检定周期内、检定标识不清或封存的，视为不合格的计量检测设备，不得使用。

（4）使用计量标准时必须严格按该设备使用说明操作，用毕擦拭干净、断电，并加盖仪器罩，使仪表处于非工作状态。

（5）项目经理部必须设专（兼）职计量管理员对施工使用的计量器具进行现场跟踪管理。

（6）施工过程中使用的专用或自制检具（如模具、样板等）用作检验手段时，使用前由现场质量检查员和专业技术人员按有关要求加以检验,并做好检验记录,记录交项目经理部计量管理员保存,随竣工资料归档。

(7)计量器具应在适宜的环境下工作(如温度、湿度、震动、屏蔽、隔声等),必要时,应采取措施,消除或减少环境对测量结果的影响,保证测量结果的准确可靠。

2.保管、维护和保养

(1)计量器具的验证、验货。

(2)对租用的或由甲方提供的计量器具,应附有该设备的有效期内检定合格印、证方可使用。

(3)计量检测设备应有明显的"合格""禁用""封存"等标志,标明计量器具所处的状态。

①合格:为周检或一次性检定能满足质量检测、检验和试验要求的精度。②禁用:经检定不合格或使用中严重损坏、缺损的。③封存:根据使用频率及生产经营情况,暂停使用的。

(4)检测器具应分类存放、标识清楚,针对不同要求采取相应的防护措施,如防火、防潮、防振、防尘、防腐、防外磁场干扰等,确保其处于良好的技术状态。封存的计量器具重新启用时,必须经检定合格后,方可使用。

(5)对电容类仪器、仪表,应经常检查绝缘性能和接地,对长期不使用的电器仪表要定期检查、通电、排潮、防止霉烂。

(6)精度较高,纳入固定资产管理的计量仪器设备如精密分析天平、砝码、X射线探伤机、超声波探伤仪、超声波测厚仪等,应由具备相应资格的技术工人合理使用,用毕遵照该设备使用说明书规定做好维护、保养工作。

(7)计量检测设备在安装和搬运过程中,应采取相应的保护措施,避免准确度偏移,确保符合规定要求。

3.计量器具的使用人员要求

计量器具的使用人员应经过培训并具有相应的资格,熟悉并掌握计量检测设备的性能、结构及相应的操作规程、使用要求和操作方法,使用前核对检定标识与设备是否相符,是否在有效期内,是否处于合格状态。使用时按规定进行正确操作,做好记录。

采 分 点

1.企业自有的、租用的或是由建设单位提供的,均按此管理制度进行管理。

2.租用或甲方提供的计量器具,应附有该设备的有效期内检定合格印、证方可使用。

3.计量检测设备应有明显的"合格""禁用""封存"等标志,标明所处状态。

4.对电容类仪器、仪表,应经常检查绝缘性能和接地,对长期不使用的电器仪表要定期检查、通电、排潮、防止霉烂。

5.计量器具的使用人员要求。

真题回顾

1.根据《计量器具分类管理办法》,计量器具按范围划分为A、B、C三类,属于B类的是(   )。

A. 兆欧表   B. 超声波测厚仪

C. 钢直尺   D. 5m 卷尺

【答案】B

【解析】参考 2H331000《中华人民共和国计量法》相关规定。A 项属于 A 类，C、D 属于 C 类。故答案选 B。

2. 施工单位所选用的计量器具和设备，必须具有产品合格证书或（　　　）。

A. 制造许可证   B. 产品说明书

C. 技术鉴定书   D. 使用规范

【答案】C

【解析】计量器具的选用原则：所选用的计量器具和设备，必须具有技术鉴定书或产品合格证书。故答案选 C。

3. 施工现场使用的计量器具，项目经理部必须设专（兼）职计量管理员进行跟踪管理，包括（　　　）的计量器具。

A. 向外单位租用   B. 法定计量检定机构

C. 施工单位自有   D. 有相应资质检测单位

E. 由建设单位提供

【答案】ACE

【解析】施工现场使用的计量器具，无论是企业自有的、租用的或者由建设单位提供的，均需按计量器具的管理制度进行管理。项目经理部必须设专（兼）职计量管理员进行跟踪管理。故答案选 ACE。

4. 下列施工计量器具中，属于强制性检定范畴的是（　　　）。

A. 声级计   B. 超声波测厚仪

C. 压力表   D. 垂直检测尺

【答案】A

【解析】用电计量装置、兆欧表、绝缘电阻表、接地电阻测量仪、声级计属于强制检定范畴。故答案选 A。

 知识拓展

一、单项选择题

1. 依法管理的计量器具包括计量标准器具、工作计量器具和（　　　）。

A. 计量基本器具   B. 计量基础器具

C. 计量标定器具   D. 计量基准器具

2. 不属于工作计量器具的是（　　　）。

A. 转数表   B. 万用表   C. 标准量块   D. 经纬仪

3. 进口的计量器具，必须经（　　　）以上人民政府计量行政部门检定合格后销售使用。

A. 国务院   B. 省级   C. 市级   D. 县级

4. 《计量法》第十一条规定：计量检定工作应当按照（　　　）合理的原则，就地就近进行。

A. 地域   B. 规定   C. 技术   D. 经济

5. 强制检定和非强制检定均属于（　　）检定。

A. 最高　　　　　　B. 法制　　　　　　C. 日常　　　　　　D. 民事

6. 施工企业使用强制检定的计量器具，应向县（市）级人民政府计量行政部门指定的计量检定机构申请（　　）。

A. 首次检定　　　　　　　　　　　　B. 使用检定

C. 后续检定　　　　　　　　　　　　D. 周期检定

二、多项选择题

1. 计量检定按其检定的目的和性质分为：周期检定、仲裁检定、（　　）。

A. 首次检定　　　　B. 后续检定　　　　C. 使用中检定

D. 强制检定　　　　E. 法制检定

2. 衡量计量器具质量的主要指标包括（　　）。

A. 准确度等级　　　B. 稳定度　　　　　C. 灵敏度

D. 分辨率　　　　　E. 静态特性

3. 属于非强制检定范围的计量器具有（　　）。

A. 兆欧表　　　　　B. 电压表　　　　　C. 电流表

D. 血压计　　　　　E. 电阻表

【参考答案】

一、单项选择题

1. D　2. C　3. B　4. D　5. B　6. D

二、多项选择题

1. ABC　2. ABCD　3. BCE

第二节　《中华人民共和国电力法》相关规定

 大纲考点1：用户用电的规定

知识点一　新装、增容与变更用电规定

1. 申请新装用电、临时用电、增加用电容量、变更用电和终止用电，应当依照规定的程序办理手续。

2. 用户申请新装或增加用电时，应向供电企业提供用电工程项目批准的文件及有关的用电资料。包括用电地点、电力用途、用电性质、用电设备、用电设备清单、用电负荷、保安电力、用电规划等，并依照供电企业规定如实填写用电申请书及办理所需手续。

知识点二　用户办理用电手续的规定

1. 如果总承包合同约定，工程项目的用电申请由承建单位负责或仅施工临时用电由承建单位负责申请，则施工总承包单位需携带建设项目用电设计规划或施工用电设计规划，到工程所在地管辖的供电部门，依法按程序、制度和收费标准办理用电申请手续。

2. 如果工程项目地处偏僻，虽用电申请已受理，但自电网引入的线路施工和通电尚需一段时日，而工程又急需开工，则总承包单位通常是用自备电源（如柴油发电机组）先行解决用电问题。此时，总承包单位要告知供电部门并征得同意，同时要妥善采取安全技术措施，防止自备电源误入市政电网。

3. 如果仅为申请施工临时用电，那么，施工临时用电结束或施工用电转入建设项目电力设施供电，则总承包单位应及时向供电部门办理终止用电手续。

4. 办理申请用电手续时要签订协议或合同，规定供电和用电双方的权利和义务，用户有保护供电设施不受危害和确保用电安全的义务，同时还应明确双方维护检修的界限。

1. 申请新装用电、临时用电、增加用电容量、变更用电和终止用电，应当依照规定的程序办理手续。

2. 总承包单位要告知供电部门并征得同意，同时要妥善采取安全技术措施，防止自备电源误入市政电网。

3. 施工临时用电结束或施工用电转入建设项目电力设施供电，则总承包单位应及时向供电部门办理终止用电手续。

知识点三　用电计量装置

用户使用的电力电量，以计量检定机构依法认可的用电计量装置的记录为准。

1. 用电计量装置的量值指示是电费结算的主要依据，依照有关法规规定该装置属强制检定范畴，应由省级计量行政主管部门依法授权的检定机构进行检定合格，方为有效。

2. 计量装置的设计应征得当地供电部门认可，施工单位应严格按施工设计图纸进行安装，并符合相关现行国家标准或规范。安装完毕应由供电部门检查确认。

3. 用电计量装置原则上应装在供电设施的产权分界处。

4. 对10kV及以下电压供电的用户，应配置专用的电能计量柜（箱）；对35kV及以上电压供电的用户，应有专用的电流互感器二次线圈和专用的电压互感器二次连接线，并不得与保护、测量回路共用。

1. 计量装置的设计应征得当地供电部门认可。

2. 用电计量装置原则上应装在供电设施的产权分界处。

知识点四　用电安全

1. 用户用电不得危害供电、用电安全和扰乱供电、用电秩序。对危害供电、用电安全和扰乱供电、用电秩序的，供电企业有权制止。

建造师在施工过程中应遵守用电安全规定，不允许有以下行为：

（1）擅自改变用电类别。

（2）擅自超过合同约定的容量用电。

（3）擅自超过计划分配的用电指标。

（4）擅自使用已经在供电企业办理暂停使用手续的电力设备，或者擅自启用已经被供电企业查封的电力设备。

（5）擅自迁移、更动或者擅自操作供电企业的用电计量装置、电力负荷控制装置、供电设施以及约定由供电企业调度的用户受电设备。

（6）未经供电企业许可，擅自引入、供出电源或者将自备电源擅自并网。

2. 临时用电的准用程序

（1）施工单位应根据国家有关标准、规范和施工现场的实际负荷情况，编制施工现场"临时用电施工组织设计"，并协助业主向当地电业部门申报用电方案。

（2）按照电业部门批复的方案及《施工现场临时用电安全技术规范》进行临时用电设备、材料的采购和施工。

（3）对临时用电施工项目进行检查、验收，并向电业部门提供相关资料，申请送电。

（4）经电业部门检查、验收和试验，同意送电后送电开通。

3. 临时用电施工组织设计的编制

（1）临时用电应编制临时用电施工组织设计，或编制安全用电技术措施和电气防火措施。

（2）临时用电施工组织设计应由电气技术人员编制，项目部技术负责人审核，经主管部门批准后实施。

（3）临时用电施工组织设计的主要内容应包括：现场勘察；确定电源进线，变电所、配电室、总配电箱、分配电箱等地点位置及线路走向；进行负荷计算；选择变压器容量、导线截面积和电器的类型、规格；绘制电气平面图、立面图和接线系统图；编制安全用电技术措施和电气防火措施。

4. 临时用电的检查验收

（1）临时用电工程必须由持证电工施工。临时用电工程安装完毕后，由安全部门组织检查验收，参加人员有主管临时用电安全的项目部领导、有关技术人员、施工现场主管人员、临时用电施工组织设计编制人员、电工班长及安全员。必要时请主管部门代表和业主的代表参加。

（2）临时用电工程检查内容包括：架空线路、电缆线路、室内配线、照明装置、配电室与自备电源、各种配电箱及开关箱、配电线路、变压器、电气设备安装、电气设备调试、接地与防雷、电气防护等。

（3）检查情况应做好记录，并要由相关人员签字确认。

（4）临时用电工程应定期检查。施工现场每月一次，基层公司每季度一次。基层公司检查时，应复测接地电阻值，对不安全因素，必须及时处理，并应履行复查验收手续。

（5）临时用电安全技术档案应由主管现场的电气技术人员建立与管理。其中的《电工维修记录》可指定电工代管，并于临时用电工程拆除后统一归档。

◇采◇分◇点◇

1. 临时用电应编制临时用电施工组织设计，或编制安全用电技术措施和电气防火措施。

2. 临时用电施工组织设计应由电气技术人员编制，项目部技术负责人审核，经主管部门批准后实施。

3. 临时用电施工组织设计的主要内容。

4. 临时用电工程必须由持证电工施工。

 大纲考点2：电力设施保护区施工作业的规定

 电力设施保护区范围和保护区

1. 电力线路设施的保护范围

（1）架空电力线路。

（2）电力电缆线路。

（3）电力线路上的电器设备。

（4）电力调度设施。

2. 电力线路保护区

（1）架空电力线路保护区：各级电压导线的边线延伸距离如下表所示。

序号	电压（kV）	延伸距离（m）
1	1~10	5
2	35~110	10
3	154~330	15
4	500	20

（2）电力电缆线路保护区：地下电缆为电缆线路地面标桩两侧各0.75m所形成的两平行线内的区域；海底电缆一般为线路两侧各2海里（港内为两侧各100m）；江河电缆一般不小于线路两侧各100m（中、小河流一般不小于各50m）所形成的两平行线内的水域。

（3）禁止在电力电缆沟内同时埋设其他管道。

（4）任何单位和个人不得在距电力设施周围500m范围内（指水平距离）进行爆破作业。

（5）任何单位或个人不得在距架空电力线路杆塔、拉线基础外缘的下列范围内进行取土、打桩、钻探、开挖或倾倒酸、碱、盐及其他有害化学物品的活动。35kV及以下电力线路杆塔、拉线周围5m的区域；66kV及以上电力线路杆塔、拉线周围10m的区域。

（6）超过4m高度的车辆或机械通过架空电力线路时，必须采取安全措施，并经县级以上的电力管理部门批准。

采 分 点

1. 电力线路设施的保护范围。

2. 架空电力线路保护区各级电压导线的边线延伸距离。

3. 电力电缆线路保护区。

4. 禁止同时埋设其他管道。

5. 500m范围内（指水平距离）不得进行爆破作业。

6. 5kV——5m；66kV——10m。

7. 超过 4m 高度的车辆或机械通过架空电力线路——经县级以上的电力管理部门批准。

知识点（二） 电力设施保护区内作业的规定

任何单位和个人不得危害发电设施、变电设施和电力线路设施及其有关辅助设施。

1. 在电力设施周围进行爆破及其他可能危及电力设施安全的作业时，应当按照国务院有关电力设施保护的规定，经批准并采取确保电力设施安全的措施后，方可进行作业。

2. 任何单位和个人需要在依法划定的电力设施保护区内进行可能危及电力设施安全的作业时，应当经电力管理部门批准并采取安全措施后，方可进行作业。

3. 任何单位和个人不得在依法划定的电力设施保护区内修建可能危及电力设施安全的建筑物、构筑物，不得种植可能危及电力设施安全的植物，不得堆放可能危及电力设施安全的物品。

1. 电力设施周围爆破作业——按照国务院有关电力设施保护的规定，经批准。
2. 保护区作业——经电力管理部门批准并采取安全措施。
3. 不得修建；不得种植；不得堆放。

知识点（三） 电力设施与违反禁止性规定纠纷的处理

《电力法》第 55 条规定："电力设施与公用工程、绿化工程和其他工程在新建、改建或者扩建中互相妨碍时，有关单位应当按照国家有关规定协商，达成协议后方可施工。"

处理原则：协商原则、优先原则、安全措施原则、一次性补偿原则、签订后续管理责任协议原则。

协商原则、优先原则、安全措施原则、一次性补偿原则、签订后续管理责任协议原则。

知识点（四） 违反电力设施保护区规定的处罚

1. 未经批准或者未采取安全措施在电力设施周围或者在依法划定的电力设施保护区内进行作业，危及电力设施安全的，由电力管理部门责令停止作业，恢复原状并赔偿损失。

2. 在依法划定的电力设施保护区内修建建筑物、构筑物或者种植植物、堆放物品，危及电力设施安全的，由当地人民政府责令强制拆除或者砍伐、清除。

1. 作业——电力管理部门责令停止作业，恢复原状并赔偿损失。
2. 修建建筑物、构筑物；种植植物；堆放物品——当地人民政府责令强制拆除、砍伐或者清除。

真题回顾

1. 施工单位在电缆保护区实施爆破作业时，制定爆破施工方案应（　　）。

A. 邀请地方建设管理部门参与　　　B. 报当地电力管理部门批准

C. 及时与地下电缆管理部门沟通　　D. 邀请地下电缆管理部门派员参加

【答案】D

【解析】在制定爆破施工方案时邀请地下电缆管理部门派员参加，并在施工方案中专门制定保护电力设施的安全技术措施。

2. 某机电工程公司承接了一座 110kV 变电站项目，工期一年，时间紧、任务重。

该变电站地处偏僻地区，施工时，暂无电源供给，为加快施工进度，该公司自行采用自备电源组织了施工。

【问题】

纠正该公司擅自采用自备电源施工的错误做法。

【参考答案】

机电工程公司（总承包单位）要告知供电管理部门，并征得同意；同时要妥善采取安全技术措施，防止自备电源误入市政电网。

3. 某施工单位承接了 5km 10kV 架空线路的架设和一台变压器的安装工作。根据线路设计，途经一个行政村，跨越一条国道，路经一个 110kV 变电站。

项目部在架空线路电杆组立后，按导线架设的程序组织施工，在施工过程中发生了以下事件：

该线路架设到 110kV 变电站时，施工单位考虑施工方便，将变电站的一片绿地占为临时施工用地，受到电力管理部门处罚。

【问题】

事件中，电力部门对施工单位处罚的内容有哪些?

【参考答案】

电力管理部门对施工单位处罚的内容包括责令停止作业、恢复原状并赔偿损失。

 知识拓展

一、单项选择题

1. 某工程地处偏僻，急于开工，预使用自备电源先行施工，应由（　　）告知供电部门并征得同意方可施工。

A. 建设单位　　　B. 监理单位　　　C. 总承包单位　　　D. 施工单位

2. 某电力施工企业施工现场临时用电工程安装完毕后，应向（　　）申请供电。

A. 安全生产管理部门　　　　　B. 特种设备安全监督管理部门

C. 使用单位　　　　　　　　　D. 供电部门

3. 临时用电工程应定期检查，施工现场每（　　）一次，并协助业主向当地电业部门申报用电方案。

A. 月　　　　　B. 季度　　　　　C. 半年　　　　　D. 年

4. 临时用电施工组织设计应由（　　）编制。

A. 电气安全人员　　　　　　　B. 电气技术人员

C. 项目部技术负责人　　　　　D. 项目负责人

5. 在依法划定的电力设施保护区内种植植物危及电力设施安全的，由（　　）责令砍伐、清除。

  A. 电力部门   B. 市政部门

  C. 交通部门   D. 人民政府

二、多项选择题

1. 《中华人民共和国电力法》规定：申请新装用电和（ ），应当依照规定的程序办理手续。

  A. 临时用电   B. 增加用电容量   C. 变更用电

  D. 终止用电   E. 用电计量

2. 制定在电力设施保护区内安装作业的施工方案前，先要摸清周边（ ）的实情，然后编制施工方案。

  A. 地下电缆的位置和标高   B. 空中架空线路的高度

  C. 空中架空线路的电压等级   D. 爆破点离设施的距离

  E. 施工时的天气情况

【参考答案】

一、单项选择题

1. C   2. D   3. A   4. B   5. D

二、多项选择题

1. ABCD   2. ABCD

第三节　《特种设备安全法》相关规定

 大纲考点1：特种设备的规定范围

知识点一　规定

  1. 特种设备是指涉及生命安全、危险性较大的锅炉、压力容器、压力管道、电梯、起重机械、客运索道、大型游乐设施和场（厂）内专用机动车辆，同时也包括其附属的安全附件、安全保护装置以及与安全保护装置相关的设施。

  2. 特种设备的目录由国务院特种设备安全监督管理部门制定，报国务院批准后执行。

知识点二　常用特种设备界定范围

  1. 锅炉

用各种燃料、电或者其他能源，将所盛装的液体加热到一定的参数，并对外输出热能的设备。

  2. 压力容器

（1）本体中的主要受压元件，包括壳体、封头、膨胀节、设备法兰等。

（2）压力容器的安全附件，包括安全阀、爆破片装置、紧急切断装置、安全联锁装置、压力表、液位计、测温仪表等。

3. 压力管道

是指利用一定的压力，用于输送气体或者液体的管状设备。

其范围规定为最高工作压力大于或者等于 0.1MPa（表压）的气体、液化气体、蒸汽介质或者可燃、易爆、有毒、有腐蚀性、最高工作温度高于或者等于标准沸点的液体介质，且公称直径大于 25mm 的管道。

4. 起重机械

是指用于垂直升降或者垂直升降并水平移动重物的机电设备。

其范围规定为额定起重量大于或者等于 0.5t 的升降机；额定起重量大于或者等于 1t，且提升高度大于或者等于 2m 的起重机和承重形式固定的电动葫芦等。

知识点 三 分类

1. 锅炉的分类

承压蒸汽锅炉、承压热水锅炉、有机热载体锅炉、小型锅炉（包括小型汽水两用锅炉、小型热水锅炉、小型蒸汽锅炉、小型铝承压锅炉等）。

2. 固定式压力容器的分类

（1）按压力容器类别划分为：Ⅰ类压力容器、Ⅱ类压力容器、Ⅲ类压力容器。压力容器的类别，根据介质特性、设计压力 P（单位：MPa）和容积 V（单位：L）等因素划分。

（2）按压力等级划分，按压力容器的设计压力 P 划分为低压（0.1MPa≤P＜1.6MPa，代号 L）、中压（1.6MPa≤P＜10.0MPa，代号 M）、高压（10.0MPa≤P＜100.0MPa，代号 H）、超高压（P≥100.0MPa，代号 U）4 个压力等级。

（3）按压力容器品种划分为：反应压力容器（代号 R）、换热压力容器（代号 E）、分离压力容器（代号 S）、储存压力容器（代号 C，其中球罐代号 B）。

3. 压力管道的分类（按安装许可类别及其级别划分）

（1）长输（油气）管道：GA 类压力管道，分为 GA1、GA2 级；

（2）公用管道：GB 类压力管道，分为燃气管道（GB1 级）、热力管道（GB2 级）；

（3）工业管道：GC 类压力管道，分为 GC1、GC2、GC3 级；

（4）动力管道：GD 类压力管道，分为 GD1、GD2 级。

采 分 点

1. 特种设备的定义、范围。

2. 压力管道的分类。

大纲考点2：特种设备制造、安装、改造的许可制度

知识点 一 特种设备的制造、安装、改造单位的许可制度

1. 制造、安装、改造单位的许可

锅炉、压力容器、电梯、起重机械、客运索道、大型游乐设施及其安全附件、安全保护

装置的制造、安装、改造单位；以及压力管道用管子、管件、阀门、法兰、补偿器、安全保护装置等（以下简称压力管道元件）的制造单位，应当经国务院特种设备安全监督管理部门许可，方可从事相应的活动。

2. 锅炉、压力容器、电梯、起重机械、客运索道、大型游乐设施的安装、改造、维修以及场（厂）内专用机动车辆的改造、维修，必须由取得许可的单位进行。

3. 特种设备维修单位的许可

锅炉、压力容器、电梯、起重机械、客运索道、大型游乐设施、场（厂）内专用机动车辆的维修单位，应当有与特种设备维修相适应的专业技术人员和技术工人以及必要的检测手段，经省、自治区、直辖市特种设备安全监督管理部门许可，方可从事相应的维修活动。

4. 特种设备制造、安装、改造单位的条件

（1）有与特种设备制造、安装、改造相适应的专业技术人员和技术工人。

（2）有与特种设备制造、安装、改造相适应的生产条件和检测手段。

（3）有健全的质量管理制度和责任制度。

1. 制造、安装、改造单位，应当经国务院特种设备安全监督管理部门许可。

2. 维修单位，应当经省、自治区、直辖市特种设备安全监督管理部门许可。

3. 特种设备制造、安装、改造单位的条件。

知识点 二　特种设备的开工许可

1. 特种设备安装、改造、维修的施工单位应当在施工前将拟进行的特种设备安装、改造、维修情况书面告知直辖市或者设区的市的特种设备安全监督管理部门，告知后即可施工。

2. 书面告知应提交的材料。包括：《特种设备安装改造维修告知书》；施工单位及人员资格证件；施工组织与技术方案（包括项目相关责任人员任命、责任人员到岗质控点位图）；工程合同；安装改造维修监督检验约请书；机电类特种设备制造单位的资质证件。

采分点

1. 施工单位应当在施工前将拟进行的特种设备安装、改造、维修情况书面告知直辖市或者设区的市的特种设备安全监督管理部门，告知后即可施工。

2. 书面告知应提交的材料。

知识点 三　特种设备的生产与施工要求

1. 特种设备出厂时，应当附有安全技术规范要求的设计文件、产品质量合格证明、安装及使用维修说明、监督检验证明等文件。

2. 压力容器安装前应检查其生产许可证明以及技术和质量文件，检查设备外观质量，如果超过了质量保证期，还应进行强度试验。

3. 电梯的制造、安装、改造和维修活动，必须严格遵守安全技术规范的要求。电梯的制造单位对电梯质量以及安全运行涉及的质量问题负责。

电梯制造单位委托或者同意其他单位进行电梯安装、改造、维修活动的，应当对其安装、改造、维修活动进行安全指导和监控。电梯的安装、改造、维修活动结束后，电梯制造单位

应当按照安全技术规范的要求对电梯进行校验和调试,并对校验和调试的结果负责。

4. 锅炉、压力容器、电梯、起重机械、客运索道、大型游乐设施的安装、改造、维修以及场(厂)内专用机动车辆的改造、维修竣工后,安装、改造、维修的施工单位应当在验收后30日内将有关技术资料移交使用单位,高耗能特种设备还应当按照安全技术规范的要求提交能效测试报告。使用单位应当将其存入该特种设备的安全技术档案。

 采 分 点

1. 特种设备出厂附带文件。

2. 压力容器安装前检查:生产许可证明、技术和质量文件、外观质量;过质保期,进行强度试验。

知识点 四 **特种设备:"四方责任"**

生产和使用单位、检验检测机构、监管部门和政府四个部门的责任。

 大纲考点3:特种设备监督检验

知识点 一 **对特种设备检验检测机构的要求**

1. 应当经国务院特种设备安全监督管理部门核准。

2. 特种设备的监督检验、定期检验、型式试验和无损检测应当经核准的特种设备检验检测机构进行。

3. 特种设备检验检测机构应当具备的条件。

(1) 有与所从事的检验检测工作相适应的检验检测人员。

(2) 有与所从事的检验检测工作相适应的检验检测仪器和设备。

(3) 有健全的检验检测管理制度、检验检测责任制度。

 采 分 点

监督检验、定期检验、型式试验和无损检测应当经核准的特种设备检验检测机构进行。

知识点 二 **特种设备的安全监察**

1. 特种设备安全监督管理部门依照本条例规定,对特种设备生产、使用单位和检验检测机构实施安全监察。

2. 特种设备安全监督管理部门以书面形式发出特种设备安全监察指令。

 **真题回顾**

1. 特种设备在制造、安装、改造、重大维修过程中监督检查的主要内容包括(   )。

A. 核实安全性能的项目是否符合安全技术规范要求

B. 抽查受检单位质量管理体系运转情况

C. 确认出厂技术资料

D. 确认安装、改造、重大维修的有关资料

E. 检查受检单位进度计划执行情况

【答案】ABCD

【解析】监督检查的主要内容：确认核实特种设备在制造、安装、改造、重大维修过程中涉及安全性能的项目符合安全技术规范要求；抽查受检单位质量管理体系运转情况；确认出厂技术资料和安装、改造、重大维修的有关资料。故答案选 ABCD。

2. 特种设备制造、安装、改造和重大维修过程中，涉及安全性能监督检验项目包括(　　　　)。

A. 焊接　　　　　　　B. 材料　　　　　　　C. 外观

D. 包装　　　　　　　E. 尺寸

【答案】ABCE

【解析】确认核实制造和安装、改造、重大维修过程中涉及安全性能的项目符合安全技术规范的要求，包括图样资料、材料、焊接（焊接工艺、焊工资格等）、外观和尺寸、无损检测、热处理、耐压试验、载荷试验、铭牌、监检资料等项目。故答案选 ABCE。

3. 关于特种设备的制造、安装要求，说法错误的是（　　　　）。

A. 现场制作压力容器须按压力容器质保手册的规定进行，并接受安全监察部门的监督检查

B. 电梯安装结束经自检后，应提请国家特种设备安全监察部门核准的检验检测机构进行检验

C. 承揽特种设备工程前，应取得特种设备安装、改造、维修活动的资格

D. 锅炉施工中按质量保证手册和与锅炉安装监察部门的约定，接受对锅炉各工序和监检点进行质量检验

【答案】B。

【解析】电梯安装中必须接受制造单位的指导和监控。安装结束经自检后，由制造单位检验和调试，并将检验和调试结果告知经国务院特种设备安全监管部门核准的检验检测机构，并要求进行监督检验。故答案选 B。

4. 某机电设备安装公司承包了一台带换热段的分离塔和附属容器、工艺管道的安装工程。合同约定，分离塔由安装公司制造或订货，建设单位提供制造图纸。由于该塔属压力容器，安装公司不具备压力容器制造和现场组焊资格，故向某具备资格的容器制造厂订货。安装公司为了抢工期，未办理任何手续，在分离塔抵运现场卸车后，直接吊装就位，并进行后续的配管工程。

【问题】

安装单位在分离塔安装前应根据什么规定、申办何种手续？安装单位对分离塔进行补焊作业有什么不妥？

【参考答案】

安装单位在分离塔安装前应根据《特种设备安全监察条例》规定，向压力容器使用登记所在地的安全监察机构申办报装手续。

安装单位对分离塔进行补焊作业有以下不妥：安装单位不具备压力容器制造和现场组焊资格，所以不能对分离塔进行补焊作业。

5. 某机电设备安装公司中标一项中型机电设备安装工程，并签订了施工承包合同。工程

的主要内容有：静设备安装、工艺管道安装、机械设备安装等，其中静设备工程的重要设备为一台高38m，重量为60t的合成塔，该塔属于压力容器，由容器制造厂整体出厂运至施工现场，机电安装公司整体安装，工程准备阶段，施工设计图纸已经到齐。

【问题】

机电安装公司应取得何种特种设备许可才能从事合成塔的安装工作？在合成塔安装前应向哪个机构履行何种手续？

【参考答案】

机电安装公司应经国务院特种设备安全监督管理部门许可即取得国家质量监督检验检疫总局颁发的1级压力容器安装许可证，或经安装单位所在地的省级安全监察机构批准，才能从事合成塔的安装工作。在合成塔安装前应向压力容器使用登记所在地的安全监察机构申报，办理报装手续。

6. 某机电工程项目经招标由具备机电安装总承包一级资质的A安装工程公司总承包，其中锅炉房工程和涂装工段消防工程由建设单位直接发包给具有专业资质的B机电安装工程公司施工。合同规定施工现场管理由A安装工程公司总负责。

在施工过程中发生如下事件：

锅炉进场后，B公司对出厂随带文件进行了点验即开始施工，监理工程师发现文件不齐全，指令B公司停工。

【问题】

在事件中，锅炉出厂随带文件主要包括哪些？

【参考答案】

锅炉出厂随带文件主要包括：附有安全技术规范要求的设计文件、产品质量合格证明、安装及使用维修说明、监督检验证明等。

7. 属于特种设备的是（ ）。

A. 风机　　　　　　　　　　　　　B. 水泵

C. 压缩机　　　　　　　　　　　　D 储气罐

【答案】D

【解析】特种设备是指涉及生命安全、危险性较大的锅炉、压力容器、压力管道、电梯、起重机械、客运索道、大型游乐设施和场（厂）内专用机动车辆。故答案选D。

 知识拓展

一、单项选择题

1. 特种设备的制造、安装、改造、维修单位除具备相应条件外，还必须经（ ）特种设备安全监督管理部门许可，方可从事相应的活动。

A. 国务院　　　　　　　　　　　　B. 省级

C. 市级　　　　　　　　　　　　　D. 县级

2. 电梯的安装、改造、维修，必须由（ ）或者其通过合同委托、同意的依照《特种设备安全监察条例》取得许可的单位进行。

A. 电梯制造单位　　B. 电梯安装单位　　C. 电梯使用单位　　D. 电梯维护单位 .

3. 特种设备安装、改造、维修的施工单位应当在施工前将拟进行的特种设备安装、改造、维修情况（　　）告知直辖市或设区市的特种设备安全监督管理部门，告知后即可施工。

A. 口头　　　　　　B. 电话　　　　　　C. 邮件　　　　　　D. 书面

4. 压力容器安装前应检查其生产许可证明及技术和质量文件，外观质量，如果超过质保期，还应进行（　　）试验。

A. 气密性　　　　　B. 泄漏　　　　　　C. 强度　　　　　　D. 压力

5. 锅炉、压力容器、电梯、起重机械、客运索道、大型游乐设施的安装、改造、维修竣工后，安装、改造、维修的施工单位应当在验收后（　　）日内将有关技术资料移交使用单位。

A. 15　　　　　　　B. 30　　　　　　　C. 45　　　　　　　D. 60

6. 锅炉质量证明书包括出厂合格证、金属材料证明、焊接质量证明和（　　）。

A. 设计文件　　　　　　　　　　　　　B. 锅炉安装说明书

C. 水压试验证明　　　　　　　　　　　D. 监督检验证明

二、多项选择题

1.《特种设备安全监察条例》规定，必须获得资格许可，方可从事相应作业活动的有（　　）。

A. 使用单位　　　　B. 制造单位　　　　C. 安装单位

D. 改造单位　　　　E. 维修单位

2. 特种设备的制造、安装、改造单位应当具备（　　）的条件。

A. 有与特种设备制造、安装、改造相适应的专业技术人员和技术工人

B. 有与特种设备制造、安装、改造相适应的生产条件

C. 有与特种设备制造、安装、改造相适应的检测手段

D. 有与特种设备制造、安装、改造相适应的资金

E. 有健全的质量管理制度和责任制度

3. 满足压力容器制造要求的专业作业人员包括（　　）等作业人员。

A. 组装人员　　　　B. 持证焊工　　　　C. 计量人员

D. 采购人员　　　　E. 无损检测责任人员

4. 特种设备进场开箱检验验收时，需对出厂随带文件进行点验，主要包括（　　）。

A. 设计文件　　　　B. 金属材料证明　　　C. 产品质量合格证

D. 安装及使用维修说明　　　　　　　　　E. 监督检验证明

5. 特种设备检测范围包括（　　）。

A. 监督检验　　　　B. 定期检验　　　　C. 型式试验

D. 质量检验　　　　E. 安全检验

【参考答案】

一、单项选择题

1. A　2. A　3. D　4. C　5. B　6. C

二、多项选择题

1. BCDE　2. ABCE　3. ABE　4. ACDE　5. ABC

第二章　机电工程施工相关标准

第一节　工业安装工程施工质量验收统一要求

 大纲考点1：质量验收的项目划分

工业安装工程施工质量验收应划分为分项工程、分部工程、单位工程。检验项目应根据项目的特点确定检验抽样方案，可设置检验批。

知识点 一　分项工程的划分

1. 工业设备安装按设备的台（套）、机组划分。其中机组是指由几种性能不同的机器组成的，能够共同完成一项工作，如汽轮发电机组、制冷机组等。

2. 工业管道安装分项工程应按管道类别进行划分。

3. 电气装置安装分项工程应按电气设备、电气线路进行划分。

4. 自动化仪表安装分项工程应按仪表类别和安装试验工序进行划分。

5. 工业设备及管道防腐分项工程应按设备台（套）或主要防腐蚀材料的种类进行划分，金属基层处理可单独构成分项工程。

6. 工业设备及管道绝热分项工程中设备绝热应以相同的工作介质按台（套）进行划分，管道绝热应按相同的工作介质进行划分。

7. 工业炉砌筑工程的分项工程应按工业炉的结构组成或区段进行划分。当工业炉砌体工程量小于100m³ 时，可将一座（台）炉作为一个分项工程，亦可将一座（台）工业炉中两个或两个以上的部位或区段合并为一个分项工程。

知识点 二　分部工程的划分

1. 工业安装工程应按专业划分为工业设备安装、工业管道安装、电气装置安装、自动化仪表安装、工业设备及管道防腐蚀、工业设备及管道绝热、工业炉砌筑七个分部工程。

2. 较大的分部工程可划分为若干个子分部工程。

3. 同一个单位工程中的每个专业工程可划分为一个分部工程或若干个子分部工程。

4. 当一个分部工程中仅有一个分项工程时，该分项工程应为分部工程。

知识点 三 单位工程的划分

1. 单位工程应按工业厂房、车间（工号）或区域进行划分。

2. 单位工程应由各专业安装工程构成。

3. 较大的单位工程可划分为若干个子单位工程。

4. 当一个专业安装工程规模较大，具有独立施工条件或独立使用功能时，也可单独构成单位。

5. 当一个单位工程中仅有某一专业分部工程时，该分部工程应为单位工程。

采 分 点

分项、分部、单位工程划分原则。

大纲考点2：质量验收的程序与组织

1. 分项工程应在施工单位自检的基础上，由建设单位专业技术负责人（监理工程师）组织施工单位专业技术质量负责人进行验收。

2. 分部（子分部）工程应在各分项工程验收合格的基础上，由施工单位向建设单位提出报验申请，由建设单位项目负责人（总监理工程师）组织施工单位和监理、设计等有关单位项目负责人及技术负责人进行验收。

3. 单位（子单位）工程完工后，由施工单位向建设单位提出报验申请，由建设单位项目负责人组织施工单位、监理单位、设计单位、质量监督部门等项目负责人进行验收。

4. 工程分包施工验收：总承包单位应对分包工程质量全面负责，由总承包单位报验。

采 分 点

验收的程序与组织：流程、签字人员。

大纲考点3：施工质量合格的规定

知识点 一 分项工程

1. 主控项目。

（1）指对安全、卫生、环境保护和公众利益，以及对工程质量起决定性作用的检验项目，检验内容包括重要材料、构件及配件、成品及半成品、设备性能及附件的材质、技术性能等。

（2）例如：管道的焊接材质、压力试验、风管系统测定、电梯的安全保护及试运行等。对于主控项目是要求必须达到的，如果达不到主控项目规定的质量指标或降低要求，就相当于降低该工程项目的性能指标，会导致严重影响工程的安全性能。

2. 分项工程质量验收记录应由施工单位质量检验员填写，验收结论由建设（监理）单位填写。填写的主要内容有检验项目、施工单位检验结果、建设（监理）单位验收结论。结论为"合格"或"不合格"。记录表签字人为施工单位专业技术质量负责人、建设单位专业技术负责人、监理工程师。

知识点（二） 分部工程

分部（子分部）工程质量验收记录的检查评定结论由施工单位填写，验收结论由建设（监理）单位填写。填写的主要内容有分项工程名称、检验项目数、施工单位检查评定结论、建设（监理）单位验收结论。结论为"合格"或"不合格"。记录表签字人为建设单位项目负责人、建设单位项目技术负责人、总监理工程师、施工单位项目负责人、施工单位项目技术负责人、设计单位项目负责人。

知识点（三） 单位工程

单位（子单位）工程质量控制资料检查记录表中的资料名称和份数应由施工单位填写。检查意见和检查人由建设（监理）单位填写。结论应由双方共同商定，建设单位填写。填写的主要内容有图纸会审、设计变更、协商记录、材料合格证及检验试验报告、施工记录、施工试验记录、观测记录、检测报告、隐蔽工程验收记录、试运转记录、质量事故处理记录、中间交接记录、竣工图、分部分项工程质量验收记录等，记录表签字人为建设单位项目负责人（总监理工程师）、施工单位项目负责人。

知识点（四） 验收评定"不合格"处理

1. 一般情况下，不合格的检验项目应通过对工序质量的过程控制，及时发现和返工处理达到合格要求。

2. 对于难以返工又难以确定的质量部位，由有资质的检测单位检测鉴定，其结论可以作为质量验收的依据。

3. 经有资质的检测单位检测鉴定达到设计要求，应判定为验收通过。经有资质的检测单位检测鉴定达不到设计要求，但经原设计单位核算认可能够满足结构安全和使用功能的检验项目，可判定为验收通过。

4. 经返修或加固处理的分项分部工程，虽然改变外形尺寸但仍能满足安全使用要求，可按技术方案和协商文件进行验收。

5. 通过返修或加固处理仍不能满足安全使用要求的分部工程、单位（子单位）工程，严禁判定为验收通过。

采 分 点

1. 分项工程主控项目，质量验收记录填写人员。
2. 分部（子分部）工程验收记录填写人员。
3. 单位工程验收记录填写人员。
4. 验收评定"不合格"处理办法。

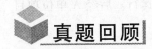

1. 某东北管道加压泵站扩建，新增两台离心式增压泵。两台增压泵安装属该扩建工程的机械设备安装分部工程。泵安装前，班组领取了安装垫铁，未仔细检查，将其用于泵的安装。隐蔽前专检人员发现，有三组垫铁的规格和精度不符合要求，责成施工班组将此三组垫铁换成合格垫铁。

【问题】

垫铁错用的问题出在工序检验的哪些环节？该分部工程是否可以参加优良工程评定？说明理由。

【参考答案】

（1）垫铁错用的问题出在工序检验的自检和互检。

（2）该分部工程可以参加优良工程评定，因为三组垫铁的规格和精度不符合要求是在隐蔽前专检人员发现的，更换为合格的垫铁，属于返工，返工后的工程可重新评定质量等级，不影响分项工程质量验收时评定为合格及分部工程质量验收评定。

2. 某机电工程公司承接了电厂制氢系统机电安装工程，其范围包括：设备安装，主要有电解槽、氢气分离器等11台设备的安装；管道安装，包含氢气和氧气管道安装、阀门及其附件安装；系统试运行，包括严密性试验、系统冲洗以及系统模拟试验。

在施工质量验收中，公司按照分项、分部和单位工程质量检验评定程序依次进行，有效保障了工程质量。实施过程中发生了以下事件：

设备安装结束后，在施工单位自检验收的基础上，由监理工程师组织施工单位项目专业质量负责人进行了验收。

【问题】

（1）指出该工程所含的分部工程。

（2）按照质量验收评定组织要求，指出事件中存在的错误，并予以纠正。

【参考答案】

（1）该工程含三个分部工程：设备安装、管道安装、系统试运行。

（2）事件中"由监理工程师组织施工单位项目专业质量负责人进行了验收"不对，正确的做法是：设备安装结束后，分部工程应在施工单位自检验收的基础上，由总监理工程师（建设单位项目负责人）组织施工单位项目负责人和技术、质量负责人等进行验收。

3. A单位承担某厂节能改造项目中余热发电的汽轮机—发电机组的安装工程。汽轮机散件到货。项目部在施工中，实行三检制，合理划分了材料、分项工程、施工工序的检验主体责任。钳工班只测量了转子轴颈圆柱度，转子水平度和推力盘水平度后，将清洗干净的各部件装配到下缸体上，检测了转子与下缸体定子的各间隙值及转了的弯曲度等。将缸体上盖一次完成扣盖，并按技术人员交底单中的终紧力矩，一次性完成上、下缸体的紧固工序。项目部专检人员在巡察过程中，紧急制止了该工序的作业。

在机组油清洗过程中，临时接管的接头松脱，润滑油污染了部分地坪，项目部人员用煤灰覆盖在污油上面的方法处理施工现场环境。

项目部组织检查了实体工程和分项工程验收，均符合要求，填写了验收记录和验收结论。项目部总工程师编制了试运行方案，报A单位总工程师审批后便开始实施。但监理工程师认为试运行方案审批程序不对，试运行现场环境不符合要求，不同意试运行。后经 A 单位项目部整改，达到要求，试运行工作得以顺利实施。

【问题】

分项工程的验收记录及验收结论应由谁来填写？

【参考答案】

分项工程质量验收记录应由施工单位质量检验员填写，验收结论由建设（监理）单位填写，填写的主要内容有检验项目、施工单位检验结果、建设（监理）单位验收结论。结论为"合格"或"不合格"。记录表签字人为施工单位专业技术质量负责人、建设单位专业技术负责人、监理工程师。

4. 工业安装工程完毕后，建设单位组织（　　）参加单位工程质量验收。

A. 建设制造单位　　　B. 施工单位　　　　C. 设计单位

D. 材料供应单位　　　E. 质量监督部门

【答案】BCE

【解析】单位工程完工后，由施工单位向建设单位提出报验申请，由建设单位负责人组织施工单位、监理单位、设计单位、质量监督部门等项目负责人进行验收。

 知识拓展

【背景资料】

某安装公司承建一钢铁公司轧钢厂工程施工，工程内容包括：生产线设备安装、自动化仪表安装、钢结构安装、电气装置安装、工业炉窑砌筑等。工程项目安装完成后按照相关标准和规范进行了施工现场检验、试运行、质量验收评定并做了相应记录。

【问题】

1. 工业安装工程中自动化仪表安装工程质量验收项目依据什么进行划分？

2. 单位工程质量验收评定组织应怎样进行？

3. 施工现场检验应针对哪些方面进行？

4. 质量验收评定记录应符合哪些要求？

【参考答案】

1. 自动化仪表安装工程的划分：分项工程应按仪表的类别、连接的管路或线路所形成的独立系统进行划分。亦可按仪表用途进行划分：同一单位工程中的自动化仪表安装工程应为一个分部工程。

2. 单位工程完工后，施工单位应自行组织有关人员进行检查评定，并向建设单位提交工程验收报告。由建设单位负责人组织施工、设计、监理等单位负责人进行单位工程验收。

3. 对技术性能、安全性能、互换性及人身安全等多方面的要求做出相应的检验。

4. 检测记录要求：如实、准确、完整、清晰。记录的项目应完整，记录页面应清晰，不得涂改，空白页应画上斜线。

第二节　建筑安装工程施工质量验收统一要求

 大纲考点1：建筑安装工程项目验收划分

知识点一　划分原则

建筑工程可划分为单位工程（子单位工程）、分部工程（子分部工程）和分项工程。单位工程、分部工程和分项工程，还可以分为室内与室外工程。

1. 单位工程（子单位工程）的划分

（1）具备独立施工条件并能形成独立使用功能的建筑物或构筑物划分为一个单位工程。

（2）在工程施工前，单位（子单位）工程的划分应由建设单位、监理单位、施工单位商议确定，据此收集整理施工技术资料和验收。

例如，室外的给水排水与采暖、电气等工程可以组成一个单位工程，室外建筑电气安装工程是一个子单位工程。

2. 分部工程（子分部工程）的划分

分部工程的划分应按专业性质、建筑部位确定。

例如，室内通风与空调工程按系统类别划分为送排风系统、防排烟系统、除尘系统、空调风系统、净化空调系统、制冷设备系统、空调水7个子分部工程。

3. 分项工程、检验批的划分

（1）分项工程的划分应按主要工种、材料、施工工艺、用途、种类及设备组别等进行划分。

（2）检验批的划分可根据施工质量控制和专业验收需要，按楼层、施工段、变形缝等进行划分。

知识点二　验收项目的划分

建筑机电安装工程按《建筑工程施工质量验收统一标准》可划分为五个分部工程：建筑给水、排水及采暖工程，建筑电气工程，建筑通风与空调工程，建筑智能化工程，电梯工程。

1. 具备独立施工条件并能形成独立使用功能的建筑物或构筑物划分为一个单位工程。

2. 分部工程划分应按专业性质、建筑部位确定。

3. 分项工程划分应按主要工种、材料、施工工艺、用途、种类及设备组别等进行划分。

4. 建筑机电安装工程可划分为：建筑给水、排水及采暖，建筑电气，建筑通风与空调，建筑智能化，电梯。

大纲考点2：建筑安装工程施工质量验收程序

知识点 一 建筑安装工程施工质量验收程序

检验批验收→分项工程验收→分部（子分部）工程验收→单位（子单位）工程验收。

知识点 二 检验批和分项工程施工质量验收程序和组织

检验批和分项工程是建筑工程项目质量的基础，施工单位自检合格签字后，提交监理工程师或建设单位项目技术负责人按规定程序进行验收。检验批和分项工程的施工质量均由监理工程师或建设单位项目技术负责人组织施工单位技术质量负责人等进行验收。

知识点 三 分部（子分部）工程施工质量验收程序和组织

分部工程由施工单位项目负责人组织检验评定合格后，向监理单位或建设单位项目负责人提出分部（子分部）工程验收的报告，由监理单位总监理工程师或建设单位项目负责人组织施工单位的项目负责人和技术、质量负责人等进行验收。地基与基础、主体结构分部工程的勘察、设计单位项目负责人和施工单位技术、质量部门负责人也应参加相关分部工程验收。

知识点 四 单位（子单位）工程施工质量验收程序和组织

1. 单位工程完成后，施工单位应依据安装工程施工质量标准、合同文件和设计图纸等组织有关人员进行自检自评。施工单位在自检评定后，填写竣工验收报检单，向建设单位提交竣工验收报告，提请建设单位组织竣工验收。

2. 建设单位收到施工单位的竣工验收报告后，由建设单位负责人组织施工（含分包单位）、设计、监理等单位负责人进行竣工验收。

3. 单位工程质量验收合格后，建设单位应在规定时间内将工程竣工验收报告和有关文件，报建设行政管理部门备案。

采 分 点

1. 检验批验收→分项工程验收→分部（子分部）工程验收→单位（子单位）工程验收。

2. 检验批和分项工程是建筑工程项目质量的基础，自检合格签字后，提交监理工程师或建设单位项目技术负责人验收。

3. 分部工程由施工单位项目负责人组织检验评定合格后，向监理单位提出分部工程验收的报告，由总监理工程师（或建设单位项目负责人）进行验收。

4. 建设单位收到施工单位的竣工验收报告后，由建设单位负责人组织施工、设计、监理等单位负责人进行竣工验收。

大纲考点3：施工质量合格的规定

知识点一 检验批

主控项目和一般项目的质量经抽样检验合格，具有完整的施工操作依据、质量检查记录。例如，管道的压力试验、电气的绝缘与接地测试等。

知识点二 分项工程

分项工程质量应由监理工程师（建设单位项目专业技术负责人）组织施工项目专业技术负责人等进行验收。

知识点三 分部（子分部）工程

1. 分部（子分部）工程所含分项工程的质量均应验收合格。
2. 质量控制资料应完整。
3. 设备安装工程有关安全及功能的检验和抽样检测结果应符合有关规定。
4. 观感质量验收应符合要求。

知识点四 单位（子单位）工程

构成单位工程的各分部工程应该合格，并且有关的资料文件应完整合格，应进行以下三个方面的检查。

1. 涉及安全和使用功能的分部工程应进行检验资料的复查。
2. 对主要使用功能还须进行抽查。
3. 由参加验收的各方人员共同进行观感质量检查，共同决定是否通过验收。

知识点五 质量验收评定不符合要求时的处理办法

检验批验收时，其主控项目不能满足验收规范规定或一般项目超过偏差限值的子项不符合检验规定要求时，应及时进行处理。其中，严重的缺陷应推倒重来；一般的缺陷通过翻修或更换器具、设备予以解决。经返工重做或更换器具、设备的检验批，应重新进行验收。如验收符合相应的专业工程质量验收规范，则应认为该检验批合格。

采分点

1. 主控项目是保证工程安全和使用功能的重要检验项目。例如，管道的压力试验；电气的绝缘与接地测试等。
2. 质量验收评定不符合要求时的处理。

真题回顾

1. 某机电设备安装公司承担了某理工大学建筑面积为2万平方米的图书馆工程的通风空调系统施工任务。该工程共有 S1～S6 六个集中式全空调系统，空调风系统设计工作压力为

600Pa。空气处理机组均采用带送风机段的组合式空调机，由安装公司采购并组成项目部承担安装任务。

针对上述问题，施工单位采取了整改措施后才使系统调试合格。空调系统调试完成后，按施工质量验收程序进行了施工质量验收工作。

【问题】

按照建筑工程项目划分标准，该通风空调系统应划分为图书馆工程的什么工程？该工程的施工质量验收程序是什么？

【参考答案】

按照建筑工程项目划分标准，该通风空调系统应划分为图书馆工程的分部工程。该工程（分部工程）的施工质量验收程序是：分部工程由施工单位项目负责人组织检验评定合格后，向监理单位（或建设单位项目负责人）提出分部工程验收报告，由监理单位总监理工程师（或建设单位项目负责人）组织施工单位的项目技术负责人和技术、质量负责人等有关人员进行验收。

2. 建筑安装工程的分项工程可按（　　　）划分。

A. 专业性质 　　　　　　　　　　　B. 施工工艺

C. 施工程序 　　　　　　　　　　　D. 建筑部位

【答案】 B

【解析】 分项工程的划分应按主要工程、材料、施工工艺、用途、种类及设备组别等进行划分。

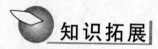 知识拓展

（一）

【背景资料】

北方某市一大型商业中心由两幢商业楼组成，商业中心的机电工程包括：建筑给排水、建筑电气、通风空调、消防工程、安全防范工程和电梯安装工程。商业中心的空调系统采用制冷站集中供冷，制冷站提供冷水给商业楼的室内空调机组。商业楼室内给水系统由水泵房集中供水；商业中心建设一个地下变电所。工程的冷水机组、变配电设备和电梯（曳引式）等大型设备均由业主选择厂家号。

A 公司为机电工程总承包，合同规定 A 公司承包工程的范围有建筑给排水、建筑电气、通风空调工程、消防工程和安全防范工程。合同中业主还提出商业中心的两幢商业楼，应分别施工，逐一竣工验收。

为能按时按质交工，A 公司将消防工程、安全防范工程分包给 B 公司施工；电梯安装由具有资质的 C 安装公司承担；地下变电所分包给 D 工程公司。

【问题】

1. 该工程中哪几个工程属于分部工程？

2. 商业中心的两幢商业楼能否分别竣工验收？竣工验收应具备哪些条件？

3. 电梯设备到达施工场地，C 安装公司要检查哪些主要部件？

4. D 工程公司在地下变电所工程完工后，经自检合格就通知业主和监理工程师组织检查验收是否符合程序？说明理由。

【参考答案】

1. 按照《建筑工程施工质量验收统一标准》划分，建筑给排水、建筑电气、通风空调和电梯安装工程属于分部工程。

2. 商业中心的两幢商业楼可以分别竣工验收。

竣工验收具备条件是完成建设工程设计和合同约定的各项内容；有完整的技术档案和施工管理资料；有工程使用的材料、构配件和设备的进场试验报告；有设计、施工和监理等单位签署的资料合格文件；有施工单位签署的工程保修书。

3. 电梯设备（曳引式）到达施工场地，C 公司要检查的主要部件有：驱动主机、导轨、门系统、轿厢、对重、安全部件、随带电缆、电气装置等。

4. 不符合程序。

D 公司对所承包的地下变电所工程项目应按规定的程序检查评定，A 公司派人参加，地下变电所工程完工后，工程有关资料应交 A 公司。由 A 公司通知业主和监理工程师组织检查验收。

（二）

【背景资料】

某市商业区一商务楼项目，建设单位通过公开招标，该项目由 A、B、C 三家具备相应专业资质的安装公司承包施工，其中：建筑给排水工程、建筑电气工程、通风与空调工程由 A 施工单位承包安装；建筑智能化工程（火灾报警及消防联动系统、安全防范系统、建筑设备监控系统、通信网络系统）由 B 施工单位承包安装；电梯工程由 C 施工单位承包安装。有线电视系统由市有线台施工单位安装。电话通信系统由电话局施工单位安装。供电部门施工单位安装商务楼内变配电工程，但不安装发电机。

商务楼有 4 台曳引式电梯和 6 台自动扶梯，柴油发电机组一台和不间断电源设备，冷水机组、热泵机组、水泵、冷却塔等大型设备，均由建设单位订购。

因建设单位资金问题，商务楼智能化系统以后再集成，卫星电视天线不安装。

【问题】

1. A 施工单位承建的项目中有哪些子分部工程？
2. B 公司在商务楼智能化工程中承担了哪些智能化系统和子系统项目的安装？
3. 电梯设备到达施工场地安装过程中，C 公司应怎样安排？

【参考答案】

1. A 施工单位承建的子分部工程有：室内给水系统，室内排水系统，卫生器具安装，供热锅炉及辅助设备安装。供电干线，动力工程，电气照明，备用电源和不间断电源安装（发电机），防雷及接地工程。空调系统，送排风系统，防排烟系统，制冷设备系统，空调水系统。

2. B 公司在商务楼智能化工程中承担了火灾报警及消防联动系统，安全防范系统（电视监控子系统、防盗报警子系统、巡更子系统、门禁子系统、停车管理子系统），综合布线系统（计算机网络系统），建筑设备监控系统（空调与通风设备监控系统、变配电设备监控系统、照明设备监控系统、给排水设备监控系统、热源和热交换设备监控系统、冷冻和冷却设备监控系统、电梯和自动扶梯设备监控系统）等系统和子系统项目的安装。

3. C公司在电梯安装中必须接受制造单位的指导和监控。安装结束经自检后，由制造单位检验和调试，并将检验和调试的结果告知经国务院特种设备安全监督管理部门核准的检验检测机构，要求进行监督检验。

・248・

第三章 二级建造师（机电工程）注册执业 管理规定及相关要求

 大纲考点1：注册建造师执业的工程范围

机电工程专业建造师的执业工程范围包括：机电、石油化工、电力、冶炼，钢结构、电梯安装、消防设施、防腐保温、起重设备安装、机电设备安装、建筑智能化、环保、电子、仪表安装、火电设备安装、送变电、核工业、炉窑、冶炼机电设备安装、化工石油设备、管道安装、管道无损检测、海洋石油、体育场地设施、净化、旅游设施、特种专业。

1. 机电安装工程

一般工业、民用、公用机电安装工程，净化工程、动力站安装工程、起重设备安装工程、消防工程、工业炉窑安装工程、电子工程、环保工程、体育场馆工程，轻纺工业建设工程、机械汽车工业建设工程、森林工业建设工程等。

2. 石油化工工程

石油天然气建设（油田、气田地面建设工程）、海洋石油工程、石油天然气建设（原油、成品油储库工程，天然气储库、地下储气库工程）、石油炼制工程、石油深加工、有机化工、无机化工、化工医药工程、化纤工程。

3. 冶炼工程

烧结球团工程、焦化工程、冶金工程、制氧工程、煤气工程、建材工程。

4. 电力工程

火电工程（含燃气发电机组）、送变电工程、核电工程、风电工程。

 大纲考点2：机电工程中、小型工程规模标准

知识点一 机电工程大、中型工程类别与工程项目的划分

机电工程大、中型工程规模标准分别按机电安装、石油化工、冶炼、电力四个专业系列设置。

知识点二 机电工程大、中、小型工程规模标准的界定指标

机电工程大、中、小型工程规模标准的指标，针对不同的工程项目特点，具体设置有建筑面积、工程造价、工程量、投资额、年产量等不同的界定指标。

界定指标：建筑面积、工程造价、工程量、投资额、年产量等。

 大纲考点3：机电工程中、小型工程规模标准的应用

机电工程规模标准的应用实例

机电工程规模标准的应用实例

序号	工程类别	项目名称	单位	规模			备注
				大型	中型	小型	
1	一般工业、民用、公用建设工程	机电安装工程	万元	>1500	200~1500	<200	单项工程造价
		通风空调工程	万元	≥1000	200~1000	<200	单项工程造价
			万m²	≥2	1~2	<1	建筑面积
			冷吨	≥800	300~800	<300	空调制冷量
		消防工程	万m²	>2	1~2	<1	含火灾报警及联动控制系统
		防腐保温工程	万元	>300	100~300	<100	单项工程造价
		管道安装	万元	>1000	300~1000	<300	单项工程造价
			m	≥10000	<10000		工程量
		变配电站工程		电压10~35kV，容量>5000kVA	电压10~35kV，容量5000~1600kVA	电压10kV，容量<1600kVA	工程规模
2	石油天然气建设项目	管道输油工程	万t/年	≥600	300~600	≤300	输油能力
			公里	≥120	<120		管线长度
		城镇燃气	亿m³/年	≥3	1~3	≤1	生产能力
3	冶金	转炉工程		≥120t或投资≥2亿元	<120t或投资<2亿元		
4	电力工程	汽轮机安装	kW	≥30万	10万~30万	<10万	
		单项工程合同额	万元	≥1000	500~1000	<500	

大纲考点4：机电工程注册建造师填写签章文件的要求

知识点一 签章文件工程类别

机电安装工程共 12 个工程类别；石油化工工程共 18 个工程类别；冶炼工程共 6 个工程类别；电力工程共 4 个工程类别，共包含了相关 40 个类别的工程。

知识点二 签章文件类别

1. 机电安装工程、电力工程和冶炼工程的签章文件类别均分为 7 类管理文件，即施工组织管理；施工进度管理；合同管理；质量管理；安全管理；现场环保文明施工管理；成本费用管理等。石油化工工程是 6 类，其中安全管理和现场环保文明施工管理，合并为一个类别。

2. 合同管理文件。

分包单位资质报审表；工程分包合同；劳务分包合同；材料采购总计划表；工程设备采购总计划表；工程设备、关键材料招标书和中标书；合同变更和索赔申请报告。

3. 施工进度管理文件。

总进度计划报批表；分部工程进度计划报批表；单位工程进度计划的报审表；分包工程进度计划批准表。

知识点三 注册建造师施工管理签章文件的适用主体

签章主体为担任建设工程施工项目负责人的注册建造师，而不包括担任其他岗位的注册建造师。

知识点四 签章文件式样

1. 签章文件代码

代码有统一格式，由两位英文字母，三位阿拉伯数字组成。

第一位：大写英文字母 C，代表建造师；第二位：大写英文字母 A ~ N，分别代表 14 个专业。其中：G——电力；I——冶炼；J——石油化工；M——机电安装；第三位：阿拉伯数字 1 ~ 7，分别代表 7 类文件；第四、五位：从阿拉伯数字 01 开始，为该类文件的顺序号。

如果 1 个签章文件对应着不止 1 个表格，则可在代码后加 –1、–2 表示。

2. 签章文件式样

签章文件有表格形式或文件首页形式等。

知识点五 注册建造师施工管理签章文件的填写要求

1. 表格上方右侧的编号（包括合同编号），由各施工单位根据相关要求进行编号。
2. 表格上方左侧的工程名称应与工程承包合同的工程名称一致。
3. 表格中致××单位，如致建设（监理）单位，应写该单位全称。
4. 表格中施工单位应填写全称并与工程承包合同一致。
5. 表格中工程地址，应填写清楚，并与工程承包合同一致。
6. 表格中单位工程、分部（子分部）、分项工程必须按规范标准相关规定填写。

7. 表中若实际工程没有其中一项时，可注明"工程无此项"。

8. 审查、审核、验收意见或检查结果，必须用明确的定性文字写明基本情况和结论。

9. 表格中施工项目负责人是指受聘于企业担任施工项目负责人（项目经理）的机电工程注册建造师。

10. 分包企业签署的质量合格文件，必须由担任总承包项目负责人的注册建造师签章。

11. 签章应规范。表格中凡要求签章的，应签字并盖章。

12. 应如实填写签章日期。

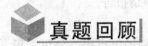

1. 7类（6类）管理文件：施工组织管理；施工进度管理；合同管理；质量管理；安全管理；现场环保文明施工管理；成本费用管理等。

2. 签章主体：担任建设工程施工项目负责人的注册建造师，不包括担任其他岗位的注册建造师。

3. 注册建造师施工管理签章文件的填写要求。

真题回顾

1.《注册建造师执业工程规模标准（试行）》规定，送变电工程单项合同额（　　）元的为中型项目。

A. 100 万 ~ 200 万　　　　　　　　B. 200 万 ~ 400 万

C. 400 万 ~ 800 万　　　　　　　　D. 800 万 ~ 1000 万

【答案】C

【解析】参考 2H332020《机电工程专业二级注册建造师执业工程规模标准》相关规定。送变电工程规模按照单项合同额划分：400 万 ~ 800 万元的送变电工程为中型项目；400 万元以下的送变电工程为小型项目。故答案选 C。

2. 根据《注册建造师执行办法》，下列工程中不属于机电工程专业建造师执业工程的是（　　）。

A. 建材工程　　　　　　　　　　　B. 环保工程

C. 净化工程　　　　　　　　　　　D. 港口设备安装工程

【答案】D

【解析】参考 2H332010《注册建造师执业管理办法》相关规定。A 属于冶炼工程，B、C 属于机电安装工程。故答案选 D。

3. 下列建设工程中，机电工程二级建造师可承担的工程是（　　）。

A. 900 万元的通风空调工程　　　　B. 400 万元的防腐保温工程

C. 110kV 的变配电站工程　　　　　D. 1200 万元的电气动力照明工程

【答案】A

【解析】注册建造师担任施工项目负责人时，依照规定，一级注册建造师可承担大、中、小型工程施工项目；二级建造师可以承担中、小型工程施工项目。选项中 BCD 全部属于大型施工项目。故答案选 A。

4. 机电工程注册建造师不得同时担任两个以上建设工程项目负责人，（　　）除外。

A. 建设单位同意　　　　　　　　　　B. 施工单位同意

C. 监理工程师同意　　　　　　　　　D. 同一工程分期进行的

【答案】D

【解析】机电工程师注册建造师不得同时担任两个及以上建设工程施工项目负责人。发生下列情形之一的除外：①同一工程相邻分段发包或分期施工的；②合同约定的工程验收合格的；③因非承包方原因致使工程项目停工超过120天（含），经建设单位同意的。故答案选D。

5. 注册二级建造师执业电力工程中，火电机组工程的规模标准包括（　　）。

A. 10万～30万千瓦机组冷却塔工程

B. 单项工程合同额500万～1000万元发电工程

C. 20万千瓦及以下机组升压站工程

D. 20万千瓦及以下机组附属工程

E. 10万～30万千瓦机组消防工程

【答案】ACDE

【解析】二级建造师可担任中、小型工程施工项目负责人，火电机组中、小型工程规模参见教材P246表2H332021-4。故答案选ACDE。

6. 机电工程专业注册建造师签章的合同管理文件包括（　　）。

A. 工程分包合同　　　　　　　　　　B. 索赔申请报告

C. 工程设备采购总计划表　　　　　　D. 分包工程进度计划批准表

E. 工程质量保证书

【答案】ABC

【解析】合同管理文件包括：分包单位资质报审表；工程分包合同；劳务分包合同；材料采购总计划表；工程设备采购总计划表；工程设备、关键材料招标书和中标书；合同变更和索赔申请报告。故答案选ABC。

7. 下列工程项目中，不属于机电工程注册建造师执业工程范围的是（　　）。

A. 钢结构工程　　　　　　　　　　　B. 城市照明工程

C. 煤气工程　　　　　　　　　　　　D. 核电工程

【答案】A

【解析】钢结构工程属于建筑工程注册建造师执业范围。故答案选A。

 知识拓展

一、单项选择题

1. 《注册建造师执业管理办法（试行）》规定，机电工程中电力专业工程范围包括火工程、送变电工程、核电工程和（　　）。

A. 制氧工程　　　　B. 水电工程　　　　C. 风电工程　　　　D. 化纤工程

2. 根据《注册建造师执业工程规模标准（试行）》规定，以下单项合同额为（　　）元的机电安装工程，不能由二级建造师担任项目负责人。

A. 2000万　　　　　B. 1000万　　　　　C. 500万　　　　　D. 180万

3. 注册建造师施工管理签章文件的签章主体是（　　）。

A. 项目总工程师   B. 建设工程施工项目负责人

C. 监理工程师   D. 总承包商

4. 分包企业签署的质量合格文件，必须由担任（   ）的注册建造师签章。

A. 项目总工程师   B. 总承包项目负责人

C. 项目技术负责人   D. 总监理工程师

二、多项选择题

对注册建造师施工管理签章文件的填写要求描述正确的是（   ）。

A. 表格上方左侧工程名称应与工程合同的工程名称一致

B. 表格中施工单位可以简写

C. 表格中若实际工程没有其中一项时，必须留空白，不能填写

D. 表格中凡要求签章的，应签字并盖章

E. 表格中施工项目负责人是指该项目中的注册建造师

【参考答案】

一、单项选择题

1. C   2. A   3. B   4. B

二、多项选择题

ADE